Joachim Bublath

Chaos im Universum

Joachim Bublath

Chaos im Universum

Asteroiden und Kometen

Fremde Welten

Theorien über das Chaos

Droemer

Die Folie des Schutzumschlags sowie die Einschweißfolie sind
PE-Folien und biologisch abbaubar.
Dieses Buch wurde auf chlor- und säurefreiem Papier gedruckt.

Umschlaggestaltung: ZERO Werbeagentur, München
Umschlagabbildung: Albrecht-Matthias Wendlandt, Sauerthal
Reproduktionen: Vornehm GmbH, München
Satz: Vornehm GmbH, München
Druck und Bindung: Offizin Anderson Nexö, Leipzig
Printed in Germany
ISBN 3-426-27193-1

2 4 5 3 1

Inhalt

	Vorwort	7
1.	Die Bedrohung aus dem Weltall	9
2.	Die Ordnung des Menschen – eine Illusion?	27
3.	Das Wetter erschüttert ein Weltbild	45
4.	Wie ein Pendel das Bild der Welt verändert	57
5.	Die Theorien der Naturwissenschaftler	67
6.	Die Welt – ein aufregendes Chaos	81
7.	In den Trümmern des Weltbildes	89
8.	Vom Klima, dem El Niño und anderen Unwägbarkeiten	101
9.	Chaos im Planetensystem?	115
10.	Die Überraschung, die in einer Gleichung steckt	127
11.	Ein Hoffnungsstreif im Chaos	135
12.	Der Zwang zur Ordnung	147
13.	Expeditionen in das Wirrwarr	153
14.	Die Vielfalt der Natur – eine Täuschung?	165
15.	An den Grenzen der Naturwissenschaften	173
16.	Die Insel des Lebens – allein im Universum?	189
17.	Der Kontakt mit fremden Welten	203
18.	In Zukunft ohne Naturwissenschaften?	215
	Register	229
	Bildnachweis	232

Vorwort

Die Naturwissenschaften spielen in der modernen Wissensgesellschaft die dominierende Rolle. Selbst wenn man solche Schlagwörter eher zurückhaltend betrachtet – an der Bedeutung der Naturwissenschaft für unsere Gesellschaft gibt es wohl kaum einen Zweifel. Durch sie konnten sich erst die Techniken entwickeln, mit denen das hochorganisierte Leben in den bevölkerungsreichen Regionen der Erde zu bewältigen war. Ohne unser ständig wachsendes, komplexes Wissen über die Abläufe in der Natur wären auf unserem überbevölkerten Planeten wohl kaum die unterschiedlichen Zivilisationen entstanden und hätten sich diese auch nicht weiterentwickeln können. Aber nicht nur aus diesen mehr praktischen Gründen sind Naturwissenschaften wichtig. Mit den Fortschritten in der naturwissenschaftlichen Betrachtungsweise unserer Umgebung hat sich auch ständig unsere Sicht der Welt verändert.

Manche werden durch die Erfolge der naturwissenschaftlichen Forschung dazu verführt, die Möglichkeiten dieser Modellvorstellungen über unser Universum zu überschätzen. In diesem Buch wird versucht, neben der Darstellung der eleganten naturwissenschaftlichen Weltbilder auch die Grenzen dieser Modelle aufzuzeigen. Damit gelingt es vielleicht, die Leistungsfähigkeit des naturwissenschaftlichen Weltbildes besser einzuschätzen. Vor allem zeigt sich, dass nach der ersten Begeisterung für diese Sichtweise der Welt vor allem auch Bescheidenheit über unser heutiges Wissen und dessen Möglichkeit, das Universum zu beschreiben, angebracht ist.

Dr. Joachim Bublath

Die Bedrohung aus dem Weltall

1

Erst die Angst ruft bei vielen Menschen Aufmerksamkeit hervor und schärft ihre Sinne für das Geschehen um sie herum. Dies wiederum wird von anderen Menschen weidlich ausgenutzt. So wissen Vertreter von exotischen Heilslehren gezielt Angst zu schüren, denn dadurch glauben sie ihre Anhängerschar an sich zu binden und zu vergrößern. Gern wird dazu eine größere Katastrophe vorhergesagt oder gar das Ende der Welt. Ein kleiner Lichtblick in dieser Finsternis ist dann schnell versprochen, unter der Voraussetzung allerdings, sich an die Spielregeln des Heilsbringers zu halten und an sein Weltbild zu glauben. Angst kann man jedoch nicht so ohne weiteres schüren. Es bedarf schon einer geschickten Mischung aus Tatsachen und Herbeigesponnenem, um Menschen zu beeindrucken und abhängig zu machen. Einige dieser Lehren, mit der die Anhänger gefügig gemacht werden, setzen auf die Angst vor der Bedrohung aus dem Weltall: Außerirdische Objekte sollen die Erde treffen und dadurch ihren Untergang herbeiführen. Wie die eigene Rettung gelingt, dafür gibt es unterschiedliche Varianten. Allen gemeinsam ist jedoch: Der Ungläubige hat keine Chance zu überleben.

Die Verkünder solcher Katastrophen aus dem Weltall können sich durchaus auf vergangene Ereignisse berufen, bei denen, obwohl nicht durch höhere Mächte beeinflusst, Himmelskörper die Erde trafen. Ja, in der Entstehungsgeschichte der Erde und der anderen Planeten in unserem Sonnensystem, die vor 4,6 Milliarden Jahren begann, waren solche Geschehnisse sogar sehr häufig. Der Mond mit seinen zahlreichen Kratern zeigt uns heute noch, wie es vor einigen hundert Millionen Jahren, nach der

● *Immer wieder wird das Ende der Erde durch die Kollision mit Gesteinsbrocken aus dem Weltall vorhergesagt. Kann es wirklich zu einem solchen tödlichen Zusammenstoß kommen?*

Entstehung unseres Sonnensystems, in unserem Planetensystem zuging. Dieses schwere Bombardement durch herabstürzende Himmelskörper endete vor 3,8 Milliarden Jahren. Danach kam es nur hin und wieder zu Einschlägen. Auf der Erde sind Spuren dieser jüngeren Treffer im Nördlinger Ries oder als Krater bei Flagstaff/Arizona zu sehen. Dieser Einschlag in der Nähe des Grand Canyon fand erst vor 49 000 Jahren statt und schuf einen Krater mit einem Durchmesser von 1,2 Kilometern. Der rasende Felsbrocken mit einem Durchmesser von 30 Metern löschte in der Umgebung alles Leben aus. Auf der Erde – anders als auf dem Mond – verwischt die Erosion aufgrund der Atmosphäre und des vorhandenen Lebens weitgehend die Spuren dieser späten Einschläge.

Verfolgt man die Entwicklungsgeschichte der Erde, so wird sie – so paradox es auch klingt – weitgehend von Katastrophen bestimmt. Das Bombardement aus dem Weltall war nur eine kleinere Katastrophe, verglichen mit dem Riesenknall, aus dem unser Planetensystem entstanden ist: einer Supernova-Explosion. Ein Wasserstoff-Stern brannte aus, kollabierte und explodierte schließlich. Gab es vorher nur Wasserstoff und Helium, so entstanden durch diese Explosion jetzt all die anderen Atomkerne des

● *Unser Planetensystem entstand aus der Asche einer Supernova-Explosion. Stehen kosmische Katastrophen am Anfang des Lebens?*

Periodensystems, vom Kohlenstoff bis hin zum schweren Uran. Erst damit wurden die Voraussetzungen für die spätere Entwicklung des Lebens geschaffen. So wurde aus der Katastrophe – dem Ende eines Sterns – letztendlich auch unsere Erde geboren. Der Anfang für neue Konstellationen im Universum war geschaffen: Aus der Asche dieser Explosion formten sich langsam die neuen Himmelskörper. Die treibende Kraft war dabei die Gravitationskraft – die Anziehung der Massen untereinander. Der Staub verdichtete sich unter ihrem Einfluss zur Sonne, zu einem neuen aufleuchtenden Stern.

Die Fusion der Atomkerne und die damit verbundene Energieabgabe begannen. Die Staubreste um die Sonne pressten sich zu den Planeten zusammen. Ihre geringe Masse und die dadurch schwächere Gravitationskraft reichten nicht aus, sie zu leuchtenden Sternen werden zu lassen. Sie strahlen nicht aus eigener Kraft, sondern werden von der Sonne beleuchtet. Zudem torkelten in den Räumen zwischen den Planeten Materiebrocken umher, die sich wegen der Kräfteverhältnisse nicht zu größeren Himmelskörpern zusammenfinden konnten. Sie wurden nach und nach von den Planeten angezogen und verschluckt.

Auch die Erde wurde in ihrer Anfangsphase häufig von solchen Materiebrocken getroffen. Und nach einer gängigen Theorie soll vor 4,5 Milliarden Jahren auch unser Mond aus einer mächtigen Kollision mit der noch jungen, vulkanisch heißen Erde entstanden sein. Ein Brocken mit den Ausdehnungen des Mars traf die Erde, und aus diesem gewaltigen Zusammenstoß bildeten sich die Erde und der Mond in ihren heutigen Dimensionen. Wieder stand eine Katastrophe am Anfang einer völlig neuen Entwicklung; denn dieser Einschlag brachte der Erde letztendlich Vorteile. Der Mond stabilisierte über die Gravitationskraft die Drehachse der Erde. Ohne diesen Einfluss würde die Erdachse stark hin und her schwanken, und das hätte durch die unterschiedlichen Neigungen zur Sonne schnelle Klimaveränderungen zur Folge. Die Entwicklung des Lebens wäre unter diesen Bedingungen wohl kaum erfolgreich gewesen. Der Mars zum Beispiel besitzt keinen Mond und verändert deshalb in relativ kurzen Zeitabständen die Lage seiner Rotationsachse immer wieder. Dadurch kommt es zu sehr starken Unterschieden in der Oberflächentemperatur. Zudem löst der Mond auf der Erde Ebbe und Flut aus, und das soll eine weitere Voraussetzung für die Entstehung von Leben gewe-

sen sein, denn in den regelmäßig immer wieder aufgefüllten Flutteichen am Küstenrand konnte es zur Bildung der dafür wichtigen langkettigen Moleküle kommen.
Die Zeit der großen Katastrophen in unserem Planetensystem war nun vorüber. Über die Jahrmillionen wurde der Raum zwischen den Planeten durch die Gravitationskraft staubfrei, und auch die herumwandernden Brocken hatten schließlich ihre Wanderung durch einen Aufschlag auf einem der Planeten beendet. Der Jupiter als größter und massenreichster Planet zog durch seine große Gravitationswirkung viele dieser Vagabunden an, und er gilt deshalb auch heute noch als »Staubsauger« unseres Planetensystems, der umherirrende Brocken an sich zieht. Heute hat sich die Lage in unserem Planetensystem mehr oder weniger stabilisiert. Herumfliegende Materiebrocken, die die Erde direkt bedrohen, gibt es nur noch wenige. Diese ruhige Phase in unserem Planetensystem ist wichtig für die Entstehung des Lebens auf unserer Erde. Denn: Konnten sich die komplizierten Moleküle des Lebens endlich einmal zusammenfinden und traf dann ein Materiebrocken wieder einmal die Erde, so hatte das dramatische Folgen. Die Geschwindigkeit, mit der diese Geschosse aufprallen, verleiht ihnen eine sehr hohe Energie, selbst wenn ihr Durchmesser nur einige Meter beträgt, sodass alles im weiten Umkreis zerstört wird – auch das aufkeimende Leben. So war das Ende dieses Bombardements aus dem Weltall letztendlich auch der Schlüssel zu unserer Existenz.
Heute gelangen zwar immer wieder sehr kleine »Steinchen« aus dem Weltall zu uns. Sie zerfallen und verglühen jedoch in der Atmosphäre und erreichen deshalb nicht die Erdoberfläche. Etwa 200 000 Tonnen dieses Staubs treffen jährlich die Erde. Aber ganz frei von einer Bedrohung durch Einschläge auf der Erde sind wir auch heute nicht. Eine potenzielle Gefahr geht von einem Gebiet aus, das zwischen Mars und Jupiter liegt, dem Asteroidengürtel. Hier haben sich die restlichen Materiebrocken unseres Planetensystems versteckt und ziehen zu Millionen ihre Bahn um die Sonne. Ihr Durchmesser kann mehrere hundert Kilometer betragen, die meisten von ihnen sind jedoch kleiner mit Ausmaßen, die deutlich unter 1 Kilometer liegen. Hinzu kommen zahllose Ministeine, die in diesem Gürtel die Sonne umkreisen. Mit der heutigen Technik kann man sogar Fotos von einigen dieser Gesteinsbrocken im Weltall machen, und man hat sie teilweise auch mit Namen versehen. So lieferten Raumson-

den Bilder von den Asteroiden Gaspra, etwa 17 Kilometer lang, oder Ida mit einer Länge von etwas über 50 Kilometern. Auf den beiden folgenden Seiten sind diese Asteroiden abgebildet.
Aber nicht alle diese Materiebrocken umkreisen brav und geordnet fernab der Erde die Sonne. Einige von ihnen bewegen sich auf einer Bahn durch das Planetensystem, die den Weg der Erde kreuzt, und dann droht Gefahr. Diese Asteroiden werden dann Meteore oder – als kleinere Bruchstücke – Meteoriten genannt. Einige dieser die Planetenbahnen kreuzenden Materiebrocken kann man mit Teleskopen beobachten, und daraus entstand eine Karte, die zeigt, wie sich diese Brocken im Planetensystem verteilen. Aber es sind bei weitem nicht alle dieser Wanderer im All registriert. Das Unangenehme an der Situation ist, dass die Objekte häufig zu klein und zu dunkel sind, um sie wahrnehmen zu können. Zwar beobachtet man das Weltall gezielt, aber das Abtasten des Himmels nach diesen gefährlichen Objekten kann nur unvollständige Ergebnisse liefern.
Wegen der hohen Aufprallgeschwindigkeit verursachen auch relativ

● *Zwischen Mars und Jupiter liegt der Asteroidengürtel – Materiebrocken, die auch die Erde bedrohen können.*

* *In dieser Bildmontage zeigt sich der Asteroid Ida, aufgenommen von der sich annähernden Raumsonde Galileo. Ida rotiert einmal in 4 Stunden um die eigene Achse und ist etwa 52 km breit. Das erste Bild im Hintergrund wurde in einem Abstand der Sonde von 240 000 km aufgenommen. Die Großaufnahme gelang bei einer Entfernung von ca. 3000 km. Wahrscheinlich ist Ida ein größeres Bruchstück einer Asteroidenkollision. Es besteht vermutlich aus stark eisenhaltigem Gestein. Die zahlreichen Einschlagkrater weisen auf einen geologisch relativ jungen Ursprung hin.*

● *Der Asteroid Eros zeigt auf seiner Oberfläche viele Krater und Furchen. er ist etwa 34 km breit und, wie auch die anderen Asteroiden, ein Überbleibsel aus der Frühzeit des Sonnensystems. Die Farben stellen das Höhenprofil von Eros dar. Rot zeigt Erhebungen, Blau Vertiefungen auf der Oberfläche.*

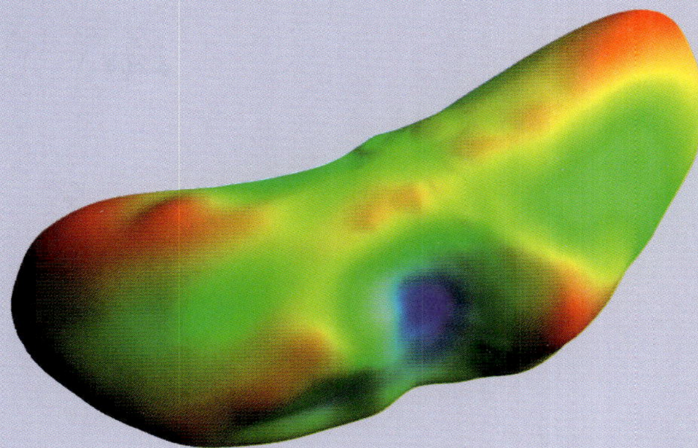

● *Ansichten der Asteroiden Mathilde, Gaspra und Ida (von links nach rechts). Mathilde ist 59 km breit und 47 km hoch, die anderen maßstabsgetreu kleiner. Die Raumsonde und die Asteroiden waren zu dieser Zeit 441 Millionen Kilometer von der Sonne entfernt. Die kantige Form der Asteroiden lässt darauf schließen, dass sie durch eine gigantische Kollision großer Gesteinsbrocken entstanden sind.*

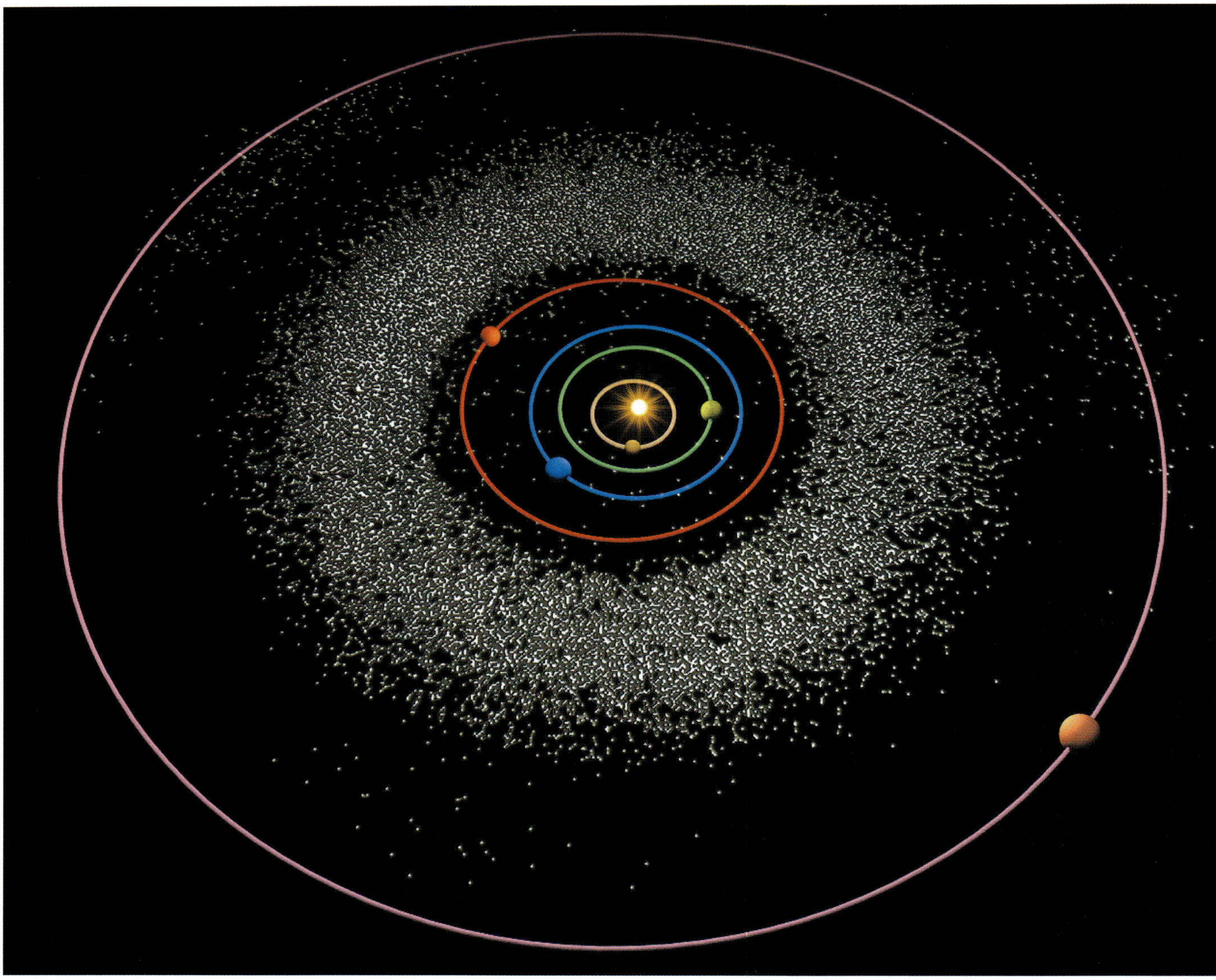

Zwar befinden sich im Hauptgürtel – zwischen Jupiter und Mars – die meisten Asteroiden, aber es gibt viele Ausreißer, die auch die Bahn der Erde erreichen können.

kleine Brocken große Schäden. Es gibt Pläne, den Zusammenstoß mit diesen Bomben aus dem Weltall abzuwehren, sollten sie die Erde bedrohen. Raumfähren oder Raketen übernehmen darin die Aufgabe, die anfliegenden Materiebrocken zu zerstören, bevor sie auf die Erde prallen. Dabei ist an verschiedene Möglichkeiten gedacht: einmal an den direkten Beschuss oder an die Verankerung eines Raketentriebwerks auf dem Gesteinsbrocken, um ihn damit von seinem Kurs auf die Erde abbringen zu können. Andere Vorstellungen gehen von einem riesigen Spiegel aus,

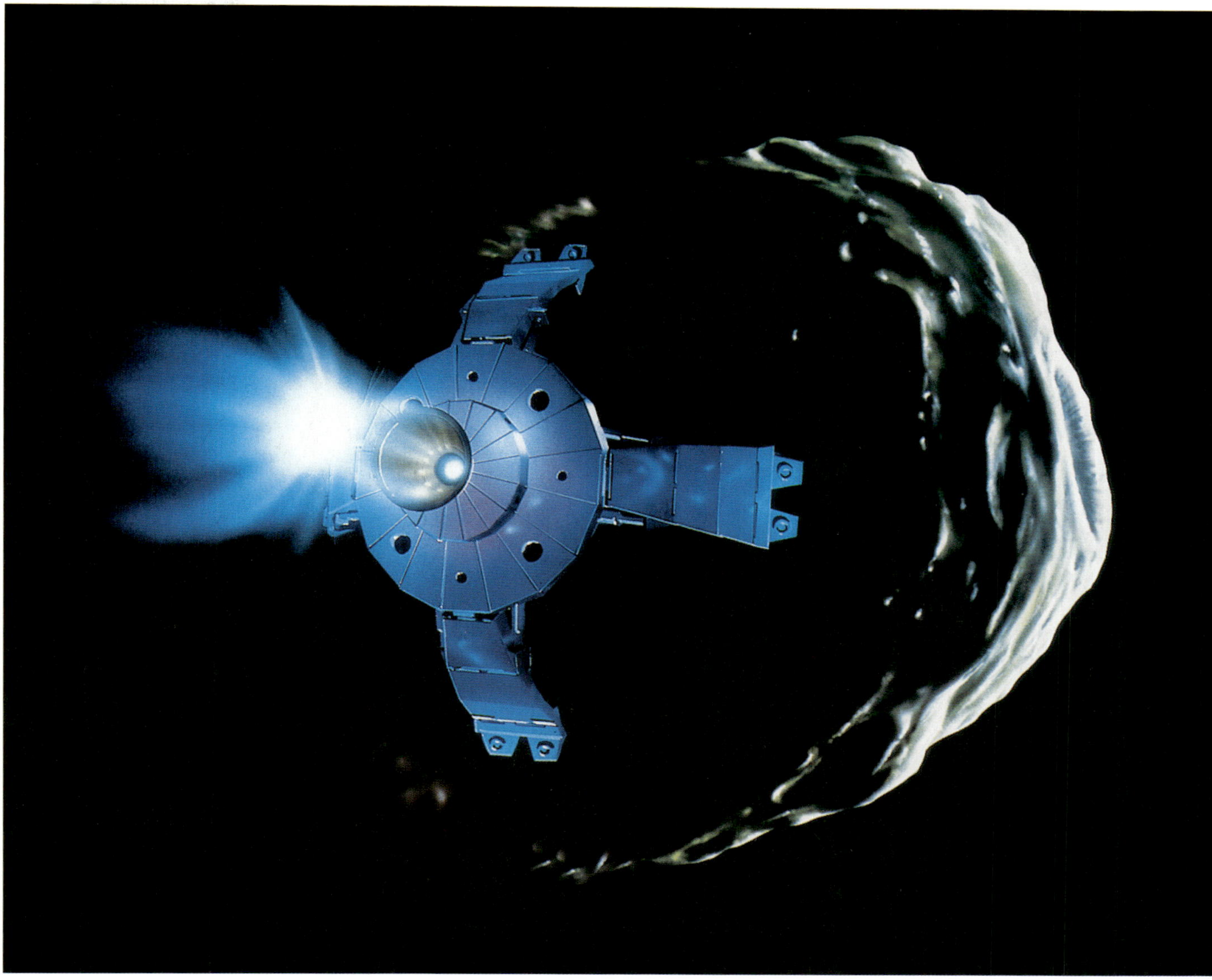

der im Weltraum schwebt und das Sonnenlicht auf den Eindringling bündelt. Die Hitze lässt kleine Schichten abplatzen, und durch den damit verbundenen Rückstoß wird der Brocken langsam aus seiner Bahn – weg von der Erde – gedrängt. Dieser Effekt soll auch mit Laserstrahlen oder durch die Zündung kleinerer Atombomben im All erreicht werden. In einem anderen Konzept will man ein gigantisches Segel auf dem Brocken befestigen, mit dessen Hilfe dann der kontinuierliche Sonnenwind den Meteoriten aus dem Bereich der Erde wegtreibt. Der Phantasie sind dabei

● *Die Rettung vor der Katastrophe: Eine Raumsonde dockt an einen Asteroiden an und schiebt ihn mit ihrem Raketentriebwerk von der Erde weg.*

offenbar keine Grenzen gesetzt, aber solche Einsätze werden wohl nur Gedankenspiele bleiben, denn wenn man die bedrohlichen Brocken erst einmal aus dem Dunkel des Weltalls auftauchen sieht, wird es zu spät sein, die Raketen noch rechtzeitig zu starten. So schoss 1996 ein Asteroid mit einem Durchmesser von 500 Metern im Abstand von 45 000 Kilometern an der Erde vorbei. Erst vier Tage zuvor hatte man ihn entdeckt – zu spät, um irgendwelche Aktionen starten zu können. Die Wahrscheinlichkeit, dass ein größerer Asteroid die Erde einmal vernichtend treffen kann, ist äußerst gering, aber Wahrscheinlichkeiten sagen nichts über den Zeitpunkt aus, wann das geschehen wird. Auch bei einer geringen Wahrscheinlichkeit kann das heute oder morgen der Fall sein, und genau das nutzen die Sekten-Gurus mit ihren Heilsversprechungen aus.

Von kleinen Meteoriten mit einigen Metern Durchmesser wird die Erde relativ häufig getroffen. Beim Durchfliegen der Atmosphäre erhitzen sie sich jedoch so stark, dass sie abschmelzen und auf wenige Zentimeter schrumpfen oder sogar vollständig verdampfen. Sind sie erheblich größer, dann kann es zu ernsteren Folgen kommen, denn sie schlagen mit etwa 10 Kilometern pro Sekunde auf die Erdoberfläche auf. Im Jahr 1908 verglühte ein großer Meteorit oder ein Bruchstück eines Kometen über Sibirien, knickte mit seiner Druckwelle Bäume in einem Umkreis von 25 Kilometern um und ließ sie verkohlen. Solche kleineren Katastrophen treffen die Erde – so wollen manche mit Hilfe der Statistik ausgerechnet haben – etwa alle 1000 Jahre. Wie aber ein weitaus größerer Meteorit Leben auslöschen kann und zu einschneidenden Klimaveränderungen durch dichten Staub führt, zeigt ein Ereignis, das vor 65 Millionen Jahren stattfand. Alles deutet darauf hin, dass die Dinosaurier durch einen Meteoriteneinschlag in Yucatan/Mexiko ihre Lebensgrundlage verloren haben. Dieser Meteorit mit einem Durchmesser von etwa 10 Kilometern löste durch eine gigantische Explosion Brände aus, wirbelte Staub auf und verdunkelte so monatelang die Atmosphäre. Die Dinosaurier fanden keine Nahrung mehr und starben schließlich aus. Aber diese Katastrophe war – so glauben einige Wissenschaftler – für unsere Existenz von entscheidender Bedeutung: Solange die Dinosaurier die Welt beherrschten, hatten die Säugetiere kaum eine Chance. Nach der Katastrophe verschwanden die großen Reptilien. Kleine Warmblüter jedoch, die zum Beispiel in Höhlen lebten – unsere Vorfahren im weitesten Sinne –, konn-

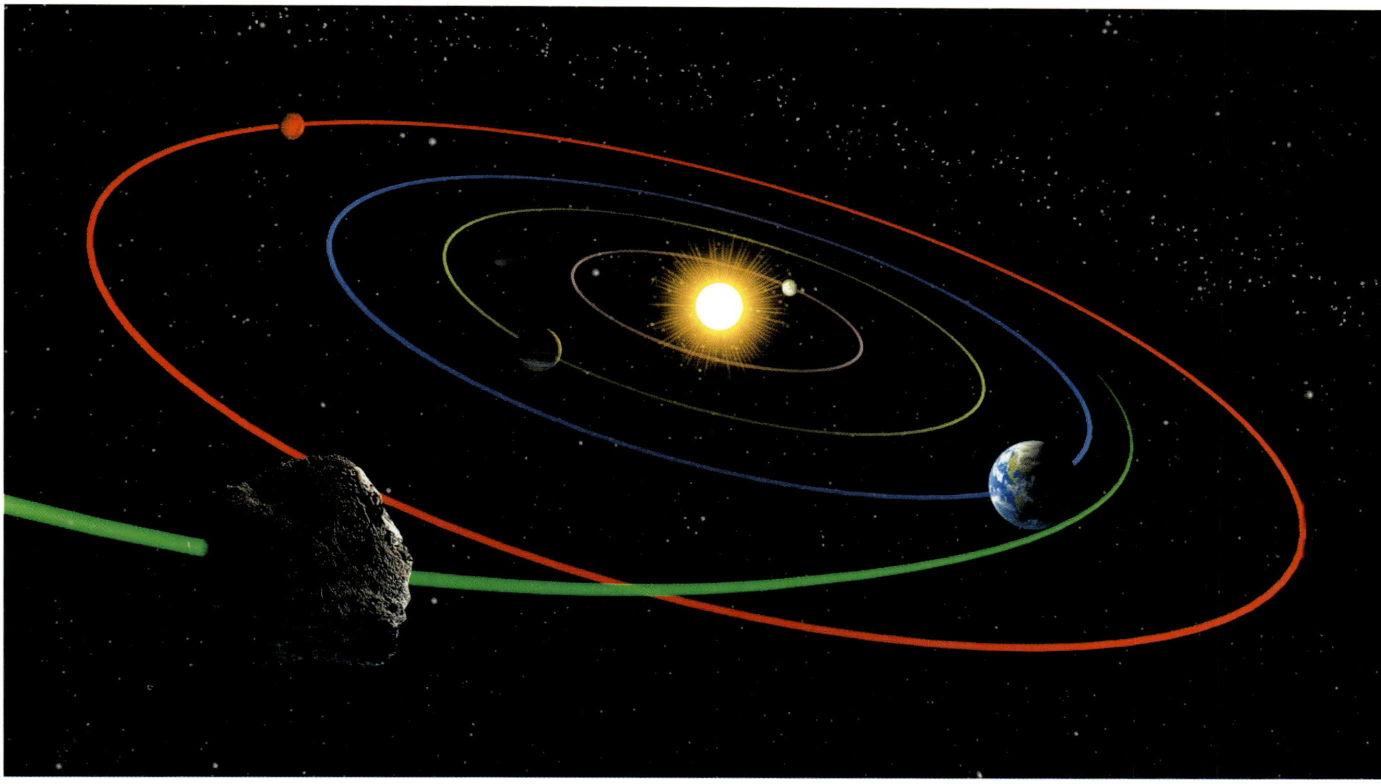

ten die Dunkelperiode besser überleben. Sie begannen sich zu entfalten und die Herrschaft zu übernehmen. So verdanken wir letztendlich wiederum einer Katastrophe unsere Existenz. Solche Rieseneinschläge sind äußerst selten und berühren heute unser Leben nicht. Zwar wurden auch in jüngster Vergangenheit immer wieder kleinere Meteoriteneinschläge registriert, aber Menschen kamen dadurch nicht zu Schaden.

Wissenschaftler sind selbstverständlich an solchen kleinen Meteoriten interessiert, in der Hoffnung, dass sie Aufschluss über die Zusammensetzung der Urmaterie in unserem Planetensystem geben. Denn die Planeten wurden ja letztendlich aus solchen Brocken zusammengeschmolzen. Vor allem in den Eiswüsten der Pole sind die wenige Zentimeter großen Gesteinsbrocken auf den weißen Flächen gut auszumachen, und deshalb konzentriert sich die Suche nach ihnen auf diese Regionen.

Die großen Asteroiden, die bei einer Kollision mit der Erde zur Katastrophe führen können, versucht man im Auge zu behalten. Alle verdächtigen Kandidaten mit Kurs auf die Erde flogen jedoch bislang mit einigen Mil-

● *Eine gefährliche Situation für die Erde: Im September 2000 raste ein Asteroid relativ nah an unserem Planeten vorbei.*

lionen Kilometern Abstand an der Erde vorbei, und die neu hinzugekommenen werden das, Bahnberechnungen zufolge, wohl auch in Zukunft tun. Von einem »nahen Ereignis« spricht man schon, wenn ein größerer Meteorit in 100 000 Kilometern Entfernung an der Erde vorbeidriftet. 1994 zum Beispiel passierte einer dieser Brocken die Erde im Abstand von 105 000 Kilometern. Im September 2000 raste ein Exemplar mit einem Durchmesser von 600 Metern an der Erde vorbei. Der geringste Abstand betrug hier etwa 4 Millionen Kilometer – was etwa zehnmal dem Abstand der Erde vom Mond entspricht.

Alle Berechnungen darüber, wie häufig Asteroiden aus ihrer ruhigen Bahn um die Erde gedrängt werden und Kurs auf die erdnahen Bereiche nehmen, sind nicht mehr als Spekulationen. Keiner weiß, wie sich unterschiedliche Planetenkonstellationen und damit die Gravitationskräfte auf die Objekte im Asteroidengürtel auswirken. Und so kann es immer passieren, dass einer dieser Materiebrocken aus seiner Umlaufbahn gedrängt wird und auf eine Bahn gelangt, die sich mit unserer Erdbahn kreuzt.

Aber die Asteroiden und Meteoriten sind nicht die einzigen Himmelsobjekte, die das Leben auf der Erde gefährden können. Auch Kometen können beim Auftreffen eine dramatische Zerstörung anrichten. Kometen werden oft »schmutzige Schneebälle« genannt, weil sie hauptsächlich aus Eis bestehen; sie besitzen allerdings eine Ausdehnung von einigen Kilometern. Kometen tauchen urplötzlich aus der Tiefe des Weltalls auf und entfalten dann in der Nähe der Sonne ihre eindrucksvolle Pracht. Durch die Wärme verdampft das Wassereis und treibt die mit ihm zusammengefrorenen Staubteilchen nach außen. Der ständige Strom der von der Sonne kommenden elektrisch geladenen Teilchen – der Sonnenwind – drückt die Staubteilchen Millionen von Kilometern vom Kometenkern weg, das Sonnenlicht strahlt sie an, und so bietet die vorher unsichtbare Staub- und Eiskugel ein eindrucksvolles Schauspiel am Himmel. Die Kometen Halley (1986), Hyakutake (1992) und Hale-Bopp (1997), alle traditionell nach ihren Entdeckern genannt, lieferten ein beeindruckendes Schauspiel am Himmel. Sind die Kometen einmal entdeckt, so lässt sich ihre Bahn verfolgen und auch berechnen. So weiß man, dass der Halleysche Komet alle 76 Jahre wieder auftaucht, ein anderer, wie Hale-Bopp, wird erst wieder nach 2389 Jahren erscheinen. Diese Kometen ziehen

● *Im Juli 1994 prallte der Komet Shoemaker-Levy mit 60 km/sec auf den Jupiter. Die Einschlagsenergie entsprach der Explosion von mehreren hundert Atombomben.*

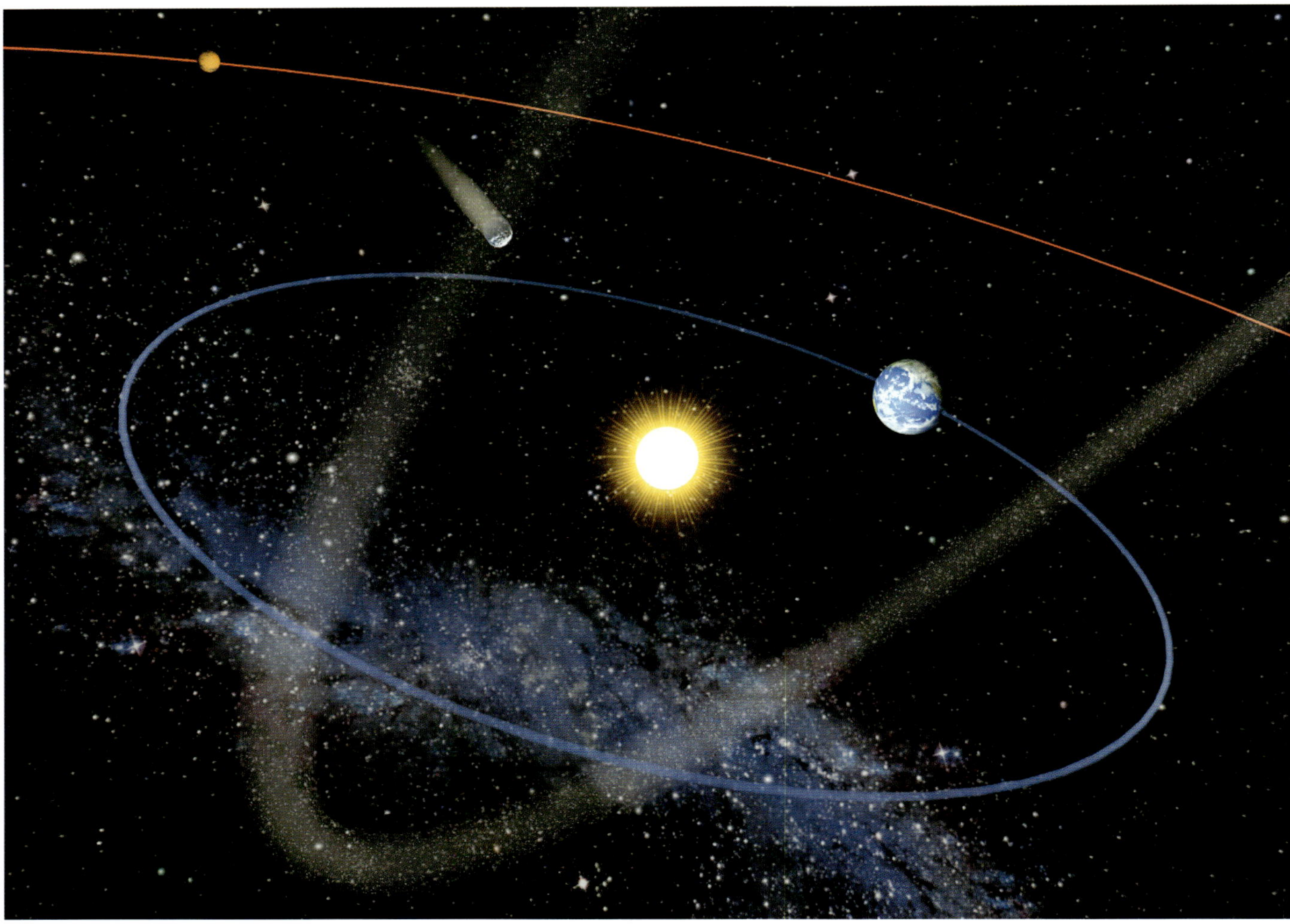

Die Häufigkeit von Sternschnuppen nimmt zu, wenn die Erde jeweils im August und November die Staubbahnen von Kometen kreuzt.

elliptische Bahnen um die Sonne, und diese sind so regelmäßig, dass man voraussagen kann, ob sie nun die Erde treffen werden oder nicht.
Wie dramatisch ein solcher Einschlag wäre, zeigte sich 1994. Damals prallte der Komet Shoemaker-Levy 9 mit einer Geschwindigkeit von 60 Kilometern pro Sekunde auf den Jupiter. Die gewaltige Gravitationskraft des großen Jupiter zerriss zunächst den Kometen in kleinere Stücke, die dann mit einer Energie aufprallten, die mit der Explosion mehrerer hundert Atombomben vergleichbar war – ein gigantisches Ereignis.
Kometen tauchen immer wieder völlig unvermutet auf, und dass sie auch die Erde treffen könnten, zeigen die Spuren aus der Vergangenheit. Mitte August ist immer wieder ein eindrucksvolles Schauspiel am Nacht-

himmel zu beobachten: Zahlreiche Sternschnuppen ziehen ihre leuchtende Spur durch die Dunkelheit. Sie sind nichts anderes als die etwa erbsengroßen Materieteilchen aus einem Kometenschweif, die in unserer Atmosphäre verglühen. Die Erde durchläuft jedes Jahr diese Kometenspur, die vom Kometen Swift-Tuttle stammt, der eine Umlaufzeit von 133 Jahren besitzt. Schon vor 2000 Jahren haben chinesische Astronomen dieses Phänomen beobachtet. Dieser Sternschnuppenschauer ist also die sichtbar werdende, im Weltraum schwebende Staubspur dieses Kometen. Zum Glück trifft die Erde nicht mit dem mächtigen Kern dieses Kometen zusammen – das hätte katastrophale Folgen. Auch im November lässt sich ein solches Spektakel am Nachthimmel verfolgen: Es sind die Materieteil-

Unser Planetensystem ist von bedrohlichen Eisbrocken umgeben. In diesen Gürteln wird der Ursprung der Kometen vermutet.

chen aus dem Schweif des Kometen Temple-Tuttle, der alle 33 Jahre wiederkehrt, die in der Atmosphäre der jahreszeitlich wandernden Erde verglühen.

An diesen Beispielen zeigt sich, dass es in unserem Planetensystem nicht ganz so ruhig zugeht, dass wir uns in Sicherheit wiegen könnten. Katastrophale Ereignisse – wie die Zusammenstöße mit umherirrenden Materiebrocken im Weltall – sind nicht vorhersagbar. Hat man einmal einen Kometen entdeckt, weil er in Sonnennähe beginnt eindrucksvoll zu strahlen, dann kann seine Bahn relativ einfach bestimmt werden, und die Gefahr ist relativ leicht abzuschätzen. Aber diese Eisbrocken tauchen zunächst unsichtbar und plötzlich aus der Tiefe des Weltalls auf. Die Beobachtung der Bahnkurven zeigt, dass sie sich im Gravitationsfeld der Sonne regelmäßig, auf geordneten Bahnen bewegen. Diese Umlaufbahnen geben auch Hinweise auf den Ursprungsort der Kometen. Es zeigen sich Kometen auf lang gestreckten Bahnen und Kometen wie Halley, die eine kurzperiodische Umlaufbahn besitzen. Aus den Umlaufbahnen lässt sich der Ursprung dieser Eisklumpen berechnen. Die kurzperiodischen, deren Umlaufzeit weniger als 200 Jahre beträgt, kommen aus einem Gürtel, der nach dem Begründer dieser Theorie Kuiper-Ring genannt wird. Dieser Gürtel liegt jenseits von Neptun, dem vorletzten Planeten unseres Systems, und in ihm kreisen Millionen von Eisbrocken um die Sonne. Die langperiodischen Kometen kommen von noch weiter her. Aus ihrer lang gestreckten Bahn lassen sich ihre sonnenfernen Umkehrpunkte berechnen. Und es zeigt sich, dass es offenbar in einer Entfernung von 1000-mal der Strecke zwischen der Sonne und dem äußersten Planeten Pluto eine ausgedehnte Wolke von Eisbrocken gibt, denen es immer wieder gelingt, in das Sonnensystem vorzudringen. Zwischen 20 000 und 70 000 Astronomische Einheiten (AE) ist dieser Bereich entfernt, wobei eine Astronomische Einheit dem Abstand der Erde von der Sonne, das sind 150 Millionen Kilometer, entspricht. Diese Region wird als Oortsche Wolke bezeichnet, nach dem holländischen Astronomen Jan Hendrik Oort, der als Erster dieses Gebiet als Ursprung für die langperiodischen Kometen vermutete. Die ungemütliche Erkenntnis ist, dass unser Planetensystem von einer dicht an dicht gestaffelten Armada von Eisbrocken umgeben ist. Wenn einer dieser Eisbrocken seine Umlaufbahn ändert und aus dem Verband ausschert, kann sein Weg auch in die Nähe der Erde führen. Der Ein-

fluss benachbarter Sterne kann ein solches Ereignis auslösen, ihre Gravitationswirkung wirft dann die Eisbrocken aus ihrer Bahn.
Weil der Einschlag eines Meteoriten oder Kometen auf der Erde so zerstörerisch sein kann, glaubt man, dass eine wichtige Voraussetzung für das Leben ein von Materiebrocken freier Raum in einem Planetensystem ist. Erst als es einen relativ langen Zeitabschnitt auf der Erde gab, in dem es kaum zu größeren Einschlägen kam, konnte Leben entstehen. Zwar ist letztendlich unsere Existenz aus einigen gigantischen Katastrophen hervorgegangen, aber eine Voraussetzung für die Entwicklung des Lebens waren dann die Phasen, in denen es keine Katastrophen gab. Die Planeten zogen nach der wilden Entstehungsphase ruhig ihre Bahnen, die periodisch immer wiederkehrend verlaufen. So etwas wie Ordnung im Chaos ist eingekehrt. Und auch die Bahnen der Asteroiden und Kometen verlaufen im Gravitationsfeld der Sonne überschaubar. Das ist die Chance für Naturwissenschaftler. Diese Bahnen lassen sich berechnen, und aus diesen Berechnungen kann man Schlüsse ziehen. Zum Beispiel, wie diese Bewegungen in Zukunft ablaufen werden. Aber diese Gleichmäßigkeit – diese Ordnung – bleibt nicht in alle Ewigkeit erhalten. Immer wieder einmal wird sie durch Schwankungen im Gravitationsfeld gestört, durch vorbeiziehende Sterne zum Beispiel, und dann kommt es erneut zu Katastrophen. Diese vorherzusehen – vorauszuberechnen –, ist eine weitere große Herausforderung an die Naturwissenschaften. Wie das gelingt und ob überhaupt, das wird im folgenden Kapitel untersucht.

2

Die Ordnung des Menschen – eine Illusion?

Wenn man das Geschehen in der Natur betrachtet, so erscheint es auf den ersten Blick so vielfältig, dass kaum zu hoffen ist, irgendwelche Gesetzmäßigkeiten für diese unüberschaubare Welt aufstellen zu können. Aber der Mensch ist offenbar so angelegt, dass er verwirrende Situationen in kleine, für ihn beherrschbare Segmente zerlegt. So gelingt es ihm, auch Vorgänge, die zunächst hoffnungslos kompliziert erscheinen, für ihn fassbar zu vereinfachen. Naturwissenschaftler machen das nicht anders. Sie konzentrieren sich auf einen einzelnen Ablauf im Gesamtgeschehen der Natur und versuchen diesen für sich begreifbar zu machen. Dabei schälen sie aus der komplexen Wirklichkeit die für sie wichtigen Strukturen heraus. Wenn ein Stein zu Boden fällt, dann kümmert sich die naturwissenschaftliche Betrachtungsweise zunächst nicht um dabei eventuell auftretende Seitenwinde oder den Auftrieb durch die Luft oder darum, ob es gerade kalt oder warm ist, sondern nur um den fallenden Stein in einer sterilen, idealisierten Umgebung. So wird ein Bild von dem Geschehen entworfen, das die zunächst nicht fassbare Vielfalt in einzelne, nachvollziehbare Schritte aufteilt. Die Natur unterstützt diese Betrachtungsweise: Sie zeigt uns in vielen Beispielen, dass bei einem Vorgang tatsächlich oft nur ein einzelner Zusammenhang der dominierende ist. Zudem gibt sie deutliche Hinweise auf die dabei herrschenden Abhängigkeiten und macht es leicht, daraus Gesetzmäßigkeiten aufzustellen. Immer wiederkehrende Ereignisse am Himmel zum Beispiel können dadurch vorhergesagt werden. So ließen sich durch längere Beobachtung die Mondphasen voraussagen. Ebbe und Flut konnten damit in Zusammenhang ge-

● *Im Universum geht es ziemlich turbulent zu. Unser Planetensystem scheint darin eine Oase der Ruhe zu sein. Wie kann sich der Mensch unter diesen Bedingungen behaupten?*

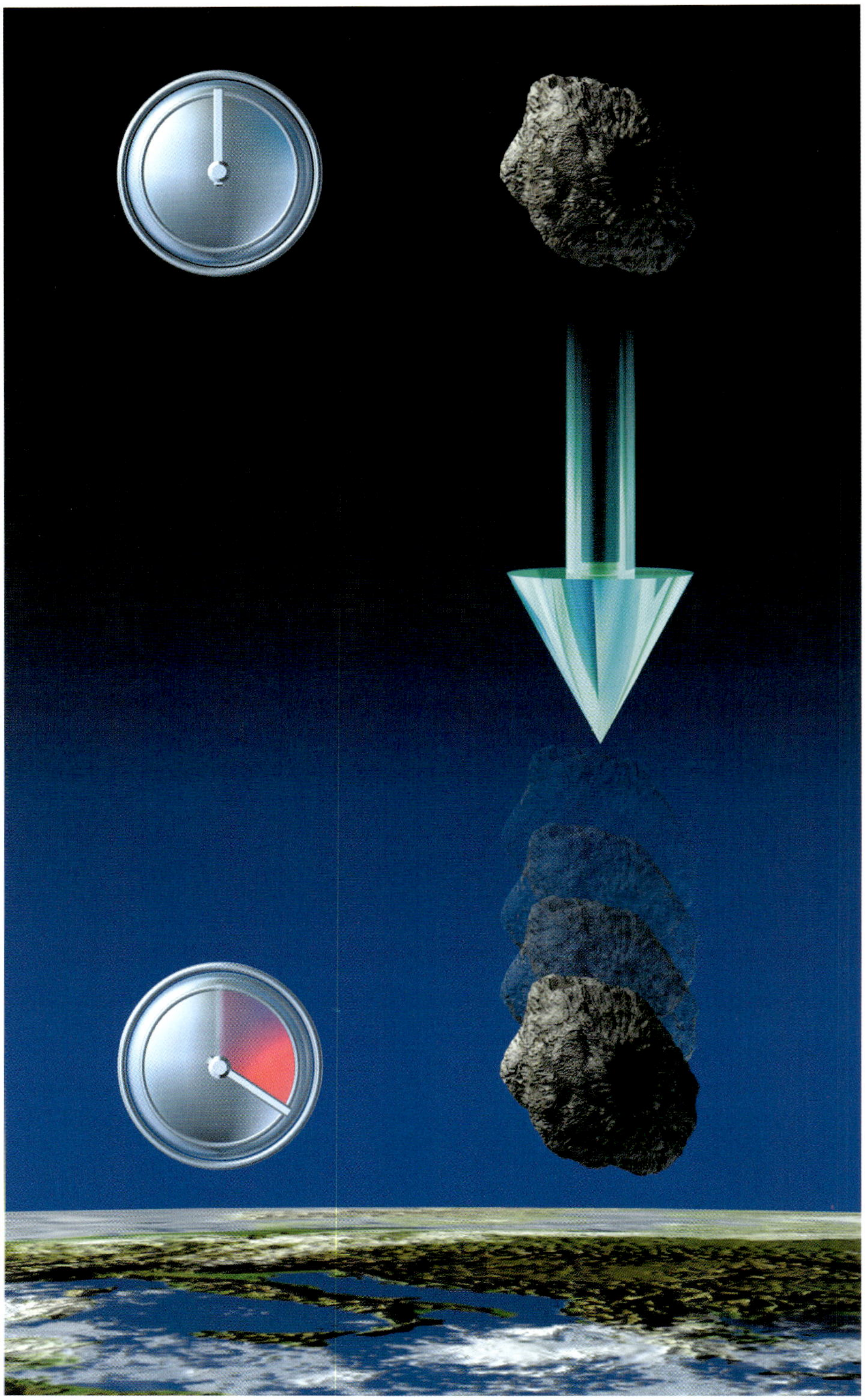

Mit der Einführung eines Zeitbegriffs und räumlicher Ortskoordinaten wird versucht, die Abläufe in der Natur überschaubarer und vorhersagbar zu machen.

bracht werden, und so war ein kleiner Ausschnitt der Natur erfolgreich in eine physikalische – für den Menschen begreifbare – Modellvorstellung zu übersetzen. Beim Aufstellen dieser physikalischen Gesetzmäßigkeiten war hilfreich, dass die Mondphasen immer wiederkehrten, und diese Wiederholbarkeit ist es offenbar, die es erlaubt, Wesenszüge der Natur zu erkennen.

Die Welt, die uns umgibt, wurde so im Laufe der Zeit als Modell abgebildet, in dem die Abläufe klar und eindeutig waren. Der menschliche Geist begann, das Universum nach den ihm eigenen Fähigkeiten zu ordnen. Er schuf sich in seiner Vorstellung eine Bühne, auf der das Geschehen in der Natur abläuft. Mit einem Koordinatensystem wurde ein gedachter Raum etabliert, in dem der Ort eines Körpers festgelegt werden konnte. Zudem führte man den Begriff der Zeit ein, um zum Beispiel messen zu können, wie schnell sich dieser Körper im dreidimensionalen Raum bewegt.

In diesem Weltbild der Naturwissenschaften spielen zudem Kräfte eine Rolle. Sie wirken auf Materieteilchen – zum Beispiel auf Himmelskörper – und bringen diese dadurch in Bewegung. Fällt ein Körper nach unten, so unterliegt er der Schwerkraft. Sie zieht ihn auf die Erdoberfläche. Die Schwerkraft wirkt auf die Körper und verändert ihre Bewegung. Den Physikern gelang es, diese Vorstellung über die Abläufe in der Natur mit der Mathematik zu verknüpfen. Mit Hilfe von mathematischen Formeln wird es möglich, den Ort und die Geschwindigkeit, die sich über die Zeit unter Einwirkung der Kraft verändern, zu berechnen. Man kann damit vorhersagen, wann und mit welcher Geschwindigkeit der Körper zu einem späteren Zeitpunkt an einem anderen Ort eintreffen wird. Mit dieser modellhaften Abbildung der Natur ist es möglich zu berechnen, wie sich der Körper in der Zukunft bewegen wird und wie er sich in der Vergangenheit bewegt hat. Das mathematische Hilfsmittel dazu wird Bewegungsgleichung genannt. In ihr steckt nichts anderes – formelmäßig ausgedrückt – als die Einsicht, wie sich in Abhängigkeit von der Zeit und durch die Einwirkung einer Kraft der Aufenthaltsort eines Körpers verschiebt. Die Wirkung der Kraft wird letztendlich auf ihre Fähigkeit zurückgeführt, den Ort und die Geschwindigkeit des Körpers mehr oder weniger schnell zu verändern – auf ihre beschleunigende Wirkung also, sodass in der Bewegungsgleichung eigentlich nur die sich mit der Zeit ändernden Ortskoordinaten auftauchen. Löst man diese Gleichung auf, dann lässt sich

● *Vom Satelliten aus betrachtet, sieht die Erde mehr oder weniger wie eine Kugel aus.*

zum Beispiel zu jedem Zeitpunkt berechnen, an welchem Ort der Körper sich gerade befindet, in der Zukunft sein wird oder in der Vergangenheit war.

Prinzipiell werden durch diese Modellvorstellungen auch alle anderen Teilbereiche der Physik abgedeckt. In der Thermodynamik zum Beispiel geht es unter anderem um Temperaturen. Aber auch dieser Begriff lässt sich auf die mehr oder weniger heftige Bewegung von Molekülen zurückführen, prinzipiell wiederum auf Bewegungsgleichungen, die Ortsveränderungen in Abhängigkeit von der Zeit beschreiben.

Diese physikalischen Modellvorstellungen eröffnen auch neue Sichtweisen des Universums. Stellt man die Erde modellhaft in ihrer Gravitationswirkung dar, so zeigt sie sich nicht als glatte Kugel, sondern sieht eher wie eine Kartoffel aus. Durch die unterschiedlichen Dichten und die unregelmäßige Verteilung des Erdmaterials kommt es zu Abweichungen der Gravitationskraft. Die Oberfläche der Meere zeigt diese Unebenheiten, weil sich das Wasser der jeweiligen Schwerkraft anpasst. Durch die abstrakte Vorstellung einer Kraftwirkung betreten wir mit Hilfe dieser Modelle eine völlig neue Welt.

Wird die unterschiedliche Gravitationswirkung der Erde dargestellt, so zeigt sie sich stark verformt und weist Höhen und Senken auf.

Mit der modellhaften Betrachtung der Natur sind zwangsläufig einschneidende Vereinfachungen der wahrgenommenen Umgebung verbunden. Durch diese Reduzierung des wirklichen Geschehens wurde es ja erst möglich, die physikalischen Gesetzmäßigkeiten zu finden, nach denen sich die Körper bewegen, und vor allem konnte man erst durch Vereinfachung des Ablaufs diesen auch mathematisch formulieren. Der Schritt zur Mathematisierung der Natur ist deshalb wichtig, weil man ja in die Zukunft schauen wollte: Wie wird sich zum Beispiel ein Materieteilchen unter Einwirkung der vorhandenen Kräfte mit ablaufender Zeit verhalten? Dieses Ziel konnte man durch Umformen der mathematischen Gleichungen erreichen, die den physikalischen Prozess beschreiben. Für unser Leben hat es ja einige Bedeutung zu wissen – berechnen zu können –, ob nun zum Beispiel ein Komet die Erde treffen wird oder nicht.

Die Methoden der Naturwissenschaften entwickelten sich zu einer Art Vorhersagetechnik für Abläufe in der Natur. Das genau war ja der Wunsch des Menschen. Er wollte dem ungesicherten Dasein entkommen, in dem er der Spielball der scheinbar zufällig und unkontrolliert ablaufenden Vorgänge in der Natur war. Erstrebenswert für den Menschen war es, genau abschätzen zu können, was ihn in der Zukunft erwartet, welcher Planet sich zum Beispiel wohin bewegt, welcher Vorgang auf der Erde einen anderen nach sich zieht usw. Erst mit dieser Sicherheit konnten die Menschen bewusst ihr Leben gestalten und nach den Gegebenheiten einrichten.

So vereinfachend diese physikalischen Vorstellungen vom Universum auch waren, sie hatten Erfolge aufzuweisen, zum Beispiel bei der Suche nach den Planeten in unserem Sonnensystem. Der Vergleich der Berechnungen mit den Bewegungsgleichungen und der Beobachtung zeigte, dass der Planet Uranus sich nicht ganz genau auf der vorhergesagten Bahn bewegte. Eine Möglichkeit, diesen Widerspruch aufzulösen, war die Vorstellung, dass andere Himmelskörper Uranus aus seiner Bahn ablenkten. Und tatsächlich konnte man dann mit Teleskopen und den Berechnungen gezielt die Suche nach einem neuen Planeten aufnehmen und entdeckte Neptun. Eine ähnliche Geschichte lässt sich von der Entdeckung unseres äußersten Planeten erzählen, von Pluto. Berechnungen wurden angestellt, die Astronomen richteten ihre Teleskope auf die vorhergesagten Himmelssegmente, und tatsächlich wurde mit dieser Strategie 1930 der äußerste Planet unseres Sonnensystems entdeckt.

Die naturwissenschaftlichen Modellvorstellungen leisten noch mehr. Sie verschaffen uns auch Wissen über Regionen im Universum, die wir zwar nicht direkt erreichen können, aus denen wir aber durch Licht- oder Teilchenströme Informationen über das dortige Geschehen – über die Bewegungen von Kometen zum Beispiel – erhalten. Die Bahnkurven der Kometen lassen sich aus den Beobachtungsdaten berechnen. Im mathematischen Modell sind die Kometenbahnen nichts anderes als Lösungen der Bewegungsgleichungen, also die Aussage, wie sich der Aufenthaltsort des Kometen mit der Zeit verändert. Diese Lösungen kann man auch für einen Blick in die Vergangenheit nutzen. Wird eine negative Zeit eingesetzt, so zeigt sich, wo sich der Komet vor einer beliebigen Anzahl von Jahren befunden hat. Über diese Berechnung ist es möglich, auf die Existenz des Kuiper-Gürtels und der Oortschen Wolke zu schließen, wie es im vorherigen Kapitel geschildert wurde. Durch die Beobachtung der Geschwindigkeit der Kometen, der Steilheit ihrer Bahn, kann unter Beachtung der wirkenden Gravitationskräfte der sonnenferne Umkehrpunkt – also der Ursprung – der Kometen berechnet werden.

● *Nach den ersten größeren Erfolgen der Naturwissenschaften glaubte man im 18. Jahrhundert, das Universum wie ein Uhrwerk beherrschen zu können. Diese Vorstellung erwies sich später als trügerisch.*

● *Im linearen Bereich wird das Verhalten der Feder mit der Formel: $K = D_1 \cdot x$ beschrieben. K bedeutet darin die Kraft, x ist die damit verbundene Auslenkung und D_1 eine Konstante, die die Eigenschaft der Feder repräsentiert, das heißt, wie stark sie sich jeweils auslenken lässt. Wird die Feder »überdehnt«, so muss die Formel mit nicht-linearen Gliedern erweitert werden, um jetzt ihr Verhalten richtig beschreiben zu können: $K = D_1 \cdot x + D_2 \cdot x^2 + D_3 \cdot x^3 + \ldots$ Im linearen Bereich wird die Feder bei jeweils gleichem Gewichtszuwachs um den gleichen Betrag gestreckt. Im nicht-linearen Bereich gilt dieser einfache Zusammenhang nicht mehr.*

Nachdem Newton das gerade geschilderte, von Kräften und Teilchen bestimmte Weltbild über die Bewegungsgleichungen in den Griff bekommen hatte, breitete sich unter den Wissenschaftlern eine ungeheure Euphorie aus. Manche verstiegen sich in dieser Stimmung sogar so weit, dass sie glaubten, damit das gesamte Universum dem menschlichen Geist untertan gemacht zu haben. Dieses mechanistische Weltbild Newtons regierte über 200 Jahre unangefochten in den Köpfen der Naturwissenschaftler. Der französische Mathematiker Laplace behauptete, dass, wenn man nur den Aufenthaltsort aller Moleküle im Universum und ihre Geschwindigkeit zu einem bestimmten Zeitpunkt kennen würde und diese Informationen mit den bekannten, zwischen ihnen wirkenden Kräften in die Bewegungsgleichungen einbrächte, prinzipiell alle Abläufe im Universum vorauszusagen wären. Das Universum als Uhrwerk, berechenbar ohne Überraschungen – mit dieser Vorstellung stand Laplace in der damaligen Zeit nicht allein. Aber diese Vorstellung eines in allen Details vorhersagbaren und deshalb eigentlich langweiligen Universums veränderte sich bald. Wenn wir das Beispiel eines nach unten fallenden Steins betrachten, so lassen die Naturwissenschaftler in ihrer Sicht des Geschehens viele Begleiterscheinungen weg. Sie konstruieren aus dem an sich komplexen Vorgang ein weitaus einfacheres Bild. So werden Luftwirbel, Dichteschwankungen usw. nicht berücksichtigt, der Stein fällt klinisch sauber nach unten. Diese Reduktion des Ablaufs auf das Wesentliche macht durchaus Sinn, denn anders wäre er mathematisch nicht zu fassen, geschweige denn zu berechnen. Das Weglassen von Nebensächlichkeiten bei Modellbetrachtungen ist durchaus Methode, und die Ergebnisse zeigen ja auch, wie erfolgreich diese Betrachtungsweise sein kann.

Allerdings stößt man auch schon in der klassischen Physik Newtons an die Grenzen solcher Modellvorstellungen. Wie diese Einschränkungen aussehen und warum die Modelle der Physiker bei weitem nicht alles, was in der Welt vorgeht, beschreiben, macht eine Federwaage deutlich. Sie besteht aus einem aufgerollten Draht, der sich bei Anhängen eines Gewichtes in die Länge zieht. Leicht ist dafür eine Gesetzmäßigkeit zu finden. Nacheinander angehängte Gewichtsstücke, zum Beispiel der Masse 500 Gramm, ziehen hier die Feder um je einen weiteren Zentimeter in die Länge. Bei Verdoppelung des Gewichtes verdoppelt sich auch die Ausdehnung der Feder, bei Verdreifachung des Gewichtes verdreifacht sich die Ausdehnung usw. Die beiden physikalischen Größen Gewicht und Federstreckung sind zueinander proportional.

Die Zukunft, das heißt, wie sich die Feder mit wachsendem Gewicht verhalten wird, scheint damit leicht vorhersagbar zu sein. Aber leider streckt sich die Feder ab einem bestimmten Gewichtswert nicht mehr so überschaubar in die Länge. Plötzlich verhält sie sich ganz anders. Sie unterliegt einer anderen Gesetzmäßigkeit, wenn sie überdehnt wird. Das Modell, das sich Physiker von diesen Federn gemacht haben, beschreibt also nur in einem bestimmten Bereich die Wirklichkeit. Physiker wissen das selbstverständlich und geben bei diesem Gesetz auch immer die eingeschränkte Gültigkeit an. Aber dieses Beispiel zeigt, dass die Beschreibung der Natur durch ein Modell offenbar nur in bestimmten Grenzen gelingt. In einem Bereich zeigt die Feder bei gleichem Zuwachs an Gewicht den gleichen Anteil an Ausdehnung. Dann jedoch gelangt das System in eine andere Modellwelt. Das geschieht, wenn eine bestimmte Grenze bei den Gewichten erreicht wird. Für den Physiker ist es dann mit der Einfachheit vorbei. Vernünftige Vorhersagen sind in diesem Bereich mit dem einfachen Modell nicht mehr zu machen. Das von ihm repräsentierte Abbild von der Welt muss erweitert werden, denn der Fehler der Vorhersage wird mit wachsendem Gewicht immer größer. In der mathematischen Formelsprache bedeutet das eine Erweiterung der Gleichung um eine Größe, die dieses Verhalten der Feder einbezieht. Ist das erfolgt, so kann die Streckung der Feder mit wachsendem Gewicht wieder richtig vorhergesagt werden. Der Preis dafür ist allerdings eine weitaus kompliziertere Rechnung. Wenn die Auslenkung klein ist, das heißt, sie bestimmte Grenzen nicht überschreitet, kann diese alles schwieriger machende Erweiterung der Gleichung in guter Näherung weggelassen werden. Verlässt man jedoch diesen Bereich, so spielen diese vorher weggelassenen Anteile eine größere Rolle.

Mit der Erkenntnis, dass nichts schneller als das Licht sein kann, änderte sich auch die Vorstellung von der Natur der Kräfte. Die Anziehungskraft zwischen den Massen wirkt sich in einer Krümmung des Raums aus.

Diese begrenzte Gültigkeit ihrer Modelle haben auch die Wissenschaftler in der Blütezeit der klassischen Physik erkannt, und sie haben immer wieder dazugelernt, wie eingeschränkt doch in den unterschiedlichen Situationen die Gültigkeit ihrer Vorstellungen ist. Dann aber kamen andere Zweifel an der Richtigkeit ihrer Modellvorstellungen von der Welt: Die Theorien mussten plötzlich fundamental geändert werden. Zu Beginn des

20. Jahrhunderts konnte der experimentelle Befund nicht mehr außer Acht gelassen werden, dass kein Signal schneller als das Licht ist. Einstein hat das zur strikten Voraussetzung für ein neues Modell von der Welt gemacht und so seine Relativitätstheorie entwickelt. Das Dilemma, das durch die Unüberschreitbarkeit der Lichtgeschwindigkeit entstand, war, dass auch das Bild von der Wirkung der Kräfte zwischen den Körpern ins Wanken kam. Bewegt sich zum Beispiel ein Planet von einem Ort zum anderen, so verändert sich damit auch die Kraftwirkung auf die anderen Himmelskörper. Aber wie schnell sollte das geschehen? Wenn wahr ist, dass sich kein Signal schneller als das Licht bewegen kann, dann war das Newtonsche Weltbild in Schwierigkeiten. Denn darin wurde vorausgesetzt, dass diese Kräfteänderung instantan, also augenblicklich, erfolgte, also letztendlich durch Überschreitung der Lichtgeschwindigkeit, und das war mit den experimentellen Ergebnissen nicht vereinbar.
Einstein konnte unter konsequenter Beachtung der unverrückbaren Grenzgeschwindigkeit des Lichtes ein neues Bild von der Welt entwickeln. In seiner Relativitätstheorie wird die Anziehungskraft zwischen den Massen in eine Eigenschaft des Raumes umgeschrieben. Massen krümmen den Raum, sie dellen ihn ein, und durch diese Krümmung kommt es zu den Wirkungen, die wir im Universum beobachten. Ein Planet dellt den Raum ein wie eine Stahlkugel eine gespannte Gummihaut, und durch diese Einbuchtung laufen Kometen oder Asteroiden auf den Planeten zu. Verschiebt sich der Planet, so teilt sich die damit verbundene Kraftveränderung über eine Krümmungsveränderung des Raumes mit, und diese läuft mit Lichtgeschwindigkeit durch das Universum. Unter dem Zwang, das nichts schneller als das Licht sein kann, was sich bisher immer wieder experimentell bestätigt hat, ist man zu dieser einschneidenden Veränderung in der Modellvorstellung des Universums gekommen. Zudem folgt aus der Einsteinschen Relativitätstheorie, dass mit den drei Raumkoordinaten auch die Zeit unlösbar verknüpft ist, sodass wir in einer physikalischen Welt mit vier Dimensionen leben. Zudem sind Raum und Zeit nicht mehr die unveränderlichen Säulen unseres Weltbildes, die vom Menschen eingerichtete Bühne, auf der sich alles abspielt, sondern Raum und Zeit sind je nach den Umständen veränderlich. Der Raum, und damit die Länge, kann gekrümmt, gestaucht oder auseinandergezerrt werden, und ebenso kann die Zeit sich dehnen oder verkürzen.

Was man sich alles seit Newton so schön ausgedacht hatte, war damit plötzlich nicht mehr gültig. Und dieses neue Weltbild war erfolgreich. Das zeigten die Beobachtungen im Universum: Mit der Newtonschen Vorstellung über die Kräfte, die zwischen den Himmelskörpern wirken, ließ sich rechnerisch nicht vollständig beschreiben, wie der Scheitelpunkt der Umlaufbahn des Merkur um die Sonne mit der Zeit verschoben wurde. Immer wieder fehlte eine Kleinigkeit, um die Theorie mit der Beobachtung in Übereinstimmung zu bringen.

Erst mit der Einsteinschen Modellvorstellung des durch Massen gekrümmten Raumes zeigte sich, woran das lag: Bei Newton wird der Raum als unabänderlich fest angenommen. Seine Geometrie wird von Geraden bestimmt, die Flächen besitzen keine unvermuteten Einbuchtungen. Das Einsteinsche Universum geht jedoch von einer anderen Geometrie aus: Die Winkelsumme in einem Dreieck ist nicht mehr 180 Grad, die kürzes-

● *Im Mikrokosmos spielen sich unglaubliche Dinge ab; Materie entsteht aus dem Nichts, Teilchen sind über einen bestimmten Bereich »verschmiert«, vieles bleibt ungewiss, und einiges kann »spontan« ablaufen.*

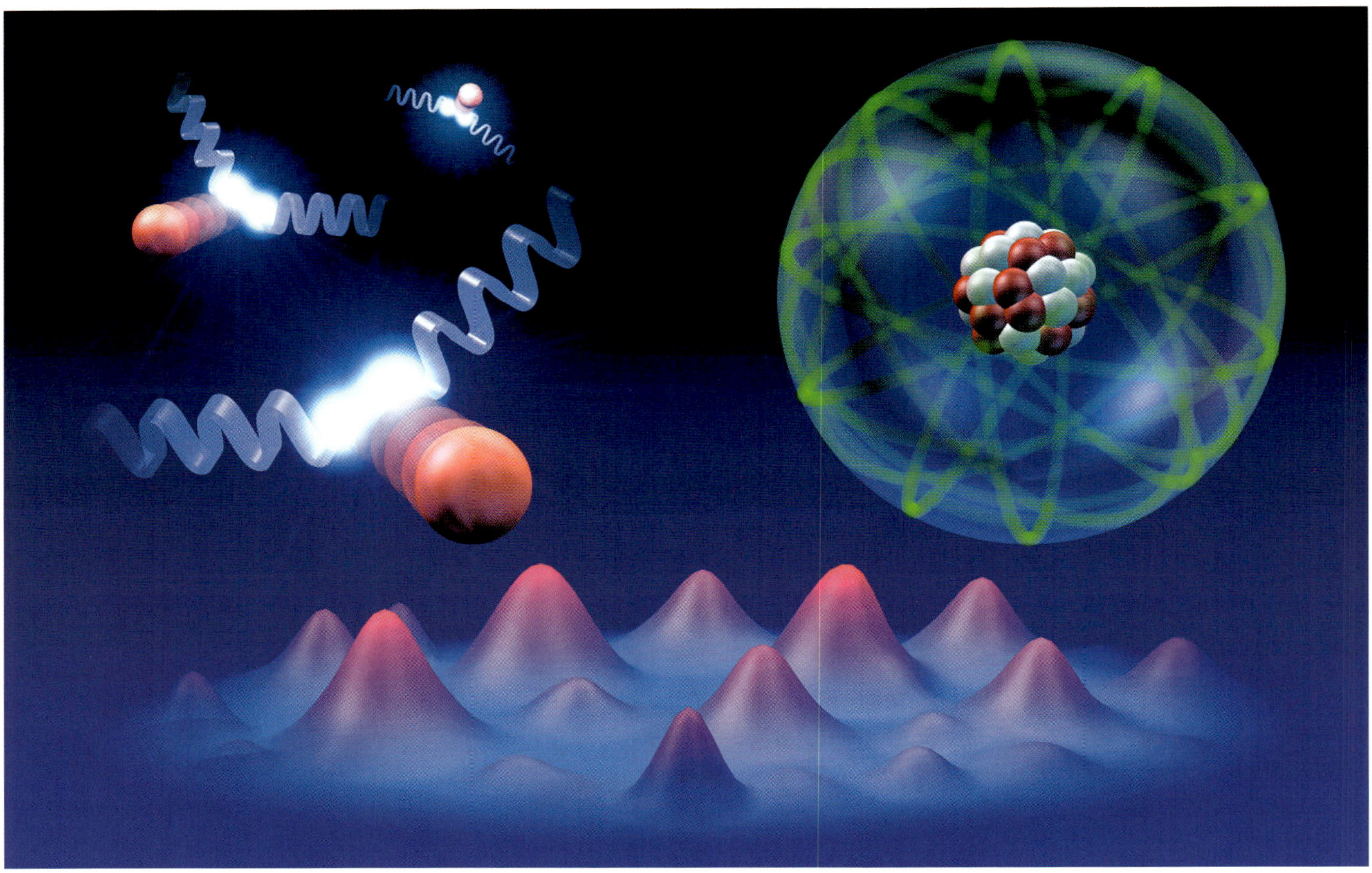

ten Entfernungen nicht mehr die Geraden, sondern Großkreise – diese sphärische Geometrie setzt andere Maßstäbe.
Und berücksichtigt man, dass die Sonne die Raumzeit gewaltig eindellt und der Merkur in diesem gekrümmten Raum entlangläuft, so wie eine kleine Kugel, die in eine Einbuchtung rollt, hervorgerufen durch das Gewicht einer Stahlkugel auf einer gespannten Gummihaut, dann zeigt sich, dass mit den so veränderten Raumabmessungen in der Einsteinschen Modellvorstellung die Merkurbahn exakt beschrieben wird. Eine Bestätigung dafür, dass wir in unser Weltbild die Krümmung des Raumes integrieren müssen, um Phänomene richtig beschreiben zu können.
Diese entscheidende Veränderung in der physikalischen Modellvorstellung zeigt auch, dass man diese nicht mit der Wirklichkeit verwechseln darf. Diese Bilder sind nur Hilfsvorstellungen – mehr oder weniger gute Modelle vom Universum. Zeigen Experimente, dass sie nicht mehr gut genug sind, müssen neue Theorien, neue Modelle entwickelt werden.
Einsteins Theorie gilt für das Große, für den Makrokosmos. Aber einschneidende Veränderungen des Weltbildes gab es auch im Mikrokosmos. Hier wuchsen mit den immer tieferen Einsichten in die dort ablaufenden Vorgänge die Schwierigkeiten, das Geschehen mit dem Newtonschen Weltbild zu beschreiben. So muss man, um die Bewegungsgleichungen für Atome und Moleküle erfolgreich anwenden zu können, den Ort und die Geschwindigkeit der Teilchen exakt bestimmen. Die auf sie wirkenden Kräfte zwingen die Teilchen dann von diesem Zustand in einen anderen – zu einem anderen Ort und einer anderen Geschwindigkeit.
Aber die Ortsbestimmung ist mit einer Messung verbunden, zum Beispiel lässt auftreffendes Licht das Teilchen sichtbar werden. Im Mikrokosmos jedoch verändern – wegen der Winzigkeit der Objekte – die während der Messung aufprallenden Lichtteilchen die Lage des Messobjekts. Wegen dieser Kleinheit kann man sich das wie ein Bombardement vorstellen, das augenblicklich die Geschwindigkeit des zu messenden Teilchens verändert. Man ist zu dem Ergebnis gelangt, dass sich deshalb grundsätzlich nicht gleichzeitig der Ort und die Geschwindigkeit eines Teilchens genau bestimmen lassen, weil ja bei der Messung die Bewegung des Teilchens beeinflusst wird.

Ein Blick in die Quantenwelt mit einem Raster-Tunnel-Mikroskop: Elektronen werden an einer Kupferoberfläche an zwei Verunreinigungen wellenförmig reflektiert.

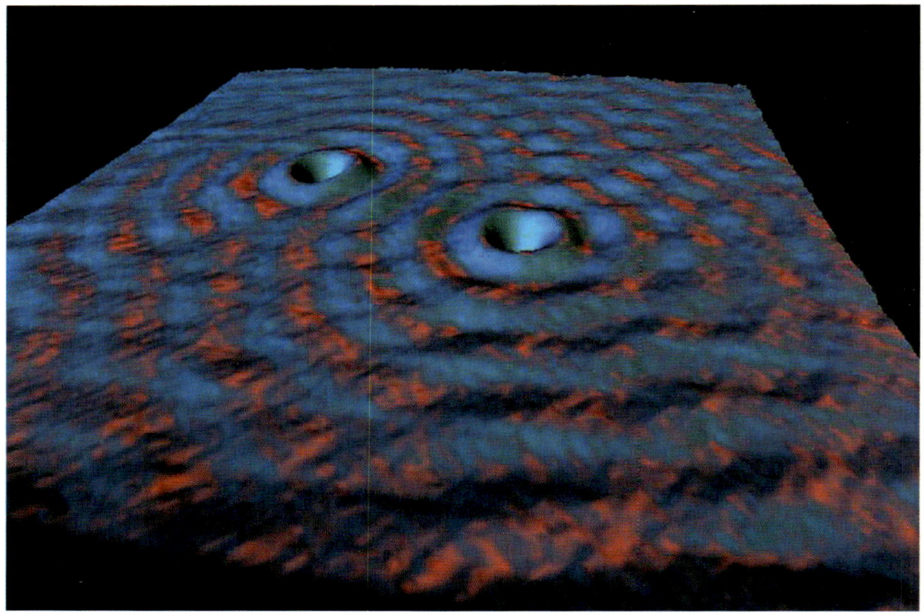

Im Mikrokosmos unterliegen die Teilchen daher einer bestimmten Unschärfe, wenn man ihren Zustand vermessen will. Die Quantenphysik, die den Mikrokosmos modellhaft beschreibt, arbeitet deshalb mit Wahrscheinlichkeiten. Der Aufenthaltsort eines Teilchens ist nur mit einer bestimmten Wahrscheinlichkeit anzugeben. Und das erschütterte die Vorhersagemöglichkeiten, die man im Newtonschen Weltbild als so eindeutig angenommen hatte.

Das Konzept der Bewegungsgleichung hat man in der Quantenphysik zwar beibehalten, aber die exakte Ortskoordinate des Newtonschen Weltbildes wird durch eine Wellenfunktion ersetzt, die den Aufenthaltsort des Teilchens zu einer unsicheren Größe macht, das Teilchen über einen bestimmten Bereich »verschmiert«.

Aus der Quantenphysik lassen sich viele schier unglaubliche Folgerungen über das Verhalten dieser Mikroteilchen ziehen (siehe das Buch »Geheimnisse unseres Universums«). Es eröffnet sich eine völlig andere Welt. Aus der Unbestimmtheit in dieser Welt folgt auch, dass Laplaces alte Vorstellung vom Universum als einem vorhersehbar ablaufenden Uhrwerk nicht zu halten ist. Die Atome und Moleküle lassen sich in ihrem Zustand überhaupt nicht genau bestimmen, und deshalb sind die Abläufe für die Zukunft nur mit Unsicherheiten zu berechnen.

Der Makrokosmos wird durch die Relativitätstheorie beschrieben. In dieser Computerrechnung prallen zwei Schwarze Löcher aufeinander. Dabei werden Gravitationswellen abgestrahlt.

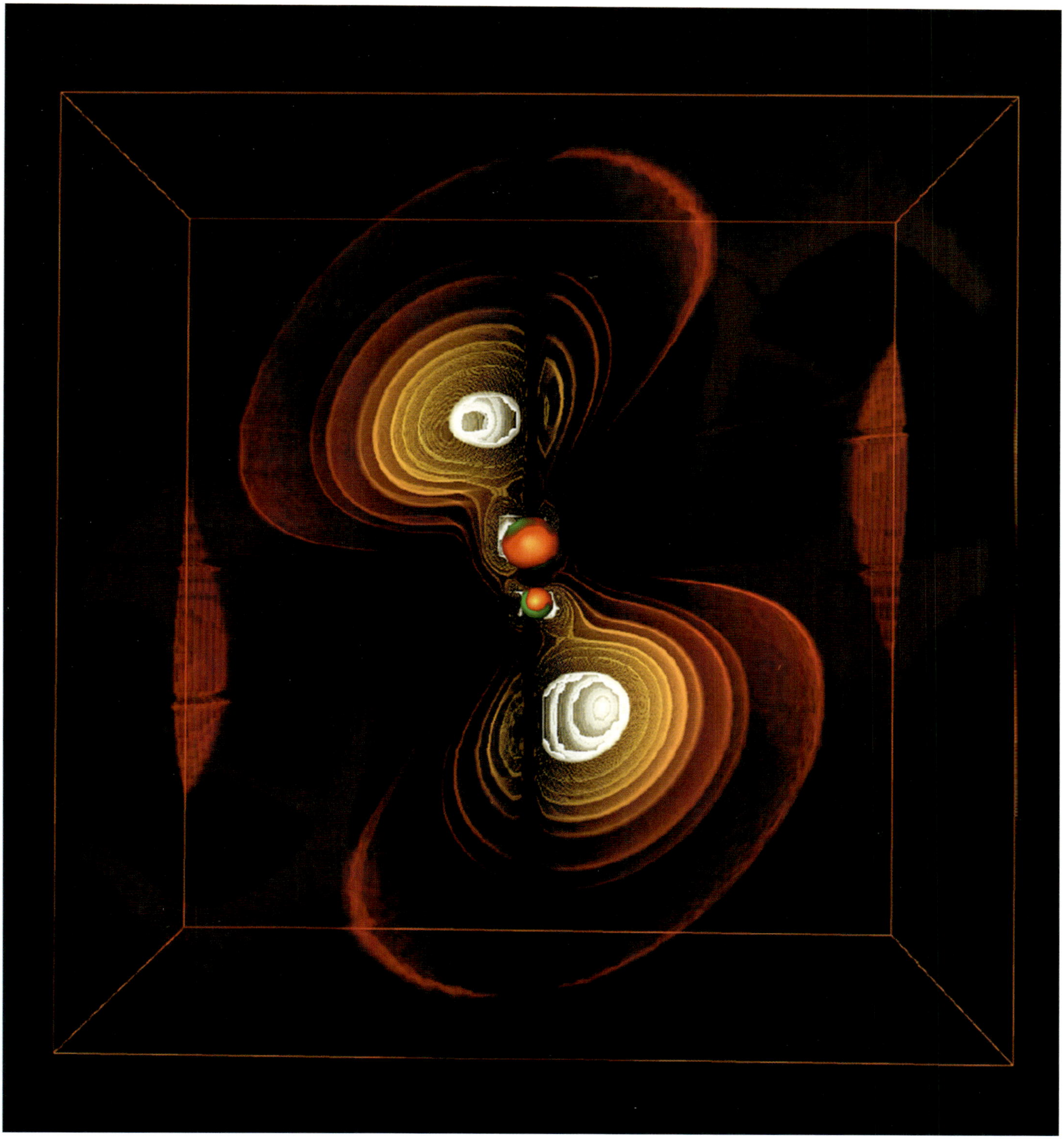

In dem Weltbild der Physiker wurden auch noch andere Modellvorstellungen verändert. So hat man bald die Vorstellung von wirkenden Kräften aufgegeben und ist zu »Feldern« gekommen, die die Teilchen beeinflussen. Um dann den Ergebnissen der Quantentheorie Rechnung zu tragen, hat man die Wechselwirkung zwischen den Objekten nicht mehr Kräften oder Feldern zugeschrieben, sondern dem Austausch von virtuellen Botenteilchen. Beispiele dafür, wie sich in den vergangenen Jahrzehnten die physikalischen Weltbilder dramatisch verändert haben.

Wenn man die theoretische Physik, die ja diese Modellvorstellungen von der Welt liefert, heute betrachtet, so hat nicht etwa eine neue Theorie die alte völlig beiseite geschoben. So wird die Bewegung von großen Körpern immer noch nach den Newtonschen Vorstellungen berechnet. Denn die Einsteinsche Gleichung der Relativitätstheorie aufschreiben zu müssen, wenn eine Kugel zum Beispiel hin und her rollt, ist zum einen aufwändig, zum anderen lassen sich auch diese Gleichungen nicht so ohne weiteres lösen. Newtons Bewegungsgleichungen werden weiterhin benutzt und besitzen in ihren Grenzen auch eine große praktische Bedeutung. Aber in bestimmten Fällen muss man die komplizierten Gleichungen des erweiterten Weltbilds, der Relativitätstheorie und der Quantentheorie anwenden, will man zu richtigen Lösungen kommen.

Die Physiker gehen sehr pragmatisch vor, wenn es gilt, eine physikalische Aufgabe zu lösen. Je nach Situation benutzen sie die eine oder andere Theorie, und das zeigt wieder einmal, wie distanziert diese Weltbilder betrachtet werden müssen, wie austauschbar sie sind und dass sie nicht mit der Wirklichkeit verwechselt werden dürfen. Jedes dieser Mosaiksteinchen unseres Weltbildes wurde entwickelt, wenn die Beobachtung – das Experiment – zeigte, dass etwas mit unserer Modellvorstellung vom Universum nicht übereinstimmte.

Aber in den letzten Jahrzehnten ist etwas hinzugekommen: Es gibt noch andere dramatische Erkenntnisse, die uns zeigen, auf welch unsicheren Füßen unsere Theorien stehen, ja, dass wir mit ganz anderen Verhaltensweisen der Natur konfrontiert werden, bei denen keine Regelmäßigkeiten mehr zu entdecken sind. Der Stolz der Naturwissenschaftler, etwas vorhersagen zu können, wird von diesen Phänomenen in der Natur empfindlich gestört. Und vor allem der Glaube, dass wir in einem Universum der Ordnung leben, wird bei Betrachtung dieser Vorgänge tief erschüttert.

Offenbar existieren in der Natur nur kleine Bereiche der Ordnung, in der unsere bisherigen Methoden leidlich gut funktionieren. Aber diese Inseln der Vorhersagbarkeit sind von einem unglaublichen Chaos umgeben. Diese Einsichten haben etwas mit den Grenzen der naturwissenschaftlichen Erkenntnis zu tun und zeigen sich ironischerweise bei einem so alltäglichen Vorgang wie dem Wetter, und das wird im folgenden Kapitel beschrieben.

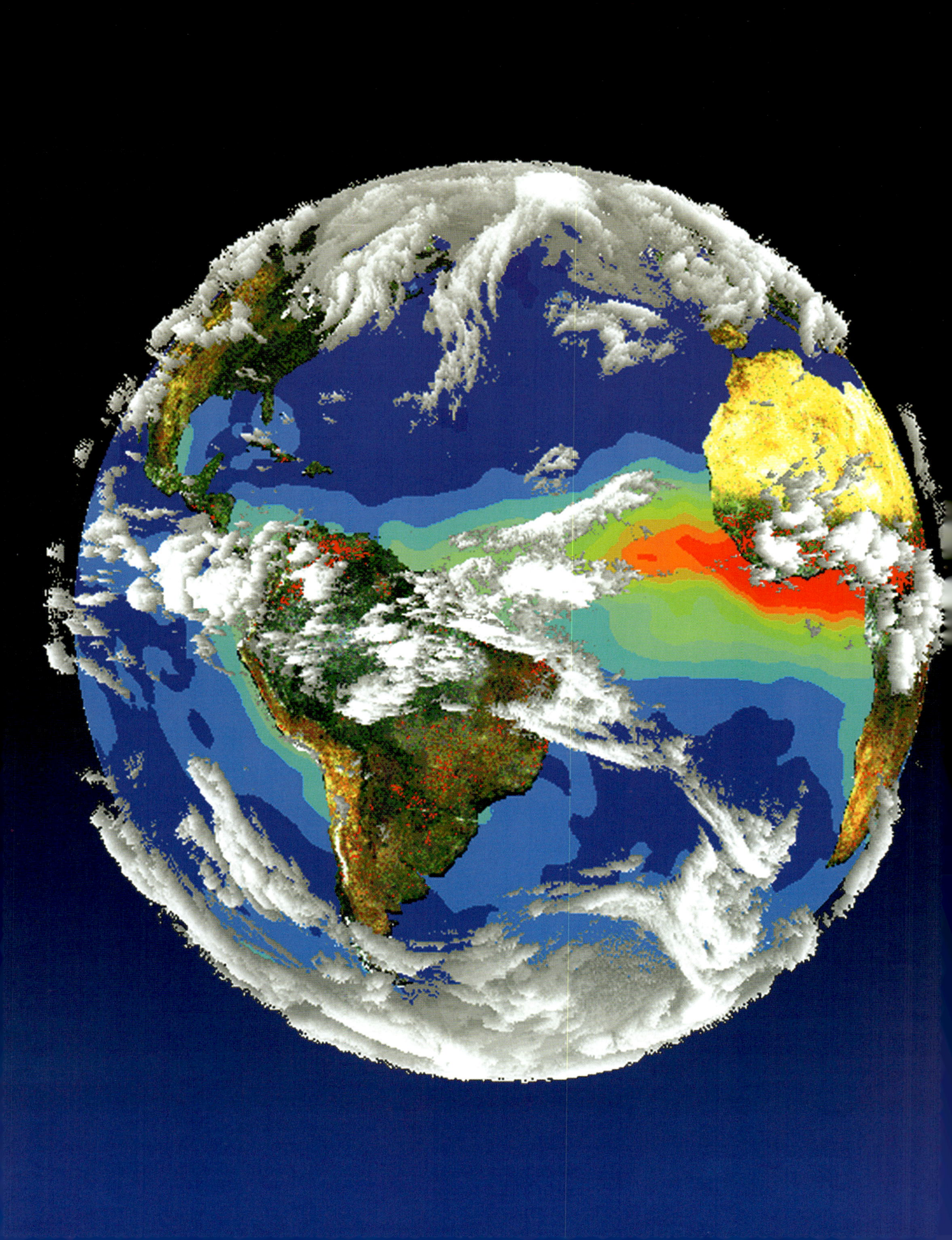

Das Wetter erschüttert ein Weltbild

»Fremdenverkehrsamt verklagt Wetterdienst.« Diese Schlagzeile macht das Dilemma der Wettervorhersage deutlich. Der Auslöser war eine falsche Prognose für das Wochenendwetter – Hunderttausende blieben deshalb dem Erholungsgebiet fern; ein finanzieller Verlust für die Fremdenverkehrsindustrie war die Folge. Hier spitzt sich zu, was jeder schon erfahren hat: Wer sich auf den Wetterbericht verlässt, erlebt immer wieder Überraschungen. Erstreckt sich die Wettervorhersage über mehr als fünf Tage, könnten die Wetterpropheten die Ergebnisse – so behaupten böse Zungen – auch durch das Werfen einer Münze erreichen. Dabei arbeiten die Meteorologen seit Generationen daran, die Chancen für die Richtigkeit ihrer Prognosen so zu erhöhen, dass sie weitaus mehr als nur die Zufälligkeiten eines Glücksspiels bieten.

In den letzten Jahrzehnten haben sich die Voraussetzungen für die Wettervorhersage ständig verbessert. Satelliten beobachten die Abläufe in der Erdatmosphäre, Ballone registrieren während des Aufsteigens die Temperatur, Feuchtigkeit und andere wichtige Wetterparameter in den verschiedenen Luftschichten, und zudem liefern mehrere tausend Bodenstationen über die Erde verteilt ihre Daten an die Wetterzentren. Ein dichtes Beobachtungsnetz durchzieht heute unsere Atmosphäre – aber dennoch müssen die Meteorologen mit einer recht mageren Ausbeute zufrieden sein, vor allem bei langfristigen Vorhersagen, die den Zeitraum von zehn Tagen übersteigen.

Dabei glaubte man in der Wetterkunde lange Zeit, mit Hilfe der physikalischen Gesetze irgendwann einmal das Wetter genauso gut vorhersagen

● *Unsere Erde in der kombinierten Sicht verschiedener Satelliten: Wolkenbedeckung, Meerestemperaturen und Vegetationsgürtel beeinflussen die Biosphäre.*

zu können wie zum Beispiel die Planetenbewegung um die Sonne. Die mathematischen Gleichungen, die das physikalische Geschehen in der Atmosphäre beschreiben, sind ja grundsätzlich bekannt. Es müssen mit ihnen nur weitaus mehr Parameter als in der Himmelsmechanik, etwa Druck, Temperatur, Feuchtigkeit usw., berechnet werden. Diese Aufgabe ist dadurch zwar komplizierter als die mathematische Erfassung der Planetenbewegung – prinzipiell aber sollte es keine Schwierigkeiten bereiten, das komplexe Wettergeschehen mit Hilfe der physikalischen Gesetzmäßigkeiten in den Griff zu bekommen. Handelt es sich doch bei den Vorgängen in der Atmosphäre um die Dynamik und die Zustandsänderungen von Gasen, wie sie aus den verschiedenen Zweigen der Physik – der Thermodynamik, der Strömungslehre usw. – längst bekannt sind. Allein durch genauere Kenntnis der Messdaten von Temperatur, Druck, Feuchtigkeit, Windrichtung usw. – so war die weit verbreitete Meinung – ließe sich die Wettervorhersage so weit verfeinern, dass sie mit dem tatsächlich ablaufenden Wetter über etliche Tage hinweg identisch sein würde. Man versuchte deshalb mit ständig größer werdendem Aufwand, ein immer dichteres Beobachtungsnetz über die Erde zu spannen. Die daraus gewonnenen genaueren Daten wurden dann in die mathematischen Gleichungen eingesetzt, die den physikalischen Zustand der Atmosphäre beschrieben. Diese Gleichungen sind das mathematische Abbild der Modellvorstellung, die sich die Wissenschaftler von den Abläufen in der Atmosphäre machen. Das turbulente Wetter wird dabei – wie in einem Riesenlabor – als das Verhalten eines Gases betrachtet, das den bekannten physikalischen Gesetzen unterliegt. Mit den größer und schneller werdenden Computern konnten physikalische Größen wie Temperatur, Druck, Strömungen usw. immer detaillierter berücksichtigt werden, sodass die Hoffnungen berechtigt schienen, endlich zu einer optimalen Vorhersage zu kommen. Aber diese Ansprüche wurden nicht erfüllt.

Zwar erreichte man einige Verbesserungen, vor allem in der kurzfristigen 1- und 2-Tage-Vorhersage, aber das Traumziel, die Wetterprognose mit Hilfe der mathematischen Gleichungen und der Vielzahl der in ihnen verwendeten Messdaten mit hundertprozentiger Sicherheit durchführen zu können, blieb unerreicht. Die von der Realität so stark abweichenden Ergebnisse ihrer Rechnungen brachten die Wetterkundler wieder auf den Boden der Wirklichkeit zurück. Selbst mit einem großen Aufwand an

● *Die zwei Wetterkarten* oben – *die Ausgangssituationen – sind fast identisch. Sie unterscheiden sich nur durch geringe Abweichungen in den Luftdrucklinien.*
Die Bilder unten *zeigen das jeweilige Ergebnis einer 7-Tage-Vorhersage: Die Computerrechnungen liefern zwei völlig unterschiedliche Ergebnisse.*
Die Pfeile zeigen die Windrichtung an.

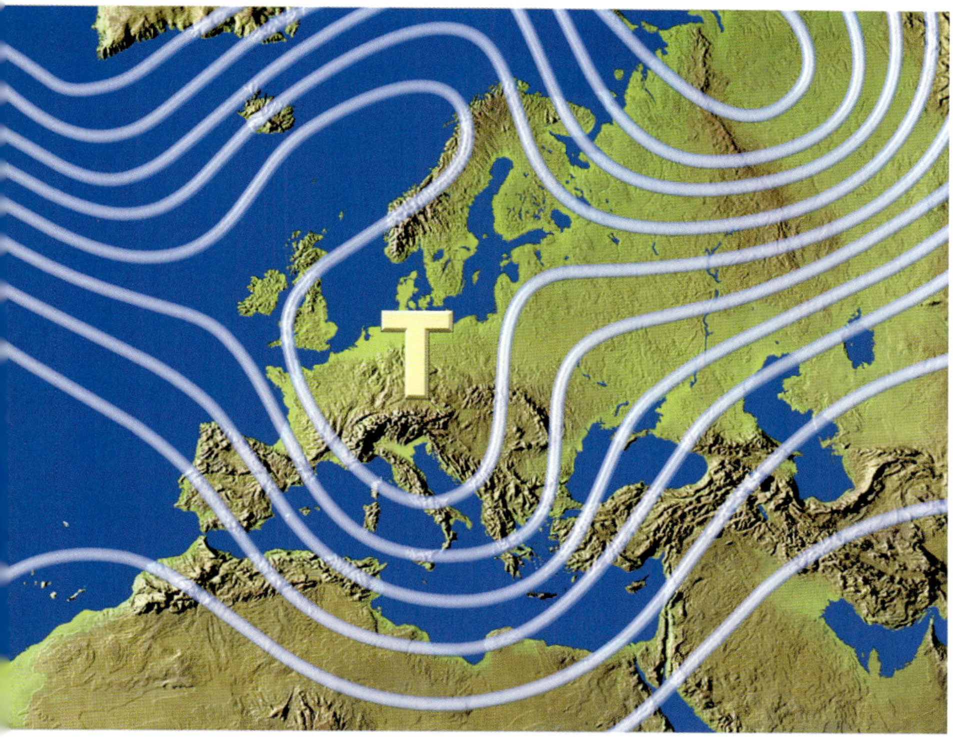
T

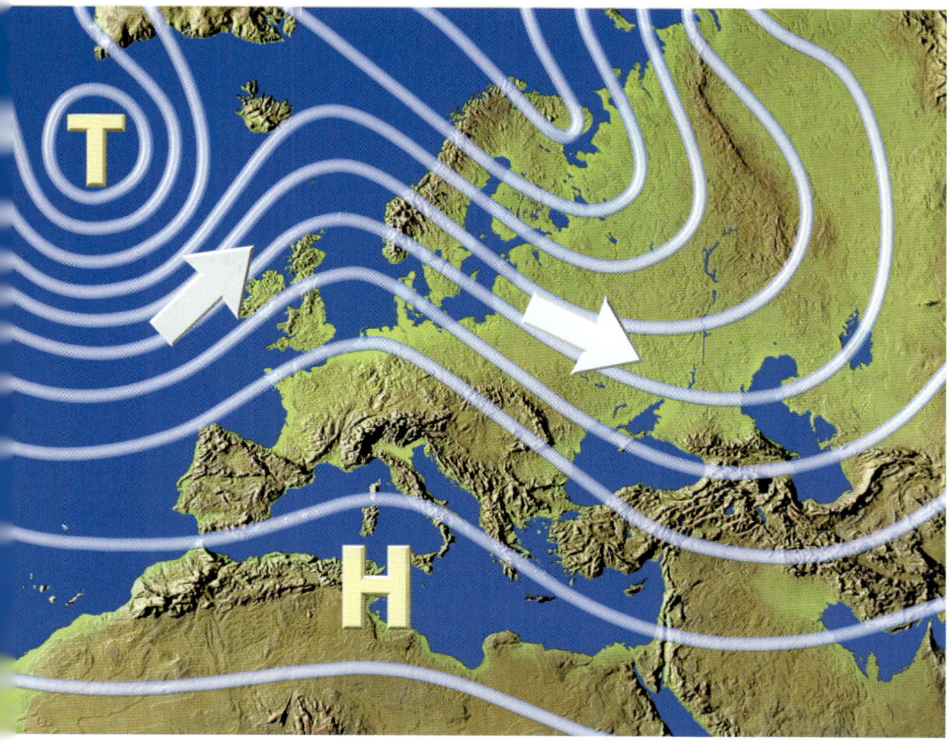
T
H

physikalischen Theorien und vielfältigen, detaillierten Daten, verarbeitet in modernen Großcomputern, gelang das Kunststück nicht, von dem die Menschen schon immer träumten: das Wetter über mehrere Tage verlässlich vorherzusagen. Und: Die Wissenschaftler entdeckten bei ihren Bemühungen, die Wettermodelle zu verbessern, eine neue grundlegende Schwierigkeit, die Natur modellhaft zu beschreiben, die zudem unsere Vorstellung von der Welt entscheidend veränderte.

Zu dieser Erkenntnis, die so wichtig für eine neue Sicht des Universums werden sollte, gelangte man mit Hilfe einer modernen Rechenanlage. Im Europäischen Wetterzentrum in Reading/England stehen Großcomputer zur Verfügung, mit denen jene Vielzahl von Rechenoperationen durchgeführt werden kann, die bei einer modernen Wettervorhersage notwendig ist. Und es gibt auch Spezialisten, die mit diesen Supermaschinen und den physikalischen Wettermodellen gut umgehen können. Aber auch unter diesen optimalen Voraussetzungen hat selbst eine kurzfristige Wettervorhersage oft nur geringen Erfolg. Die Güte der Prognose ist selbstverständlich vom betrachteten Zeitabschnitt abhängig. Weitet man die Computerrechnung über sieben Tage aus, so verschlechtern sich die Chancen für eine korrekte Vorhersage weiter. Sie sind dann nur noch etwas besser als beim Werfen einer Münze. Und die Vorausschau über 15 Tage gleicht einer statistischen Zufallsverteilung. Was, so fragt man sich, lässt den Traum von der Vorhersagbarkeit so kläglich scheitern? Sollte die Welt nicht so funktionieren, wie wir es uns vorstellen?

Für eine Wettervorhersage laufen in den Computerzentren die aktuellen Wetterdaten aus allen Teilen der Erde zusammen. Aus diesen Daten wird eine aktuelle Wetterkarte erstellt. Das ist der Anfangszustand der Atmosphäre, wie er sich zu einem bestimmten Zeitpunkt darstellt.

In den Abbildungen auf den Seiten 48/49 sind zwei dieser Wetterlagen zu sehen. Auf den ersten Blick wirken die beiden Bilder identisch. Dargestellt ist die Luftdruckverteilung über Europa in etwa 5 Kilometern Höhe. Nur bei einem genauen Vergleich fallen Unterschiede zwischen den beiden Karten im Verlauf der Luftdrucklinien auf. Die Abweichungen sind aber äußerst gering. Die rechte Karte weist an einigen Punkten einen um 5 Millibar höheren Luftdruck als die linke Karte auf. Das entspricht in etwa dem Luftdruckunterschied zwischen dem Erdgeschoss und dem 15. Stockwerk eines Hochhauses – nicht besonders dramatisch also. Die

Abweichung in der Temperatur zwischen den beiden Wetterzuständen beträgt an einigen Stellen 1 Grad Celsius – für uns kaum spürbar. Mit diesen zwei leicht unterschiedlichen Datensätzen wird nun der Supercomputer gefüttert und die Wetterentwicklung für die nächsten Tage vorausberechnet: Die Winde transportieren Luftmassen, die Temperatur wird sich dadurch ändern, die Feuchtigkeit in der Luft zu- oder abnehmen – kurz, das im Computer abgebildete Wetter verändert sich. Das Ziel der Berechnungen ist es, eine Vorhersage zu erhalten, die beim späteren Vergleich mit der Wetterlage in sieben Tagen – mit der Realität also – möglichst übereinstimmt. Aber dieser Versuch einer Vorhersage endet mit einer Überraschung: Die Computerberechnungen liefern zwei vollständig unterschiedliche Ergebnisse. Und das, obwohl sich die Ausgangssituationen für die Berechnungen – die Anfangsdaten – nur so wenig voneinander unterschieden haben.

Die eine vom Computer berechnete Vorhersage zeigt Südfrankreich und Italien am Rande eines Tiefs mit einer nördlichen Windrichtung, die andere jedoch sagt ein Hoch voraus mit Winden aus westlicher Richtung. Welches Ergebnis soll man auswählen und als Wettervorhersage veröffentlichen? Zugeben, dass keine verlässliche Vorhersage möglich ist, oder das Glücksspiel wagen und einfach eine dieser Möglichkeiten favorisieren?

Das Erstaunliche an dieser Modellrechnung ist, dass die Unterschiede in der Ausgangslage – in den Anfangsbedingungen – so klein waren, dass man sogar mit dem Gedanken spielen könnte, sie zu vernachlässigen und nur eine einzige, in den Daten identische Rechnung durchzuführen. Werden diese winzigen Unterschiede jedoch in das Modell, das sich die Meteorologen von der Atmosphäre machen, aufgenommen, so enden die Rechnungen mit diesen eklatant voneinander abweichenden Ergebnissen.

Setzt man voraus, dass die physikalischen Modelle die Realität gut beschreiben, so zeigt sich bei diesem Beispiel, dass es offenbar Wetterlagen gibt, die in ihrer Fortentwicklung äußerst empfindlich auf die kleinsten Änderungen der Anfangsbedingungen reagieren. Selbst eine winzige Luftdruckänderung reicht dazu aus, das Wetter in die eine oder andere Lage zu lenken. Ja, im Prinzip würde in diesen Situationen der Flügelschlag eines Schmetterlings genügen, um ein solch gewaltiges System,

wie es unser Wetter ist, intensiv zu beeinflussen. Ein solcher Flügelschlag – irgendwo auf der Welt – könnte demnach hier Hurrikans mit zerstörerischer Kraft auslösen oder dort ein lindes Lüftchen wehen lassen. Mit diesem Beispiel wird plötzlich auch die Hoffnung zerstört, alle Abläufe in der Natur mit den geeigneten physikalischen Modellen berechnen zu können. Die scheinbar in sich ruhende und wohlgeordnete Natur entpuppt sich hier als eine recht unsichere, chaotische Welt, in der Vorhersagen selbst über die nähere Zukunft nicht möglich sind.

Nun könnte man einwenden, dass nur ebendieser Flügelschlag des Schmetterlings in den Modellen der Wetterkundler zu berücksichtigen sei, dann wäre die Vorhersage eindeutig möglich. Doch die beschriebene Situation ist Ausdruck eines weitaus grundsätzlicheren Dilemmas! In den nächsten Kapiteln wird deutlich, dass bei bestimmten Wetterlagen, selbst bei detaillierter Kenntnis der Gesetzmäßigkeiten, die das Wetter bestimmen – was ja mit einem Supermodell von der Natur zumindest denkbar wäre –, prinzipiell keine langfristige Vorhersage für die Zukunft – den Ablauf des Wetters über mehrere Tage – möglich ist. Verallgemeinert man diese Erkenntnis, so gibt es in der Natur offenbar Situationen, in denen über die Entwicklung eines physikalischen Systems über eine längere Zeitspanne hinweg keine Aussage gemacht werden kann! Eine Einsicht, die das Bild, das sich viele von der Welt machen, auf den Kopf stellt. Eine schockierende Vision: in einer Welt zu leben, die ohne Möglichkeit der Vorhersage chaotisch abläuft, die nach unserem Verständnis tut, was sie will.

Der Stolz der Naturwissenschaftler ist es ja gerade, die Gesetzmäßigkeiten, die die Abläufe in der Natur bestimmen, zu entdecken und aus ihnen zu berechnen, wie sich ein System – das Wetter zum Beispiel – in der Zukunft weiterentwickeln wird. Viele Menschen leben heute noch in der Vorstellung, dass die Welt wie ein Uhrwerk ablaufe. Jede Bewegung sei schon im Voraus festgelegt, und die Naturwissenschaftler könnten bei genauer Kenntnis der Kräfte und Einflüsse, die einen Vorgang in der Natur bestimmen, den weiteren Ablauf mit Hilfe ihrer mathematischen Methoden berechnen.

Dieses Bild von der Welt aus dem 18. Jahrhundert, vor allem von dem französischen Physiker Laplace verkündet, wurde – wie im vorigen Kapitel gezeigt – widerlegt. Mit der Quantentheorie, die in den zwanziger

Jahren des 20. Jahrhunderts entwickelt wurde, verlor dieser Determinismus – zumindest im atomaren Bereich – seine Grundlage. In der Praxis jedoch konnten die Physiker, solange sie es mit den großen Objekten des täglichen Lebens zu tun hatten, die der Quantentheorie eigene Unbestimmtheit in der Voraussage weitgehend vernachlässigen. Jeder Physiker kannte zwar durch die Quantentheorie die Argumentation mit den Unschärfen bei der Festlegung des Zustandes eines Teilchens in der atomaren Welt, konnte jedoch in den übrigen, makroskopischen Bereichen der Physik diese Eigenheit der Natur getrost unbeachtet lassen. Die Erkenntnis aber, die heute aus den Beispielen der Wettervorhersage folgt, ist weitaus fundamentaler: Auch die Abläufe in der Bewegung außerhalb des atomaren Bereiches – in makroskopischen Systemen also – sind häufig nicht vorhersagbar. Erst mit dieser Aussage wird der Vorstellung, dass die Welt wie ein brav ablaufendes Räderwerk funktioniert, endgültig der Boden entzogen. Was sollen nach dieser Einsicht die Wetterpropheten mit all ihren Modellen von der Atmosphäre tun? Und welche Auswirkungen hat diese Erkenntnis für andere physikalische Systeme? Stehen wir vor einem Waterloo der Naturwissenschaft? Oder nur vor einer Umorientierung?

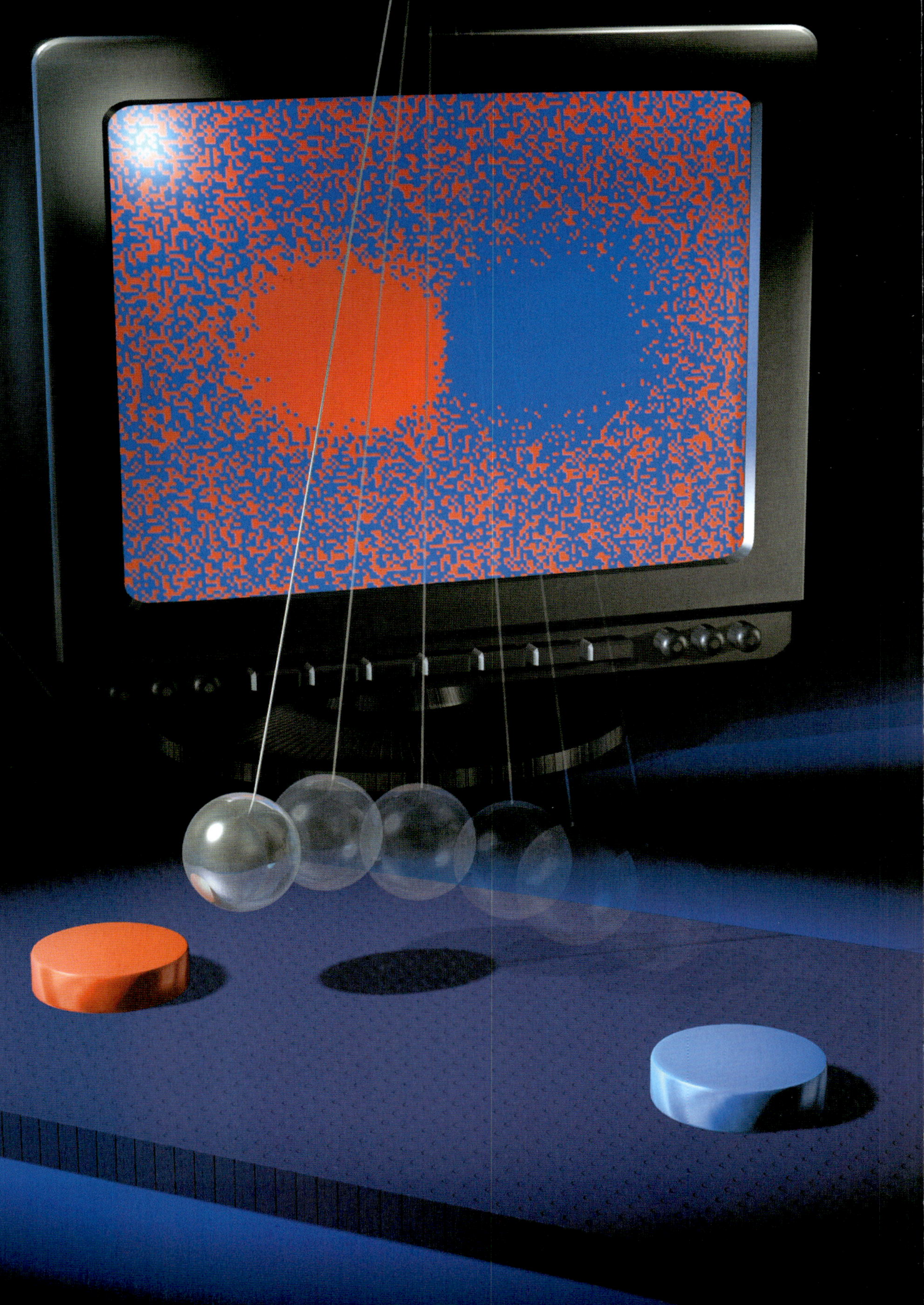

Wie ein Pendel das Bild der Welt verändert

Die Wettermaschine erscheint uns als mächtiges System, in dem viele Abläufe ineinander verwoben sind. Liegt vielleicht darin die Erklärung für die langfristige Unvorhersagbarkeit der Wetterentwicklung? Aber zur Überraschung der Physiker können auch ganz einfache Dinge in unserem täglichen Leben diesen chaotischen Aspekt – die Unmöglichkeit, ihre Bewegung vorherzusagen – zeigen. Ein Pendel, so sollte man meinen, ist ein überschaubares physikalisches System. Und tatsächlich lernt jeder Physikstudent im Anfangssemester, wie er die Bewegung eines einmal angestoßenen Pendels vorausberechnen kann. Im Experiment verhält sich das schwingende Pendel dann auch immer so, wie es die Rechnungen vorhersagen. Lenkt man es aus und lässt es schwingen, so sind die Geschwindigkeit und der Ort, an dem sich die Pendelspitze zu einem beliebigen Zeitpunkt befindet, mit den Gleichungen, die die Pendelbewegung beschreiben, leicht zu bestimmen. Und das genau ist es ja, was wir unter einer Vorhersage der Pendelbewegung verstehen.

Aber schon mit einer kleinen Veränderung der Umgebung des Pendels kann man eine verblüffende Wirkung erzielen. Unter das Pendel werden zwei Magnete gelegt. Sie ziehen die Metallkugel an der Pendelspitze magnetisch an. Die Bewegung des Pendels wird jetzt also nicht mehr von der Erdanziehungskraft – der Gravitation – allein, sondern auch noch von den Kräften, die von den beiden Magneten ausgehen, bestimmt. Der blaue Magnet versucht das Pendel zu sich zu ziehen – ebenso der rote. Wenn jetzt das Pendel hin- und herschwingt, ist es schon fast so aufregend wie bei einem Glücksspiel, vorherzusagen, wo das Pendel

● *Durch die Computerdarstellung lässt sich der Weg eines Pendels zwischen zwei Magneten gut verfolgen. Der Vergleich zeigt, dass sich dieses künstliche Pendel genauso bewegt wie in der Realität.*

schließlich hängen bleiben wird – am blauen oder am roten Magneten. Heute erleichtern Computer die Durchführung von vielen Experimenten, und auch die Bewegung unseres Pendels kann mit ihrer Hilfe simuliert werden. Dazu werden die Gleichungen, die die Bewegungen des Pendels beschreiben, in den Computer eingegeben. Der Vorteil dabei ist, dass Luftturbulenzen oder andere zufällige Störungen der Pendelbewegung bei dem Computerpendel von vornherein vermieden werden können – denn dieser Teil der Realität ist in den Computergleichungen nicht enthalten. Dieses »ideale« Pendel bewegt sich – sichtbar gemacht über einen Bildschirm – allein nach den Kräften, die in den Computer programmiert wurden: nach der Gravitation und den beiden anziehenden Magnetfeldern. Die Probeläufe zeigen, dass sich dieses synthetische Pendel genauso bewegt wie in der Realität.

Durch die Computerdarstellung kann jetzt der Weg des Pendels verfolgt werden. Wenn man es an einem Ort loslässt, so beschreibt es einen recht verschlungenen Weg. Zunächst gelangt es zu dem blauen Magneten, kann dessen Anziehungskraft aber plötzlich entkommen, schwingt um den roten Magneten, um dann schließlich doch vom blauen Magneten wieder eingefangen zu werden. Der Startpunkt dieses komplizierten Weges wird jetzt blau eingefärbt; denn von diesem Punkt aus gestartet, ist die Bewegung des Pendels schließlich am blauen Magneten zum Stillstand gekommen. Dieses Ergebnis ist wiederholbar, wenn das Computerpendel von genau derselben Position gestartet wird. Ein weiterer Vorteil des Computers ist, dass man diese Experimente beliebig oft durchführen kann, ohne sich tagelang mit dem echten Pendel abmühen zu müssen. Ein anderer Ausgangspunkt des Pendels wird in den Computer eingegeben, und die Bewegung beginnt von neuem. Dieses Mal endet der Weg des Pendels am roten Magneten, deshalb wird dieser Ausgangspunkt rot gefärbt. Und dann lässt man den Computer das gesamte Umfeld der Magneten abarbeiten.

Als Ergebnis zeigt der Computer eine bunte Verteilung der roten und blauen Bereiche. Im engeren Umkreis der beiden Magnete werden Farbbezirke sichtbar, die durchgehend rot oder blau sind. Das ist auch verständlich, denn in der Nähe des blauen Magneten losgelassen, wird das Pendel bei dieser geringen Auslenkung und der damit verbundenen kleinen Schwingungsenergie selbstverständlich durch die Magnetkraft des

● *Die Linien zeigen den verschlungenen Weg des Computerpendels zwischen den beiden Magneten. Zunächst schwingt es zwischen dem roten und dem blauen Magneten hin und her, um schließlich doch vom blauen Magneten eingefangen zu werden. Beim nächsten Versuch ist die Startposition des Pendels gering verändert. Sein Weg endet dadurch am roten Magneten. Der Weg des Pendels ist daher rot eingefärbt.*

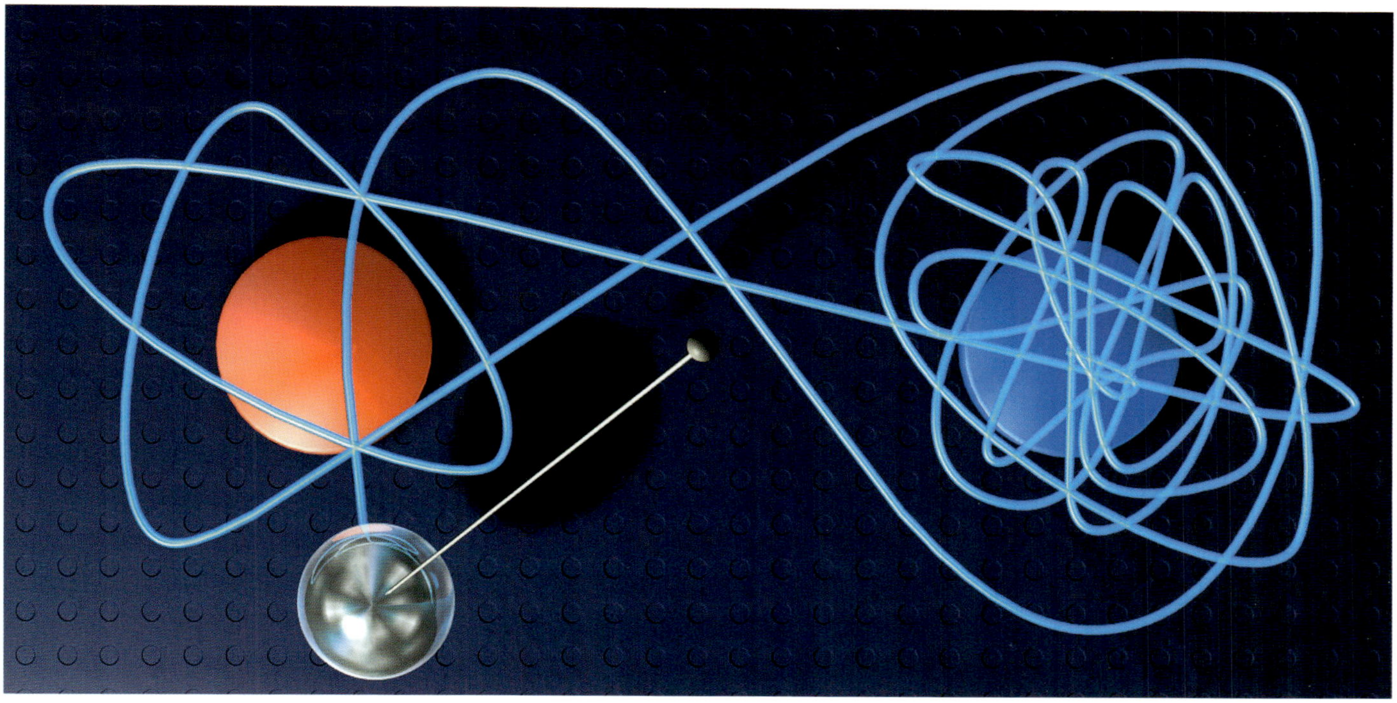

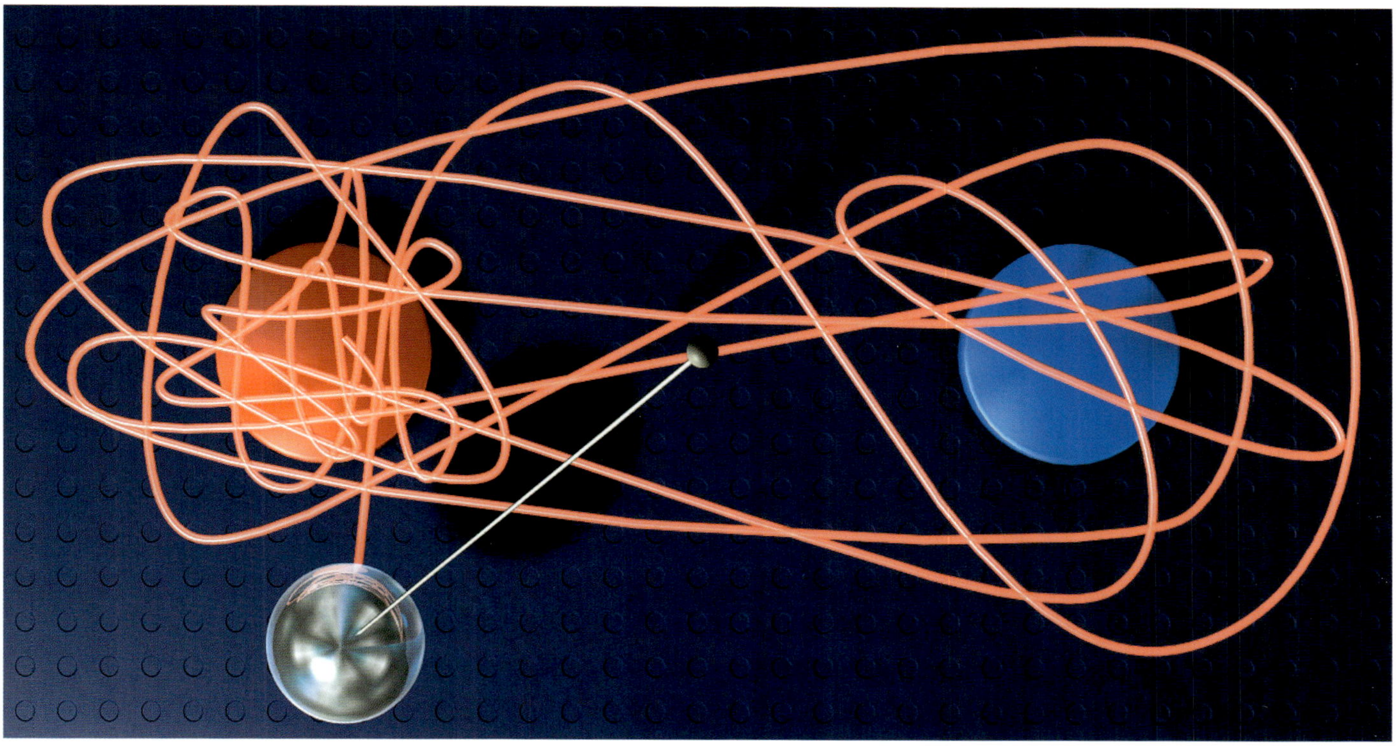

blauen Magneten sofort angezogen und nach einigem Hin und Her dort zum Stillstand kommen. Das Gleiche gilt für den Nahbereich des roten Magneten. Um diese durchgehend gefärbten Bereiche herum jedoch zeigt sich eine regellose Mischung aus roten und blauen Farbtupfern. Erstaunlich dabei ist, dass die roten und blauen Farbtupfer sehr eng nebeneinander liegen; und dies heißt, dass selbst äußerst geringe Abweichungen in der Startposition ein völlig unterschiedliches Ende des Weges für das Pendel zur Folge haben. Zur Erinnerung: Rot bedeutet, wenn ich das Pendel hier loslasse, dann wird es seinen Weg am roten Magneten beenden und dort zur Ruhe kommen. Blau hat die entsprechende Bedeutung für den blauen Magneten. Diese roten und blauen Bereiche scheinen ganz zufällig verteilt, und aus diesem Gemisch der roten und blauen Punkte ist keine Gesetzmäßigkeit herauszulesen.

Auf den ersten Blick wird klar, dass es bei einer solchen Verteilung für einen Physiker sehr schwer sein wird, durch irgendein Formelwerk vorauszusagen, bei welchem Startpunkt das Pendel wo enden wird. Und es kommt sogar noch schlimmer: Betrachtet man auf dem Bildschirm die rot-blau gesprenkelten Bereiche elektronisch vergrößert, so zeigen sich die roten und blauen Punkte in weitere rot-blaue Muster aufgespalten. Verfeinert man mit Hilfe des Computers die scheinbar durchgehend roten und blauen Punkte nochmals, so erscheint wieder ein Wechselspiel von Rot und Blau. Das geht so fort bis ins Unendliche. Die Zufallsverteilung von roten und blauen Pünktchen setzt sich aus immer kleineren roten und blauen Bereichen zusammen. Ein weiterer Schock für die Naturwissenschaftler, denn das bedeutet, dass für einen Startpunkt in dieser Region prinzipiell nicht vorausgesagt werden kann, wo das Pendel zum Stillstand kommen wird. Denn der Anfangszustand – der Startpunkt – ist ja nicht genau einzugrenzen, wenn sich diese Feinverteilung aus Rot und Blau bis ins Unendliche fortsetzt. Minimale Abweichungen können zu dem einen oder anderen Ergebnis führen – hier entweder zum Endpunkt des Pendels am blauen oder zum Endpunkt am roten Magneten.

Das Spiel mit dem Pendel zeigt eine vergleichbare Situation wie bei der Wettervorhersage. Das System ist äußerst empfindlich gegenüber kleinsten Veränderungen in den Anfangsbedingungen. Ein fast unmerkliches Verrücken des Startpunktes des Pendels hat ein total anderes Ergebnis zur Folge – ebenso wie bei bestimmten Wettersituationen der Flügelschlag

● *Die Startpunkte des Pendels wurden in der Farbe des Magneten eingefärbt, bei dem es jeweils zum Stillstand gekommen ist. Diese roten und blauen Bereiche sind zufällig verteilt. Werden mit Hilfe des Computers die gesprenkelten Bereiche vergrößert, so zeigen sich die vorher durchgehend roten und blauen Teilbereiche in weitere rote und blaue Muster aufgespalten. Verfeinert man die jetzt auftretenden roten und blauen Punkte noch einmal, so erscheint wieder ein Wechselspiel von Rot und Blau. Das geht so fort bis ins Unendliche. Die physikalischen Anfangsbedingungen lassen sich demnach prinzipiell nicht exakt bestimmen.*

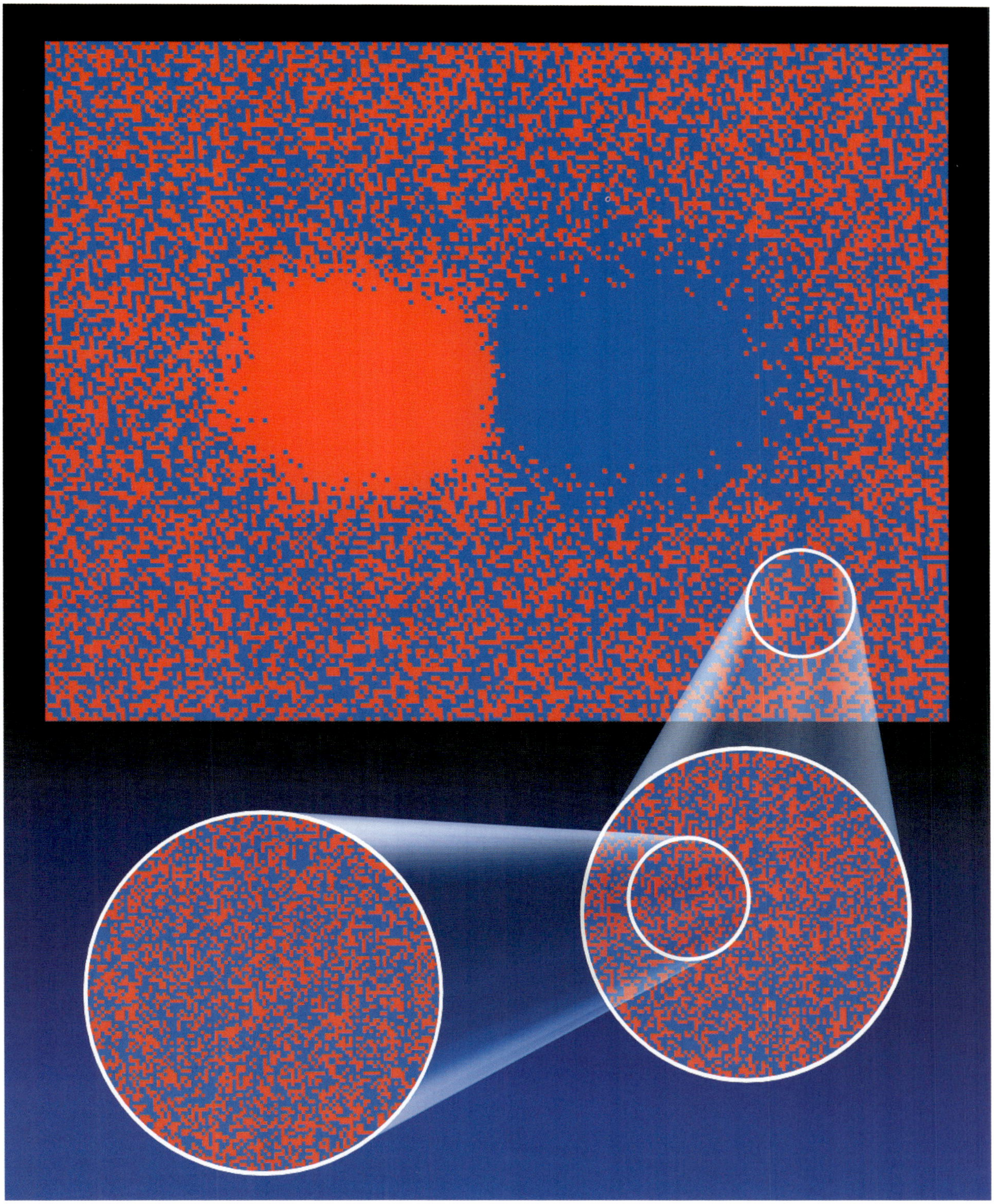

eines Schmetterlings zu der einen oder anderen Wetterlage führen kann. Und noch etwas wird am Beispiel des Pendels deutlich: Wegen der unendlich feinen Verteilung der roten und blauen Bereiche lassen sich die Anfangsbedingungen grundsätzlich nicht so genau bestimmen, dass man vorhersagen könnte, zu welchem Ergebnis die Pendelbewegung führen wird – und das erweist sich als prinzipielle, nicht lösbare Schwierigkeit.
Das Pendel mit den beiden Magneten ist ein weiteres Beispiel dafür, dass ein Ablauf in der Natur so erfolgen kann, dass er langfristig nicht vorhersagbar ist. Diese Situation nennen Naturwissenschaftler »chaotisch«. Genauer sagt man »deterministisch chaotisch«, was so viel wie »gesetzmäßig chaotisch« heißt. Dieser Zusatz ist für Wissenschaftler deshalb wichtig, weil ja die Naturgesetze in dieser Situation immer noch gelten. Dieses Chaos hat mit dem Begriff aus der Umgangssprache zunächst nicht viel zu tun. Im Falle des Pendels spielen die Schwerkraft und Magnetkräfte eine Rolle – sie sind bekannt und können auch mit mathematischen Formeln beschrieben werden. Aber – und das ist das Überraschende – kleinste Abweichungen in den Start- oder Anfangsbedingungen führen zu einem komplett anderen Wegverlauf des Pendels. Deshalb lassen sich im deterministischen Chaos einfach keine langfristigen Voraussagen mehr darüber machen, wie sich ein Ablauf in der Natur weiter fortsetzen wird.
Erstaunlich ist, dass diese Unvorhersagbarkeit des Bewegungsablaufes bei einem so einfachen System zu beobachten ist: bei einem Pendel, das von solch wohlbekannten und in der Physik so einfach zu handhabenden Größen bestimmt wird wie der Schwerkraft und zwei Magnetfeldern!
Ein Trost in dieser Situation liegt in den durchgehend roten und blauen Bereichen in der Nähe der Magneten. Hier ist der Endpunkt der Pendelbewegung sofort vorhersagbar; denn schließlich kann jeder bei einem Start in der nächsten Umgebung eines Magneten angeben, wo die Pendelbewegung hinführen wird. Dazu bedarf es keiner komplizierten Rechnungen. Diese Regionen sind eigentlich recht langweilig, aber sie werden in den folgenden Kapiteln noch eine Rolle spielen – vor allem der Grenzbereich zu dem rot-blauen Farbmosaik.
Dieses Experiment zeigt, dass wir in einer überwiegend chaotischen Welt leben, in der offenbar nur einige abgegrenzte Bereiche der Ordnung

existieren. Auf diesen Inseln ist die Vorhersagbarkeit von Abläufen – wie bisher ja immer vorausgesetzt – möglich. Außerhalb dieser Regionen kommt es zu Überraschungen. Dieser chaotische Teil unserer Welt ist zugleich die Ursache für die aufregende Vielfalt in der Natur. Bisher hat die Physik – beschränkt auf die Bereiche der Ordnung – anscheinend nur einen kleinen Ausschnitt der realen Umwelt beschrieben. Es stellt sich die Frage, warum das die Naturwissenschaftler erst heute bemerken. Wie haben sie denn überhaupt die Modelle von der Welt aufgebaut, wenn jetzt plötzlich ihr Bild von der Welt so einschneidend verändert werden muss?

Die Theorien der Naturwissenschaftler

5

Die Möglichkeiten des mathematischen Kunstwerks, mit dem die Physiker die Vorgänge in der Natur beschreiben, werden oft überschätzt. So kann die Bewegung der Erde um die Sonne ohne Schwierigkeiten berechnet werden. Aber die Erde ist ja nur ein Objekt in unserem Planetensystem. Mit der Erde bewegen sich noch andere Planeten um die Sonne, und die beeinflussen wiederum über die Gravitationskraft die Bahn der Erde. Zwar kann man die Bewegungsgleichungen, die diese gegenseitige Wechselwirkung mathematisch ausdrücken, aufschreiben, sie sind jedoch so kompliziert, dass sie nicht mehr lösbar sind. In dieser Situation wenden Physiker notgedrungen einen Kunstgriff an. Sie nehmen an, dass der Einfluss der anderen Planeten auf den Verlauf der Erdbahn verschwindend gering und damit vernachlässigbar ist. Dadurch vereinfachen sich die komplizierten mathematischen Gleichungen für die Planetenbewegung so, dass sie lösbar werden. Der schnellste Weg, der dabei zum Ziel führt, ist, die komplizierten Teile einfach wegzustreichen. Daneben existieren noch andere, schrittweise Näherungsrechnungen, die die reale Situation beschreiben sollen. Dabei wird der Einfluss der anderen Planeten pauschaliert als Störfaktor eingeführt. Allerdings geschieht das dann so, dass die mathematischen Gleichungen lösbar bleiben, und das grenzt die Gültigkeit des physikalischen Modells selbstverständlich ein. Grundsätzlich bleibt das Dilemma bestehen, dass wir nur für die voneinander abhängige Bewegung von zwei Körpern – wie etwa die Bewegung eines einzelnen Planeten um die Sonne – eine Lösung für die Bewegungsgleichungen finden und eine mathematische Funktion dafür angeben kön-

- *Mit Hilfe der Naturwissenschaften wird versucht, das komplexe Universum für uns überschaubarer zu machen.*

nen. Sind drei Körper beteiligt, ist das schon nicht mehr möglich; man muss Spezialfälle betrachten und sich auf gewagte Näherungen einlassen, um diese Probleme überhaupt mathematisch behandeln zu können. Hier wird deutlich, wie hoffnungslos für die Physiker dann die Beschäftigung mit den Bewegungen mehrerer Körper wird, die sich alle untereinander beeinflussen, also in Wechselwirkung stehen.

Aus praktischen Gründen ist es das Ziel, die Wirklichkeit so zu reduzieren, dass die aufgestellten Gleichungen lösbar werden, wobei die Physiker hoffen, dass ihre Vereinfachungen die Beschreibung der Realität nicht allzu stark verfälschen. Denn der Prüfstein für eine Theorie bleibt ja immer der Test mit dem tatsächlichen Ablauf in der Natur. Und hierbei müssen die aus dem physikalischen Modell errechneten Werte mit der Wirklichkeit übereinstimmen.

Im Grunde weiß man jedoch nicht genau, ob nicht unter bestimmten Umständen diese vernachlässigten Wechselwirkungen zwischen den Planeten plötzlich eine wichtige Rolle zu spielen beginnen. Und genau hier liegt ein Schlüssel zu jenem deterministischen Chaos, das uns bereits in den Beispielen mit der Wettervorhersage und dem Pendel so große Überraschungen bereitet hat.

An dieser Stelle kommt man nicht umhin, etwas über die Bewegungsgleichungen in der Physik zu sagen. Es handelt sich dabei um Differentialgleichungen, in denen prinzipiell die zeitlichen Ableitungen des Ortes enthalten sind. Aufgestellt werden sie, indem man die bei dem betrachteten Vorgang auf ein Objekt wirkenden Kräfte der Masse dieses Objektes mal der dabei auftretenden Beschleunigung gleichsetzt. In dieser Beziehung ist dann die Abhängigkeit des Ortes von der Zeit, also die Funktion $x(t)$, versteckt. Im *Kasten* auf den Seiten 70/71 finden sich dazu detailliertere Betrachtungen. Aber auch ohne dort sofort nachzulesen, sind die folgenden Ausführungen zu verstehen. Man nennt diese Differentialgleichungen auch Bewegungsgleichungen, weil in ihnen ja die zeitliche Änderung des Ortes – die Bewegung – eines bestimmten Objektes enthalten ist. Diese Gleichungen enthüllen uns dann die Informationen über die Änderung des Ortes mit der Zeit. Dazu wendet man eine mathematische Operation an – sie werden integriert. Aber nur in wenigen Fällen gelingt diese »analytische« Lösung der Differentialgleichungen. Damit ist gemeint, dass für die Funktion x in Abhängigkeit von der Zeit t eine mathematische

Funktion als Lösung angegeben werden kann, die den Bedingungen der Gleichung genügt. Und das ist ja gerade mit der Vorhersage in der Physik gemeint: die Angabe des Ortes eines Objektes in Abhängigkeit von der Zeit. Das heißt: Auch für zukünftige Zeitwerte ist der Ort des betrachteten Objektes berechenbar.

Die Physiker versuchen mit verschiedenen Tricks, dieses Ziel zu erreichen und zu einer Lösung der Bewegungsgleichung zu kommen. Demnach ist dann derjenige ein guter Physiker, dem die zur Lösbarkeit notwendigen Vereinfachungen der mathematischen Gleichungen unter der Voraussetzung gelingen, dass sie danach immer noch die Realität in etwa richtig beschreiben. Besonders unangenehm ist es, wenn die in der Differentialgleichung vorkommenden Ausdrücke nicht linear sind, also als Quadrate oder in noch höheren Potenzen auftreten. Solche nicht-linearen Gleichungen sind im allgemeinen nicht mehr analytisch lösbar, das heißt, man kann für die Funktion x(t) keine allgemein gültige mathematische Bezeichnung angeben. Man versucht deshalb zunächst, diese nicht-linearen Gleichungen zu vereinfachen und zu linearen zu machen.

Lineare Differentialgleichungen jedoch beschreiben nur einen bestimmten Bereich der Realität korrekt. In ihm verläuft alles vorhersehbar, zum Beispiel, wenn eine Feder durch ein Gewicht gestreckt wird. Außerhalb dieses Bezirkes der »Ordnung« kann sich das ursprünglich nicht-lineare System völlig unvorhersagbar – deterministisch chaotisch – verhalten. Und die meisten Vorgänge in der Natur sind nicht-linear! Das im zweiten Kapitel beschriebene Experiment mit der Feder und den Gewichten zeigt die Situation: Der Bereich bis zur Überdehnung ist linear – der nicht-lineare Anteil spielt hier keine Rolle; er überwiegt jedoch dann – und das plötzlich –, wenn mit den Gewichten eine bestimmte Grenze erreicht ist. Vernünftige Vorhersagen sind hier allein mit dem linearen Anteil nicht zu machen. Dazu muss das Modell erweitert werden. In die Gleichung, die das Verhalten der Feder beschreibt, müssen dann auch nicht-lineare Glieder, das heißt Quadrate und noch höhere Potenzen der Auslenkung, aufgenommen werden. Hat man das getan, so kann auch in diesem Bereich die Streckung der Feder mit wachsendem Gewicht richtig vorausgesagt werden, allerdings um den Preis einer komplizierten Rechnung. Wenn die Auslenkung »klein« ist, das heißt

Plausibel erscheint, was mit der Lösbarkeit der mathematischen Gleichungen in der Physik gemeint ist. Bei einer Voraussage will der Physiker ja immer angeben, an welchem Ort und mit welcher Geschwindigkeit sich ein Körper zu einem beliebigen Zeitpunkt t_1 befindet. Dazu benötigt er die Anfangsbedingungen, das heißt den Ort und die Geschwindigkeit zum Zeitpunkt t_0, dem Beginn der Betrachtung. Außerdem muss er die Kräfte beschreiben, die die Bewegung beeinflussen. Newton hat herausgefunden, dass die Masse m eines Körpers, multipliziert mit der Beschleunigung, diesen Kräften entspricht. Die Beschleunigung ist die Änderung der Geschwindigkeit des Körpers über die Zeit. Die Methode der Physiker ist es deshalb immer, in einer Grundgleichung das Produkt aus Masse mal Geschwindigkeitsänderung den jeweiligen Kräften gleichzusetzen.

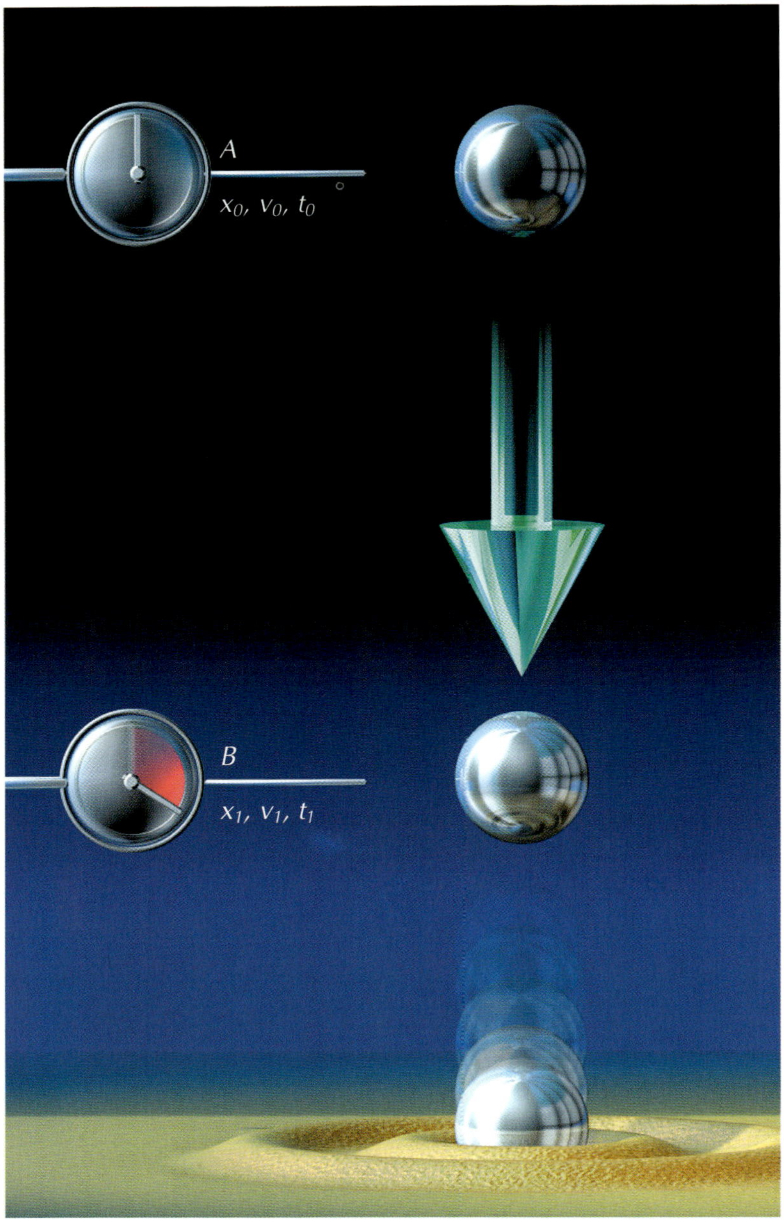

$$m \cdot \frac{\Delta v}{\Delta t} = \text{Kraft} \qquad \Delta v = v_1 - v_0 \quad \Delta t = t_1 - t_0$$

Werden die Differenzen sehr klein, so kommt man zu einer Differentialgleichung:

$$(1) \qquad m \cdot \frac{dv}{dt} = \text{Kraft}$$

dv/dt nennt man die Ableitung der Geschwindigkeit nach der Zeit. dv und dt sind jeweils die Änderungen der Werte – die Differenzen von einem Zeitpunkt zum anderen. Die Geschwindigkeit v wiederum ist die zeitliche Änderung des Ortes dx/dt, sodass man bei einer Lösung der Gleichung (1) prinzipiell den Ort und die Geschwindigkeit in Abhängigkeit vom jeweiligen Zeitpunkt erhält. Dazu muss die Kraft bekannt sein und die Gleichung sich selbstverständlich lösen lassen. Gelingt das, so ist mit der daraus erhaltenen

Angabe, wie der Ort x von der Zeit t abhängt, eine Vorhersage zum Beispiel über den Ort einer fallenden Kugel zu einem beliebigen Zeitpunkt möglich. Übersichtlicher wird dieses Ziel in der Physik, wenn man für die zeitliche Veränderung des Ortes $dx/dt = \dot{x}$ schreibt und für die zeitliche Veränderung der Geschwindigkeit $\ddot{x}$. Dann lautet die Gleichung (1)

$$(2) \qquad m \cdot \ddot{x} = \text{Kraft}$$

und es wird deutlich, dass in dieser Gleichung prinzipiell die Werte für den Ort x und die Geschwindigkeit $\dot{x}$ enthalten sind.

Eine wichtige Aufgabe in der Physik ist es, eine Gesetzmäßigkeit über die Kraft, die ja die Bewegung eines Körpers bestimmt, herauszufinden. Man kann sich ja erst an die Lösung der Gleichung (2) machen, wenn für die Kraft eine mathematische Beschreibung gelingt.

Kräfte hat man in der Natur viele entdeckt, zum Beispiel die Gravitationskraft $m \cdot g$, wobei g die Erdbeschleunigung ist. Auch eine Kugel auf der Erde wird von dieser Kraft angezogen. Um den Weg einer fallenden Kugel in Abhängigkeit von der Zeit vorhersagen zu können, setzt man in der Gleichung (2) $m \cdot \ddot{x}$ mit $m \cdot g$ gleich. Dabei ist g die als konstant angenommene Erdbeschleunigung.

$$(3) \qquad m \cdot \ddot{x} = m \cdot g$$

Das ist dann für diesen Fall die oft zitierte Differentialgleichung, die einen physikalischen Vorgang mathematisch beschreibt. In ihr sind die zeitlichen Ableitungen der Lösungsfunktion x(t) verknüpft. Löst man sie, so erhält man die gesuchte Abhängigkeit des Ortes oder der Geschwindigkeit von der Zeit. Weil sie etwas über die Bewegung der Kugel aussagt, nennt man eine solche Gleichung auch Bewegungsgleichung. Aber nur wenige dieser Differentialgleichungen sind innerhalb der mathematischen Formelsprache – analytisch – lösbar. Bei der oben genannten einfachen Gleichung ist das noch möglich. Man muss einige mathematische Operationen durchführen, um die Gleichung nach dem in ihr versteckten x lösen zu können. Die Gleichung wird dazu integriert. Treten die Variablen wie zum Beispiel der Ort x als Quadrate oder in noch höheren Potenzen auf, so nennt man sie nichtlinear. Eine solche nicht-lineare Gleichung ist im allgemeinen analytisch nicht zu lösen.

- *Wenn zu einem bestimmten Zeitpunkt t_0 die Geschwindigkeit eines Körpers, sein Aufenthaltsort x_0 und die Kräfte, die auf ihn wirken, genau bekannt sind, so können mit Hilfe der Bewegungsgleichung sein Aufenthaltsort und seine Geschwindigkeit zu einem beliebigen anderen Zeitpunkt berechnet – also vorhergesagt – werden.*

● *Mit der Einführung des Raum- und Zeitbegriffs können nicht alle Probleme in der naturwissenschaftlichen Modellvorstellung vom Universum gelöst werden.*

bestimmte Grenzen nicht überschreitet, können jedoch diese höheren Potenzen weggelassen werden. Nur in einem bestimmten Bereich ist also die lineare Beschreibung der Federwaage ausreichend.

Schwierig für den Physiker wird es auch dann, wenn bei einem Ablauf die Kräfte miteinander verknüpft sind, wenn also die Veränderung der einen die Veränderung der anderen nach sich zieht. Dann versucht man zur Lösung des Problems zunächst das System zu entkoppeln. Bei der Planetenbewegung zum Beispiel berechnet man nur die Bahn der Erde um die Sonne, ohne sich um den Einfluss der anderen Planeten zu kümmern. Bei der Berechnung des Weges der anderen Planeten arbeitet man nach derselben Methode. Die Vereinfachung liegt in diesem Fall darin, dass das Planetensystem nicht in seinem wirklichen komplexen Zusammenwirken beschrieben wird, in dem ja die Bewegung des einen mit den Bewegungen aller zusammenhängt. Vielmehr tut man so, als existiere die Bewegung eines Planeten isoliert von der Bewegung der anderen – die Welt wird also als Baukasten betrachtet, in dem getrennte Teilwelten unabhängig voneinander zusammengesetzt werden. Die Welt als scheinbar komplexes System, in dem aber nur eines zum anderen kommt und nebeneinander existiert. Die überraschenden Verwicklungen der Vorgänge in der Natur untereinander werden mit diesem Bild nicht beschrieben.

In vielen Situationen ist diese vereinfachende Art, die Welt zu betrachten, die ja auch aus dem Zwang der mathematischen Lösbarkeit geboren wurde, erfolgreich. Tatsächlich sind viele Einflüsse, viele Wechselwirkungen untereinander und auch die komplizierten Zusammenhänge bei einem nicht-linearen Verhalten oft vernachlässigbar, und zum Glück müssen keineswegs alle nicht-linearen Zusammenhänge immer gleich zu einem chaotischen Verhalten führen.

Computer haben es den Naturwissenschaften ermöglicht, die begrenzten Möglichkeiten ihrer Modelle von der Welt besser abschätzen zu können.

Physiker wussten schon immer um die eingeschränkte Gültigkeit dieses Bildes von der Welt, aber sie hatten ja für die praktischen Berechnungen der Abläufe in der Natur keine andere Wahl, als in diesen Grenzen zu arbeiten. Viele ahnten jedoch, dass sich hinter dieser prinzipiellen Vereinfachung vielleicht eine Überraschung verbergen könnte. So hat sich der französische Mathematiker Henri Poincaré gegen Ende des 19. Jahrhunderts der Mühe unterzogen, die komplexe Wirklichkeit der Planetenbewegung mathematisch zu erfassen. Er kam zu nicht-linearen Differentialgleichungen, die analytisch nicht lösbar waren. Geduldig setzte er deshalb in die Gleichungen Zahlenwerte ein und benutzte andere mathematische Kunstgriffe, die es ihm erlaubten, wenigstens einige Einsichten in das komplexe Geschehen jenseits des vereinfachten Abbildes der Natur zu bekommen. Poincaré konnte damit zeigen, dass überraschende Instabilitäten innerhalb des Planetensystems auftreten können, wenn man mehr als die linearen und separaten Planetenbewegungen in Rechnung stellt. So muss nach diesen Ergebnissen die Erde nicht unbedingt für ewige Zeiten auf ihrer Bahn bleiben. Sie kann von der Sonne wegdriften, mit dramatischen Folgen für das Leben. Diese Berechnungen waren eine der ersten Begegnungen mit dem Chaos.

Die numerische Behandlung der Differentialgleichungen ist äußerst zeitaufwändig und ohne Hilfsmittel nicht praktikabel. Jahrelang muss man sich mit dem Einsetzen von Zahlen in die Gleichungen abmühen, um ihnen zumindest Teilergebnisse abringen zu können. Und deshalb bevorzugten Physiker lange Zeit die Methode der gekonnten Vereinfachung und damit der begrenzten Sicht von der Welt.

Diese Strategie, die Vielfalt der erfahrbaren Welt in den physikalischen Modellen zu reduzieren, funktionierte über die Jahrhunderte in bestimmten Anwendungsbereichen auch ganz gut. Dann aber wollte man mehr aus den physikalischen Modellen herauslesen und machte sich an die Lösung auch der komplizierten Differentialgleichungen. Die Meteorologie bietet für die Entwicklung dieser mathematischen Methoden ein gutes Beispiel. Zu Beginn dieser Wissenschaft hat man sehr einfache Modelle entwickelt, die das komplexe Geschehen in der Atmosphäre beschreiben sollten. Der Hintergedanke dabei war, dass durch die Vereinfachungen in diesen Modellen die mit ihnen verbundenen mathematischen Gleichungen überhaupt lösbar wurden, denn das ist ja die wichtigste Voraussetzung, um zu praktischen Ergebnissen zu kommen.

1939 reduzierte der Schwede C. G. Rossby das Phänomen des Wetters auf die Modellbetrachtung einer »Wasseroberfläche«, auf der sich Wellen fortbewegen können. Angenommen wurde diese das Wetter repräsentierende Fläche in etwa 5 Kilometern Höhe; das entspricht der – auf die Masse bezogenen – mittleren Höhe der Atmosphäre mit einem Druck von 500 Millibar. Deutlich zeigen sich in dem Modell die einschneidenden Vereinfachungen. Denn diese künstliche Atmosphäre lässt sich – anders als in der Realität – nicht zusammendrücken; es sind keine Strömungen in vertikaler Richtung zugelassen, auch die Temperatur wird nicht berücksichtigt; die Ebene in etwa 5 Kilometern Höhe muss außerdem mit dem Wetter am Boden nicht unbedingt etwas zu tun haben usw. Aber auch mit diesen, die Realität so stark reduzierenden Annahmen kam Rossby zu einer der so unbeliebten nicht-linearen Differentialgleichungen. Deshalb vereinfachte er sein Modell noch weiter, bis eine lineare Differentialgleichung das Wetter repräsentierte; denn die konnte er analytisch lösen. Das Ergebnis waren Wellen, die sich auf dieser Oberfläche in etwa 5 Kilometern Höhe bewegten. Übrigens sind Wellen ja fast immer die Lösungen der analytisch lösbaren Differentialgleichungen.

Diese Wellen symbolisierten eine Druckverteilung. Ein Wellenberg repräsentierte Hochdruck, damit ist die Vorstellung von schönem, trockenem Wetter verbunden, ein Wellental zeigte Tiefdruck an. Noch in den fünfziger Jahren bildete das die mathematische Grundlage für die Wettervorhersage. Die Hoffnung war, dass der vorausgesagte Verlauf des Wetters möglichst gut mit der Realität übereinstimmte. Aber die so gefundenen Ergebnisse erwiesen sich als nicht sehr erfolgreich. Deshalb zog man es vor, sich bei der Wettervorhersage noch bis weit in die fünfziger Jahre hinein auf die schon immer benutzten empirischen Methoden zu verlassen.

In dieser Zeit begann der langsame Vormarsch der Computer in den Naturwissenschaften. Mit ihnen konnte die Lösung auch komplizierter Differentialgleichungen näherungsweise auf neue Weise angegangen werden. Immer mehr Abhängigkeiten der verschiedenen Größen untereinander – und auch die nicht-linearen Anteile – wurden berücksichtigt. Der Trick dabei ist recht einfach – das Zauberwort heißt numerische Lösung. Das Modell der Atmosphäre wird mit einer Anzahl von mathematischen Gleichungen beschrieben, die wichtige physikalische Größen und deren Abhängigkeit von der Zeit enthalten. Dazu gehören Temperatur, Druck, Feuchtigkeit, Luftbewegungen usw., die sich ja im Laufe der

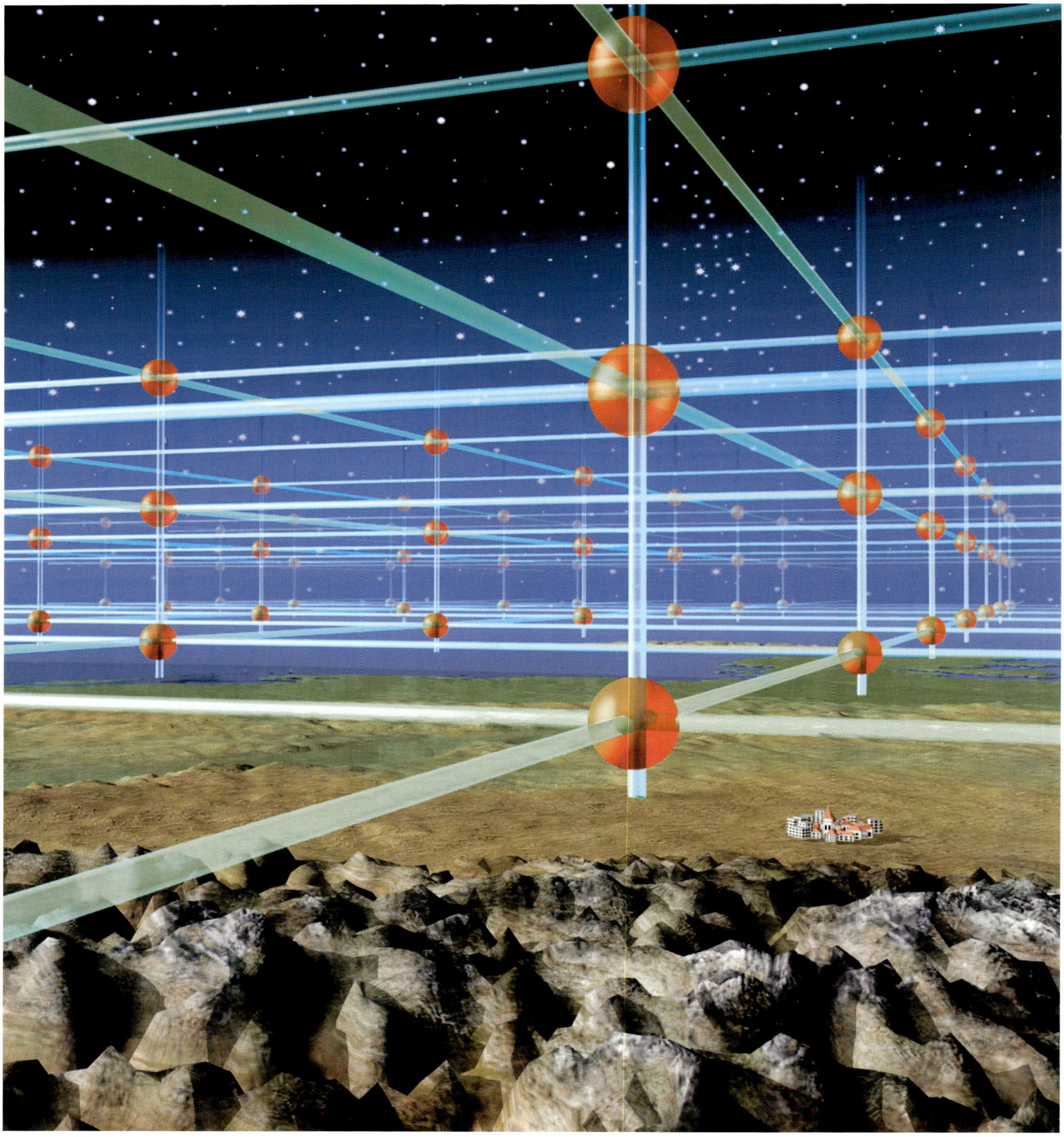

Zeit verändern. Wie bei den Bewegungsgleichungen zeigt sich also eine Abhängigkeit der einzelnen Größen von der Zeit, die wiederum durch Differentialgleichungen beschrieben wird. Die Veränderungen dieser Größen sind untereinander verknüpft; das heißt, die Änderung einer Größe hat Auswirkungen auf die anderen. Wenn zum Beispiel Luft aufsteigt, so kondensiert die Feuchtigkeit, Wolken bilden sich, die Sonnenstrahlen gelangen nicht mehr vollständig auf die Erdoberfläche, die Temperatur sinkt. Durch die Kondensation wird jedoch wiederum Wärme frei – die vorherige Abkühlung muss bei dieser Erwärmung in Rechnung gestellt werden. Außerdem kann durch die Kondensation Regen fallen, das Wasser verdunstet an der Erdoberfläche, die sich auf diese Weise abkühlt – nur ein Beispiel für die enge Vernetzung der einzelnen physikalischen Größen. Die mathematischen Gleichungen sind also miteinander gekoppelt, eine separate Betrachtung einzelner Größen ist unmöglich – ein Satz von Gleichungen, wie er für den, der sie lösen muss, nicht erschreckender sein kann. Aber die Welt, die uns umgibt, stellt sich nun einmal so komplex dar. Außerdem treten einige der Variablen in höheren Potenzen auf, die Gleichungen sind also zudem nicht-linear.

Zur Berechnung des Wetters wird die Atmosphäre in ein räumliches Gitter aufgeteilt. Nach oben legt man zum Beispiel 31 Schichten bis zu einer Höhe von 35 Kilometern übereinander, und der horizontale Abstand der einzelnen Gitterpunkte beträgt etwa 60 Kilometer. Dieses Netz wurde immer weiter verfeinert, aber diese Verfeinerung findet in der Kapazität des Computers ihre Grenze. Etwa 5 Millionen Gitterpunkte enthält das Netz der Atmosphäre in den heutigen Computermodellen der Wetterzentren. Und all diese Punkte müssen vom Computer berechnet werden; denn eine analytische Lösung, mit Papier und Bleistift gefunden, die als mathematische Funktion einen kontinuierlichen Verlauf zum Beispiel der Temperatur über die Zeit und für jeden Ort auf der Erde angeben könnte, existiert für dieses Gleichungssystem nicht. Das komplexe Differentialgleichungssystem wird mit Hilfe des Computers numerisch gelöst. Dazu wird aus der Differentialgleichung eine Differenzengleichung gemacht. Das bedeutet, dass zum Beispiel an die Stelle von dT/dt, das heißt der unendlich kleinen Änderung der Temperatur über die Zeit, eine endliche Differenz tritt:

$$\frac{\Delta T}{\Delta t} = \frac{T_0 - T_1}{t_0 - t_1}$$

Zur Wettervorhersage wird heute in einem Computermodell die Erdatmosphäre in kleine Zellen aufgeteilt und an ihren Eckpunkten die zeitliche Änderung der physikalischen Größen mit komplizierten nicht-linearen Differentialgleichungen berechnet.

Man berechnet also die Veränderung der Temperatur über einen bestimmten Zeitraum. Um den Fehler klein zu halten, wird der Zeitraum Δt klein gewählt, zum Beispiel zwei Minuten. In dieser Rechnung müssen für alle 5 Millionen Punkte die Temperaturveränderungen über diese zwei Minuten ermittelt werden. Dazu werden als Anfangswerte für die Temperatur alle die an den Gitterpunkten weltweit gemessenen Werte T eingesetzt. Gibt es an dieser Stelle keine Beobachtungsstation, so werden sie interpoliert, das heißt aus Messpunkten in der Umgebung für den in Frage kommenden Gitterpunkt gemittelt. Damit ist T_0 bekannt, die Anfangszeit t_0 kann auch eingesetzt werden (zum Beispiel Null), und für t steht in der Gleichung zwei Minuten. Mit diesen Größen ist dann T_1 auszurechnen, indem man in den komplizierten Satz aller Gleichungen die entsprechenden Zahlenwerte einsetzt. Damit weiß man, wie sich überall innerhalb von zwei Minuten die Temperatur T_0 zum Wert T_1 verändern wird. Für die anderen physikalischen Größen wie Druck, Feuchtigkeit usw. muss dieselbe Prozedur durchgeführt werden. An dieser Stelle wird deutlich, warum für diese »numerische« Methode, eine Differentialgleichung zu lösen, ein Computer gebraucht wird. Diese Arbeit ist mit Papier und Bleistift nicht zu bewältigen.

Eine Vorhersage über zwei Minuten ist selbstverständlich nicht zufrieden stellend, denn eine Wetterprognose macht nur über weitaus größere Zeiträume Sinn. Also müssen die Gleichungen mit der Zeit fortgeführt werden. Dabei dienen jetzt die gerade berechneten Werte für T_1 als neue Anfangswerte, die in die Differentialgleichungen eingesetzt werden. Damit kann man den Zustand der Atmosphäre für weitere zwei Minuten in den 5 Millionen Punkten ausrechnen usw. usf.

Die zeitlichen Intervalle lassen sich verändern; so benutzt man als zeitliche Schrittintervalle nicht 2, sondern 15 Minuten, um zum Beispiel zu einer 10-Tage-Vorhersage zu kommen. $2 \cdot 10^{13}$ Rechenoperationen muss der Computer dazu ausführen, und das schafft er in etwa sechs Stunden. Aber man will auch die Netze in der Atmosphäre immer feiner wählen, denn ein Gitterpunktabstand von 60 Kilometern bedeutet für eine lokale Wettervorhersage schon ein recht grobes Raster. Was innerhalb dieser 60 Kilometer passiert, kann man nur mitteln, denn berechnet werden ja nur die Endpunkte der Kästchen, die im Modell unsere Atmosphäre durchziehen. Deshalb ist die Verfeinerung dieser Methode eng mit der

Entwicklung schneller rechnender Computer verknüpft. Wie auch immer sich die Modelle in der Wettervorhersage weiterentwickeln werden, mit dem Computer hat man plötzlich die Möglichkeit, auch komplexe Zusammenhänge in der Natur näherungsweise zu berechnen, und zwar unter Beibehaltung der nicht-linearen Verknüpfung der physikalischen Größen untereinander. Und damit eröffnet sich für die Physiker ein neues Bild von der Welt. Sie erkennen, dass es in bestimmten Situationen ein großer Fehler ist, störende Anteile und Verknüpfungen einfach wegzulassen, nur weil sie keine Möglichkeit für die analytische Lösung der mathematischen Gleichungen haben. Im dritten Kapitel hat sich gezeigt, dass bei bestimmten Wetterlagen offenbar schon »der Flügelschlag eines Schmetterlings« ausreicht, um die Ergebnisse aus dem Differentialgleichungssystem, das das Wetter beschreibt, in die eine oder andere Richtung kippen zu lassen. Der Computer machte das oft genannte Chaos, die potenzielle Möglichkeit der Nichtvorhersagbarkeit der Abläufe in der Natur, die durch die Empfindlichkeit bestimmter physikalischer Systeme gegenüber kleinsten Veränderungen verursacht wird, plötzlich sichtbar.

In den letzten Jahrzehnten bekamen Physiker unterschiedlicher Fachrichtungen Zugang zu diesem neuen Handwerkszeug – dem Computer. Mit ihm konnten sie sich auf immer mehr Gebieten der Physik an kompliziertere Differentialgleichungen heranwagen und sie numerisch lösen. Der Computer ermöglichte es plötzlich, den vorher in der Not vernachlässigten nicht-linearen Anteil in den Differentialgleichungen und damit auch die Vielfalt der Natur zu berücksichtigen. Er übernahm das mühsame Einsetzen der Zahlenwerte in die komplizierten Differentialgleichungen und lieferte damit numerische Lösungen. Und die offenbarten überraschende Einblicke in die Welt des Chaos, wie die folgenden Kapitel zeigen.

Die Welt – ein aufregendes Chaos

6

Unter dem Blickwinkel des Chaos entdecken heute die Wissenschaftler eine neue, erstaunliche Welt. Das Pendel – das haben wir schon im vierten Kapitel gesehen – gehört zu den Vorzeige-Experimenten der Physiker. Eine Masse schwingt hin und her, die Bewegungsgleichung ist linear und lässt sich ohne weiteres lösen. Aber man kann das Pendel auch etwas raffinierter gestalten.

Die Abbildung auf Seite 82 zeigt ein Doppelpendel, bei dem an der Spitze des einen Pendels drehbar ein zweites Pendel angebracht ist. Bei kleinen Auslenkungen schwingt dieses Doppelpendel wie ein gewöhnliches Pendel hin und her. Seine Bewegung wäre also zu berechnen, die Bewegung wird von einer linearen Differentialgleichung beschrieben.

Wird das System kräftiger angestoßen, so beginnt der untere Teil des Doppelpendels anders als der obere zu schwingen – diese Schwingungen sind nicht mehr vorherzusagen, die Bewegung des Doppelpendels ist in das Chaos abgeglitten. Die nicht-linearen Anteile in der Bewegungsgleichung spielen jetzt eine entscheidende Rolle.

Wiederum zeigt sich, dass der Bereich der Ordnung, in dem Vorhersagen möglich sind, nur sehr klein ist. Bei schwachen Auslenkungen – nur in einem Spezialfall also – kann man von der Methode der Vorhersage, die die Naturwissenschaft liefert, profitieren. Stärkere Auslenkungen jedoch machen dieses Verfahren wertlos.

Weit verbreitet ist die Ansicht, dass die Abläufe in Strömungen für die Wissenschaftler überschaubar seien. Ein Zweig in der Naturwissenschaft beschäftigt sich mit dem Verhalten von Strömungen im Wasser und in der

● *Der Rotor eines Hubschraubers im Test. Für Naturwissenschaftler ist die Berechnung der dabei auftretenden Luftströmungen ein kaum lösbares Problem.*

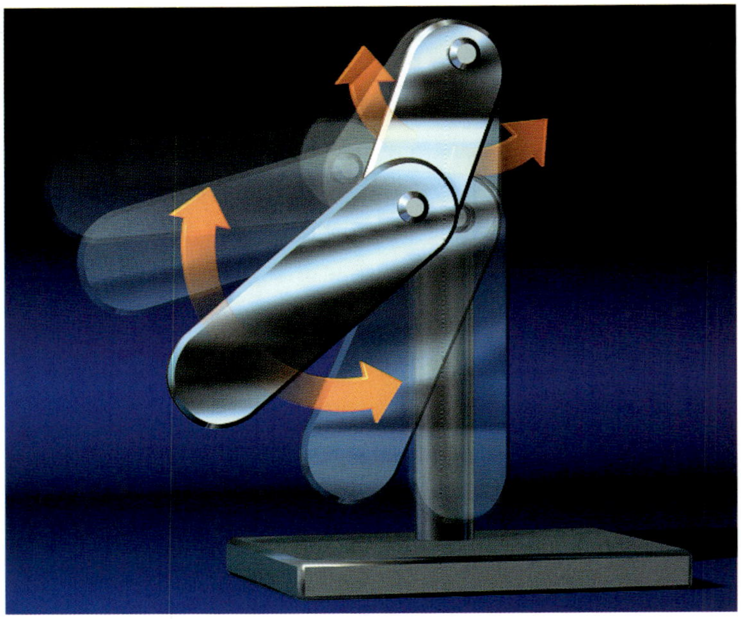

Luft. Doch auch hier erfüllt sich der Anspruch nicht, den man in die Wissenschaft setzt. Nur in einem kleinen Bereich kann man die Bewegung von Teilchen in den Strömungen voraussagen. Dieser Bereich ist – optisch zumindest – leicht zu erkennen.

Beobachtet man zum Beispiel aufsteigenden Zigarettenrauch, so bewegen sich die Rauchteilchen zunächst in einer glatten Strömung. In diesem Bereich kann das Verhalten der Teilchen vorausgesagt werden. Benachbarte Teilchen bewegen sich ähnlich, ihre Bewegung driftet nicht auseinander. Dann aber – und das kann urplötzlich geschehen – beginnt die Strömung turbulent zu werden. Die Teilchen bewegen sich irregulär durcheinander – das Chaos hat begonnen. An eine detaillierte Vorausberechnung der Bewegung einzelner Teilchen ist in diesem Zustand nicht zu denken. Jedes Teilchen bewegt sich komplett anders als dasjenige in seiner Nachbarschaft.

Turbulente Strömungen können zwar als Gesamtheit pauschal mit Wahrscheinlichkeitsaussagen beschrieben werden, zum Beispiel bei welchem Druck welche Menge Wasser durch ein Rohr gepresst wird, aber über das Verhalten von Einzelteilchen kann keine Aussage gemacht werden. Seit über 200 Jahren versucht man, allgemein gültige Regeln dafür zu finden, wann in einem Rohr eine Strömung turbulent wird – bis heute gibt es darauf keine Antwort. Die Beobachtung zeigt, dass verschiedene Bedingungen eine Rolle spielen: In dem Experiment auf der Abbildung rechts strömt aus einer Röhre gefärbtes Wasser in klares Wasser. Im ersten Beispiel entwickelt sich das Chaos der turbulenten Strömung erst relativ weit vom Austrittspunkt entfernt. Erhöht man jedoch die Geschwindigkeit des ausfließenden gefärbten Wassers durch zusätzlichen Druck, so beginnt die Turbulenz weitaus früher.

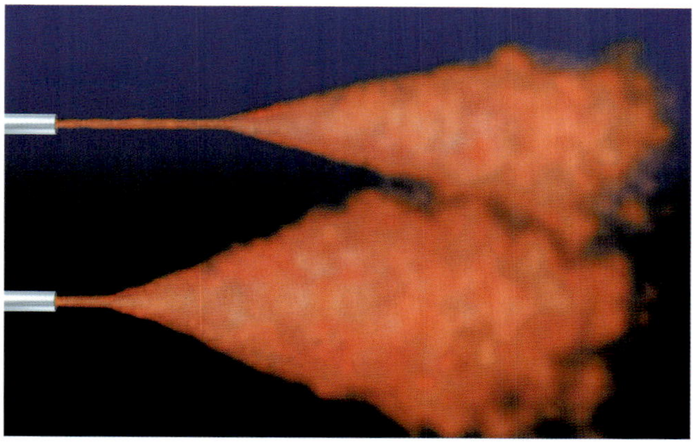

Turbulenzen sind beim Fliegen gefürchtet. Die Möglichkeit zu fliegen hängt davon ab, dass die Luft glatt über einen möglichst großen Bereich des Tragflügels strömt. Nur durch diese Ordnung in den strömenden Teilchen kann sich ein Unterdruck an der Flügeloberseite ausbilden, sodass der höhere Druck auf der Unterseite in der Lage ist, das Flugzeug nach oben zu »heben«. Wird das Flugzeug zu steil nach oben gezogen, so reißt diese glatte, geordnete Luftströmung ab – es entsteht ein turbulenter Bereich über den Flügeln. Die Flieger nennen diese Situation »stall« (engl.: überziehen) und wissen, dass sie diesem chaotischen Zustand möglichst schnell entkommen müssen, wenn sie nicht abstürzen wollen. Meistens gelingt die Rückkehr in die Ordnung durch eine Veränderung des Anstellwinkels der Flugzeugflügel.

Aber es gibt auch Situationen, in denen das Chaos den Absturz eines Flugzeugs verursacht: Startet ein Jumbo-Jet, so zieht er eine Schleppe von Riesenwirbeln hinter sich her – unsichtbar für den Beobachter auf dem Erdboden. Folgt dem Jumbo ein kleines Sportflugzeug auf der Startbahn zu früh, so gerät es in diese Luftturbulenzen. An den Flügeln des kleinen Flugzeugs können sich keine glatten Luftströmungen aufbauen, zu stark sind die Verwirbelungen durch den Jumbo – das Sportflugzeug stürzt ab. Seit zwei Jahrzehnten kennt man diese Gefahr, von der auch mittelgroße Verkehrsflugzeuge betroffen sein können. Deshalb darf nach einem Jumbo-Jet ein Verkehrsflugzeug nur im 2-Minuten-Abstand folgen – in diesem Zeitraum haben sich die Luftturbulenzen aufgelöst.

Bevor Strömungen ins Chaos umschlagen, gibt es einige Zwischenstufen. In einem Experiment umströmt gefärb-

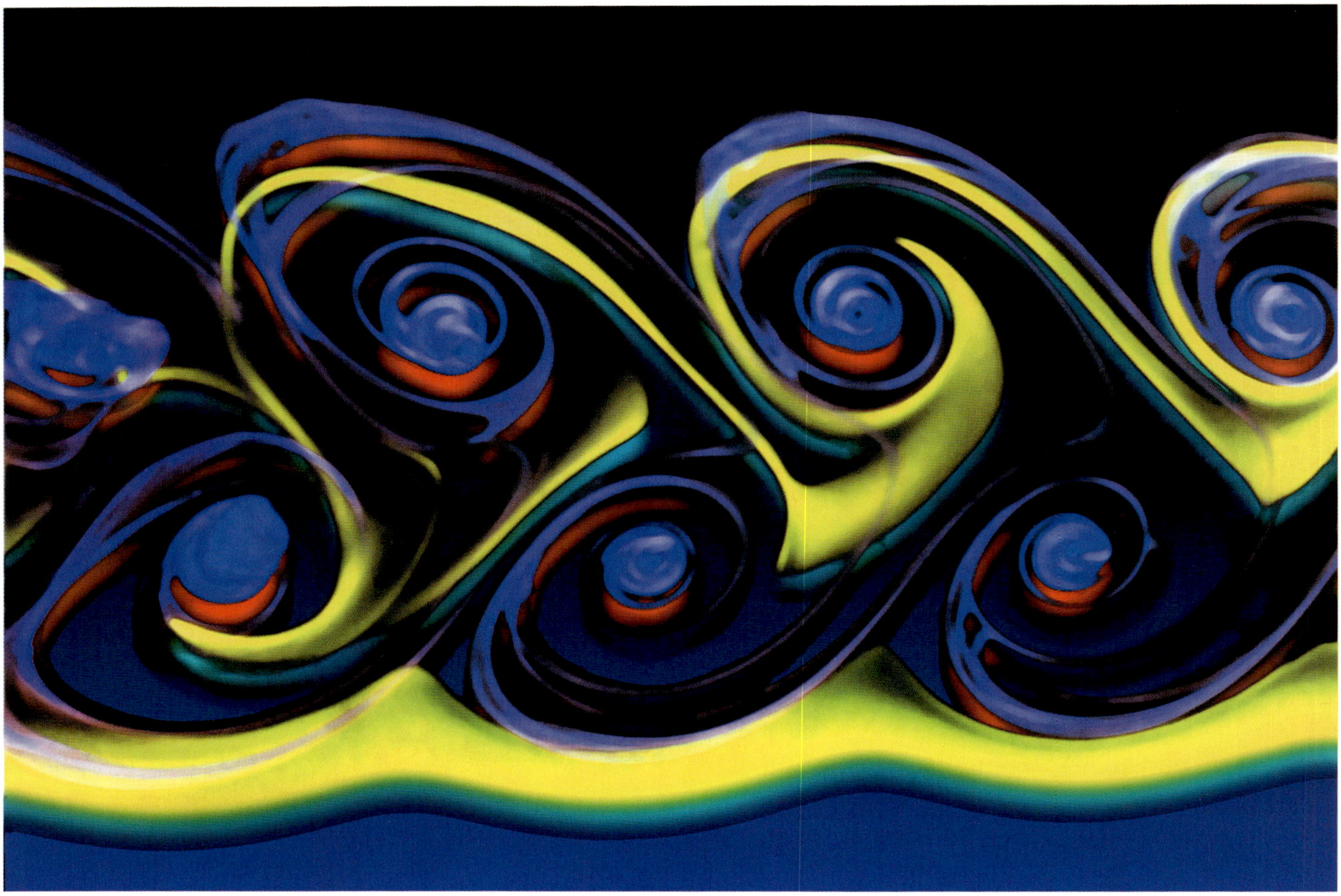

Die offenbare Regelmäßigkeit bei der Wirbelabfolge täuscht: Kein Wirbel ist wie der vorhergehende.

tes Wasser ein rundes Hindernis. Die Wirbel, die sich dabei bilden, sehen harmonisch im Verlauf aus. Und dennoch, kein Wirbel ist wie der vorhergehende – diese Situation, so einfach sie sich auch darstellt, ist wiederum nicht berechenbar, der Weg eines Wirbels nicht vorhersagbar: Auch hier herrscht das Chaos, wenn die so wohlgeordneten Wirbel durcheinandertreiben.

Auch Autobauer wollen Turbulenzen in den Strömungen, die das Auto umgeben, vermeiden, denn sie kosten Energie. Die Luft, die chaotisch in Bewegung gesetzt wird, bezieht ja ihre Bewegungsenergie von dem fahrenden Auto, das dadurch langsamer wird. Einen guten »c-Wert«, also einen niedrigen Luftwiderstand, sollte ein schnittiges Auto deshalb haben. Im Windkanal wird das getestet (siehe Abbildung Seite 85). Zunächst

strömt die Luft glatt an der Karosserie des Autos vorbei. Das ist gut an den Strömungslinien zu sehen. In diesem Bereich verliert das Auto relativ wenig Energie. Deshalb versuchen die Konstrukteure, dass möglichst der größte Teil des Autos bei der Fahrt von diesen glatten Strömungslinien umgeben wird. Hier können auch die Bewegungen der Teilchen berechnet werden, hier funktionieren die von den Strömungsforschern aufgestellten mathematischen Gleichungen, mit denen die Realität abgebildet werden soll. Das Modell von der Strömungswelt ist bei glatten Linien in Ordnung. Bedauerlich ist in den Augen der Techniker, dass diese Strömungen irgendwann einmal in die Welt des Chaos gelangen. Das geschieht spätestens dann, wenn sich hinter dem Auto Turbulenzen bilden. In diesen chaotischen Strömungen bewegen sich die Teilchen regellos auf

● *Im vorderen Bereich dieses Autos sind die Strömungslinien glatt und lassen sich deshalb auch berechnen. Im hinteren Abschnitt beginnen die Turbulenzen und damit auch das Chaos.*

und ab, dicht nebeneinander liegende Teilchen verhalten sich völlig unterschiedlich. Aus der Bewegung des einen Teilchens kann nicht auf die Bewegung des benachbarten geschlossen werden. Und das macht ja gerade das Chaos aus: Kleinste Veränderungen in den Anfangsbedingungen – in diesem Fall der Ort des Teilchens – führen zu völlig unterschiedlichen Bewegungskurven.

Die Fäden in der Strömung an dem Flugzeug demonstrieren die Situation: Im glatten Strömungsbereich bewegt sich der eine Faden vergleichbar mit dem benachbarten. Dieser stromlinienförmige Abschnitt zeigt eine bestimmte Ordnung. Benachbarte Bereiche sind in ihrem Verhalten vergleichbar – aus dem einen Strömungsabschnitt kann auf den Ablauf im benachbarten und sogar in weiter entfernten Abschnitten geschlossen werden. Die Vorhersage – die Berechnung des Weges einzelner Teilchen – wäre hier wieder möglich. An der Grenze zum Chaos verändern sich die Strömungsverhältnisse sprunghaft – Turbulenzen treten auf. Die Fäden – obwohl ursprünglich eng benachbart – bewegen sich auf völlig unterschiedlichen Wegen. Aus der Bewegung des einen kann nicht auf die Bewegung des anderen geschlossen werden. Hier bietet sich den Physikern keine Möglichkeit einer Vorhersage, das heißt der Berechnung des Weges dieser Teilchen.

Erstaunlich einfache Systeme können ins Chaos gelangen. In einem Experiment wird ein Metallstreifen zum Schwingen gebracht (siehe Abbildung Seite 87). Dazu ist das Metall in den mechanischen Erreger geklemmt, der den Streifen durch Hin- und Herbewegen schwingen lässt. Das funktioniert ganz gut, und auch auf eine Änderung der Frequenz des Erregers reagiert der Metallstreifen mit einer vorhersagbaren Bewegung. Er schwingt langsamer oder schneller. Dann aber kann es passieren, dass der Streifen nicht nur – wie vorherzusehen – hin- und herschwingt, sondern bei einer bestimmten Frequenz anfängt, irreguläre Bewegungen auszuführen.

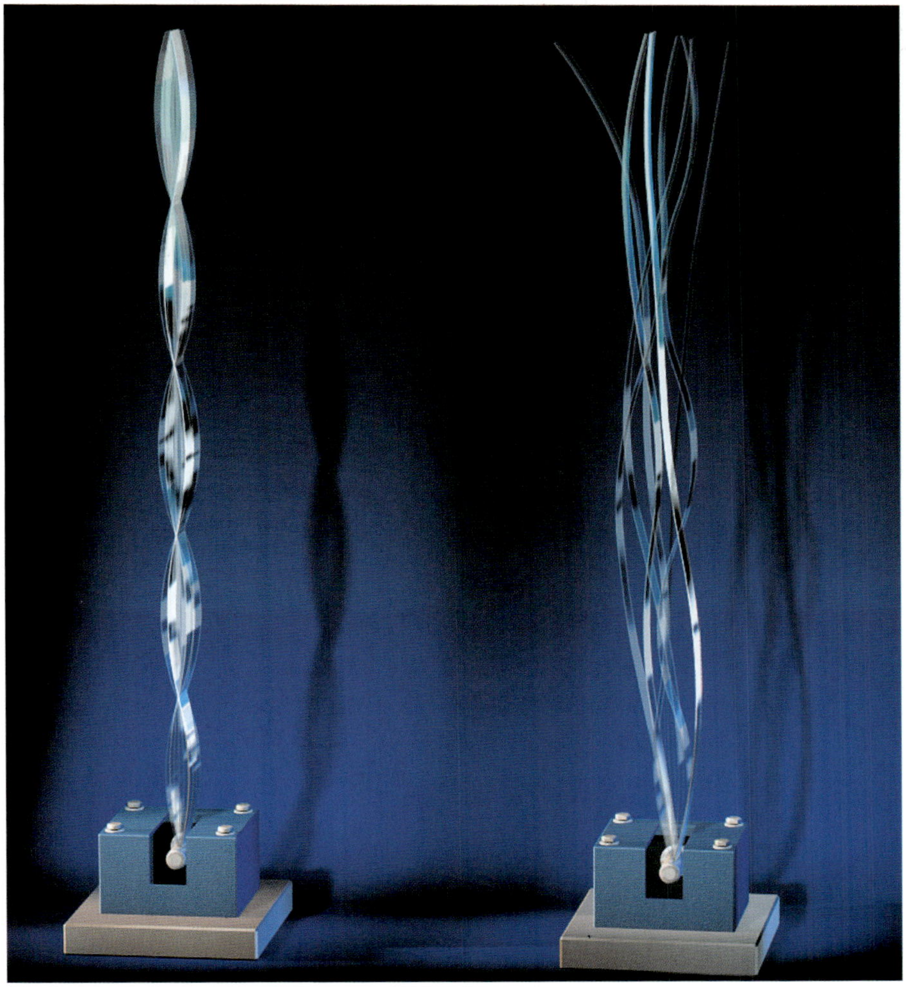

Diese Bewegung ist nicht mehr berechenbar – der Streifen bewegt sich chaotisch. Auch das ist ein Beispiel dafür, wie zunächst in einem Bereich der Ordnung alles so funktioniert wie vorgesehen – und dann plötzlich, durch leichte Veränderungen der Bedingungen, das System in die Welt des Chaos gerät.

Techniker fürchten dieses Abgleiten ins Chaos bei ihren Konstruktionen. Raketen zum Beispiel können durch Vibrationen, die das ausströmende Treibgas verursacht, in Schwingungen geraten, die das Material zerreißen. Und es gab Versuche, auch die plötzlich auftretenden Schwingungen bei Flugzeugen in den Griff zu bekommen. Testflüge wurden durchgeführt, um zu erfahren, unter welchen Bedingungen die chaotischen Schwingungen auftreten.

In den Trümmern des Weltbildes

Seit die Physiker mit der Entdeckung des deterministischen Chaos die über Jahrhunderte gültige Sicht der Welt entscheidend verändert haben, präsentiert sich die Natur als aufregendes Muster: Es gibt Inseln der Ordnung, in denen die Vorhersage von Abläufen mit den bisherigen Hilfsmitteln der Naturwissenschaft gelingt, und es existieren Bereiche, in denen die Unvorhersagbarkeit – das Chaos – regiert. Beide Welten liegen dicht nebeneinander.

Beim Pendel mit den zwei Magneten breiten sich die Bereiche der Ordnung um die beiden magnetischen Zentren aus. Startet man das Pendel in dieser Region, so endet sein Weg vorhersehbar an einem der Magneten. Außerhalb dieser sicheren Inseln der Ordnung beginnt das Chaos. Schon eine winzige Verschiebung des Startpunktes hat hier eine entscheidende Veränderung des Resultats – die Endposition des Pendels am blauen oder roten Magneten – zur Folge. Und das ist im chaotischen Bereich eine unüberwindbar prinzipielle Gegebenheit der Natur. Der Anfangswert – der Ort zum Beispiel, an dem das Pendel startet – kann grundsätzlich nicht genau bestimmt werden. Denn jede Festlegung der Anfangsbedingung erfolgt durch eine Messung. Prinzipiell ist aber eine physikalische Messung immer »unscharf«, das heißt, sie ist als Mittelwert einer Reihe aufeinander folgender Messungen an ein und demselben System zu verstehen.

Warum ein Anfangszustand nicht genau bestimmbar oder messbar ist, liegt in der Natur selbst verborgen. Kein Messgerät ist im mathematischen Sinne exakt – so ist zum Beispiel die prinzipiell ständig vorhandene

● *Das Universum, in dem wir leben, zu erforschen und dabei mehr über unsere Rolle zu erfahren, ist ein Ziel der Naturwissenschaften.*

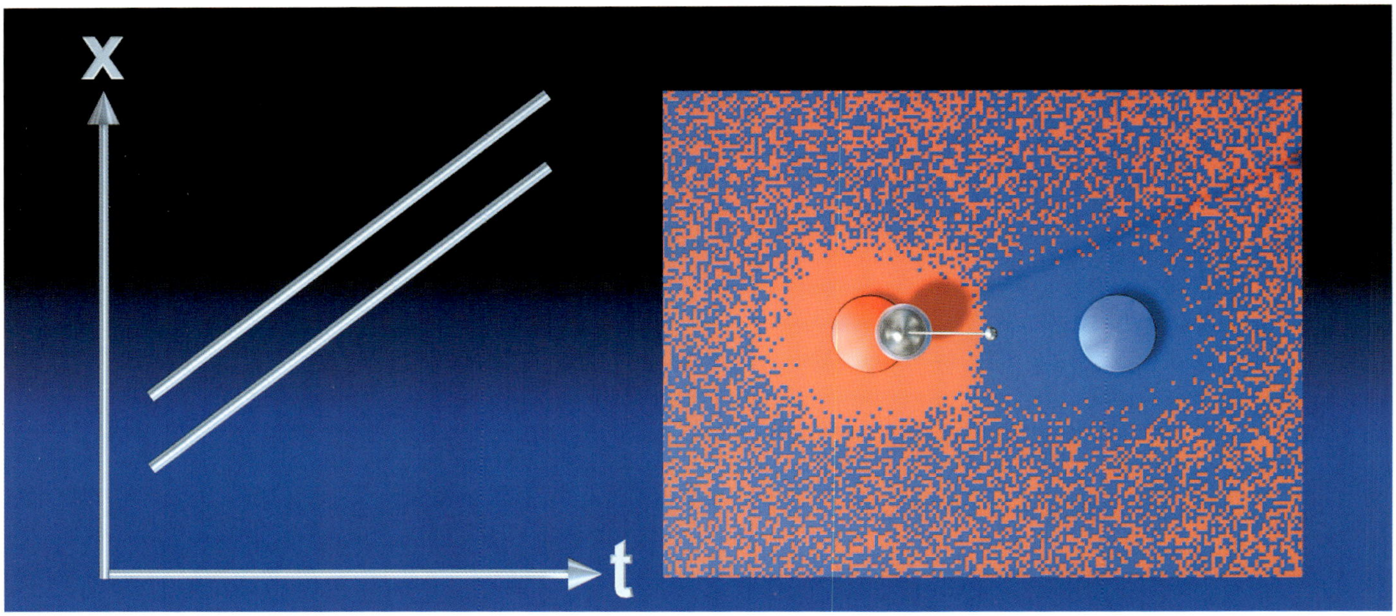

● *Im vorhersagbaren Bereich beim Pendelexperiment, wenn das Pendel dicht an einem der Magneten losgelassen wird, ist der Weg des Pendels berechenbar. Selbst wenn das Pendel aus einer geringfügig unterschiedlichen Position gestartet wird, beschreibt es einen vergleichbaren Weg zu vorher. Das ist im oberen Diagramm symbolisch dargestellt. Der jeweilige Wegverlauf x in Abhängigkeit von der Zeit t liegt parallel zur benachbarten Bahn.*
Wird das Pendel im chaotischen Bereich gestartet, so spielen schon die kleinsten Abweichungen in den Anfangsbedingungen eine große Rolle. Die beiden Wegkurven streben rasch auseinander. Eine Vorhersage ist in diesem System nur noch für sehr kurze Zeiten möglich.

Molekularbewegung die Ursache dafür, dass nur Mittelwerte über mehrfach wiederholte Messungen sinnvolle Aussagen ergeben. Eine weitere grundsätzliche Unschärfe in der Festlegung der Anfangswerte wird – wie gesehen – von der Quantentheorie formuliert. Bei bestimmten Abläufen in der Natur – den deterministisch chaotischen Bewegungen – spielen diese prinzipiellen kleinen Fehler bei der Messung für das weitere Verhalten des Systems eine große Rolle. Auch minimale Abweichungen in den Anfangsbedingungen zeigen in diesen Fällen eine große Wirkung. Die langfristige Zukunft ist im deterministischen Chaos nicht mehr vorhersagbar.

Diese Erkenntnis bedeutet nicht etwa den Zusammenbruch des naturwissenschaftlichen Weltbilds. Vielmehr bietet sie eine aufregende Erweiterung unserer Sicht des Universums, wie sich später zeigen wird. Die Überraschung dabei ist, dass sich diese Unvorhersagbarkeit auch bei sehr einfachen Systemen – wie dem Pendel – zeigt. Die klassische lineare mathematische Beschreibung der Natur täuscht ein vorausberechenbares Verhalten nur vor. In Wirklichkeit präsentiert sich die Natur weitaus vielfältiger.

Was bedeutet überhaupt der Verlust der Vorhersagbarkeit? Wie ist es zu verstehen, dass bei unserem Pendel mit den Magneten im chaotischen

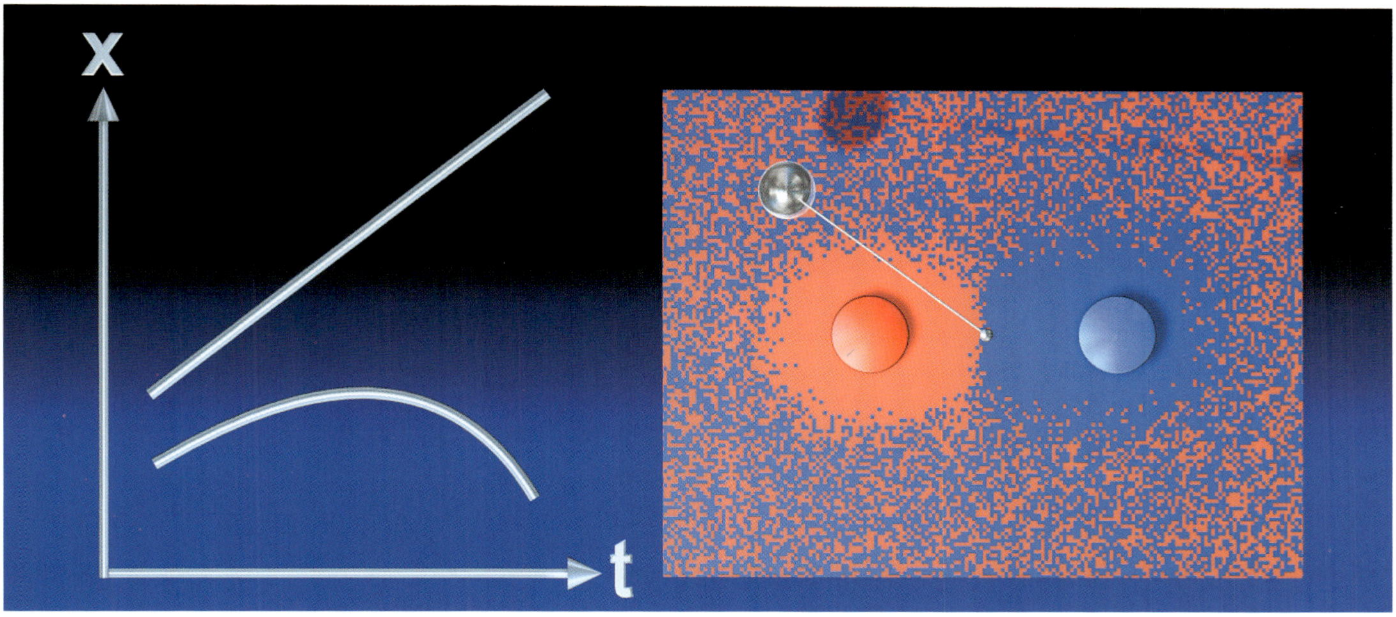

Bereich der Fehler der Vorhersage mit wachsender Zeit immer größer wird? Das ist leicht an den beiden Wegkurven verschiedener Pendelbewegungen zu demonstrieren, die in der Grafik vereinfacht dargestellt sind. Obwohl die Anfangspunkte dicht nebeneinander liegen, streben die beiden Kurven sehr schnell auseinander. Jede Kurve zeigt einen gänzlich unterschiedlichen Verlauf. Die Naturgesetze gelten immer noch – die Schwerkraft und die Magnetfelder sind ja beim Pendelversuch eindeutig bekannt –, aber die Vorhersage des Verlaufs von x(t), des Weges über die Zeit, gestaltet sich schwieriger und wird praktisch unmöglich. Denn nur noch für äußerst kurze Zeit ist die Bewegung vorhersagbar, für längere nicht mehr.

Ein eindrucksvolles Beispiel für die schwierige Sache mit der Vorhersagbarkeit ist ein Experiment mit Bällen. Lässt man zwei Bälle aus einer vergleichbaren Startposition gleichzeitig auf eine flache Unterlage fallen, so springen sie auf und ab. Ihre Bewegungen weichen zwar geringfügig voneinander ab, man kann jedoch davon ausgehen, dass der zweite Ball sich in etwa so wie der erste verhalten wird – eine Vorhersage der Bewegung beliebig vieler Bälle, mit nahezu gleichen Anfangsbedingungen gestartet, bereitet hier keine großen Schwierigkeiten. Diese Situation lässt sich jedoch sehr schnell verändern. Fallen die Bälle durch ein Nagel-

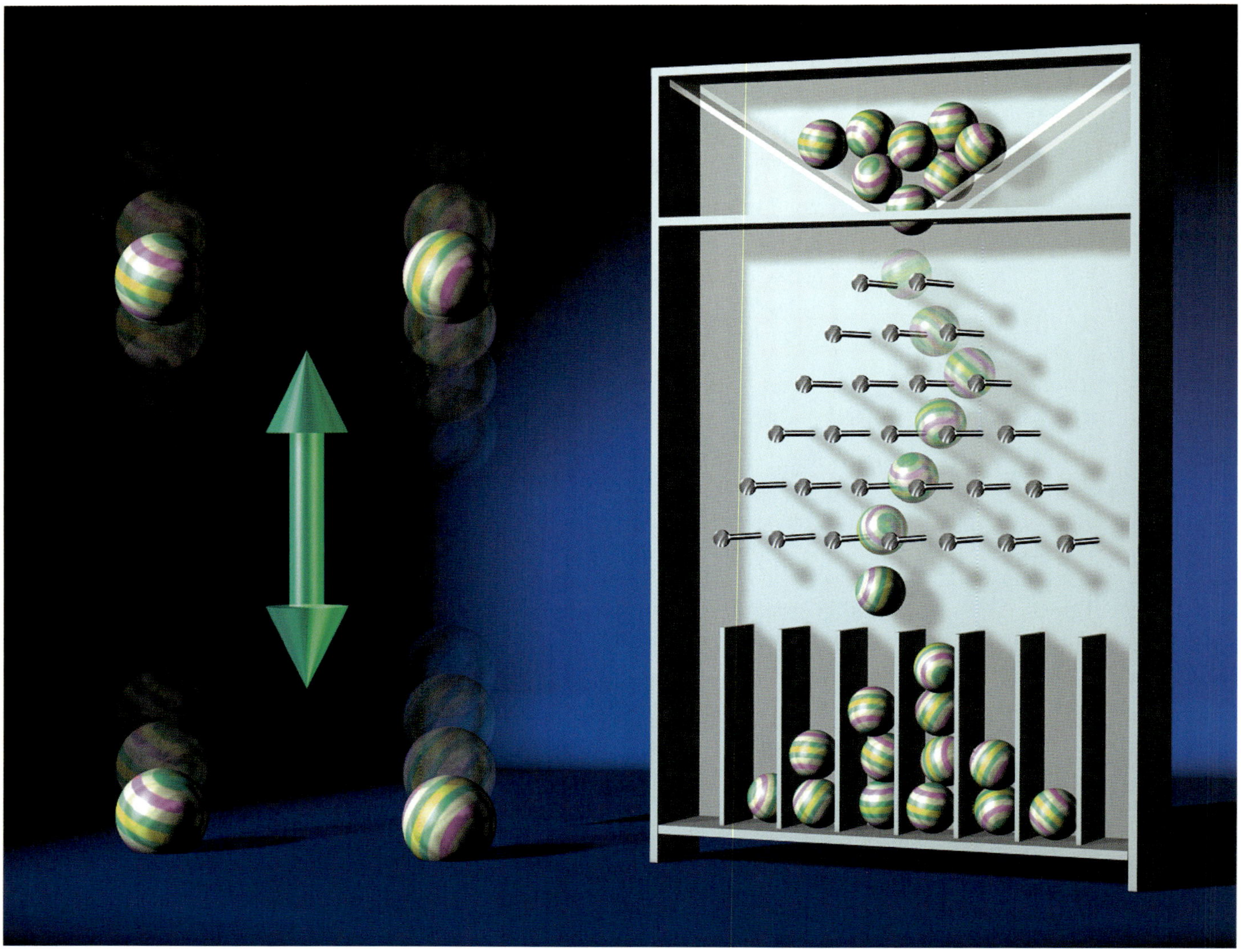

● *Auf einer ebenen Unterlage ist der Weg zweier fallender Bälle mehr oder weniger gleich. Das demonstriert den Bereich der Ordnung. Das Nagelbrett jedoch zeigt die Schwierigkeit mit der Vorhersage im »deterministischen Chaos«. Kleinste Abweichungen in der Anfangsposition der Kugel spielen hier eine entscheidende Rolle.*

brett, so beeinflusst jeder Nagel den Weg eines Balles entscheidend. Der Weg eines bestimmten Balles sagt nichts über das Verhalten der anderen Bälle aus – selbst wenn die Bälle von fast identischen Startpositionen losgelassen werden. Der eine Ball kann ganz nach rechts abdriften, der andere endet in der Mitte, und wiederum ein anderer fällt in die linke Ecke.

Kleinste Abweichungen in der Bewegung spielen beim Auftreffen auf die Nägel eine große Rolle. Sie entscheiden, ob der Ball rechts oder links am Nagel vorbei nach unten fällt. Eine Vorhersage darüber, wie der Weg eines bestimmten Balles verläuft, ist unmöglich. Diese Schwierigkeiten der Vorhersage haben etwas mit den Bedingungen der Umgebung – den Nägeln, die den Weg der Bälle beeinflussen –, aber offenbar auch mit der Länge des Weges zu tun. Je größer das Nagelbrett – das heißt je länger der Weg des Balles –, umso unbestimmter wird der Weg und damit der Endpunkt der einzelnen Bälle. Auch beim Pendel mit den beiden Magneten zeigt sich, dass die Vorhersage, an welchem Magneten es enden wird, umso unbestimmter ist, je mehr Schwingungen das Pendel im Magnetfeld ausführt. Die Anzahl der Schwingungen hängt von der Größe der Auslenkung ab. Je weiter man das Pendel auslenkt, umso mehr Schwingungen erhält man und umso mächtiger ist das gesetzmäßige Chaos, die Unvorhersagbarkeit, die Unsicherheit.

Ein anderes Beispiel für die Unvorhersagbarkeit ist ein Sandhaufen, auf den in regelmäßigen Zeitabständen immer wieder ein Sandkorn fällt (siehe Abbildung Seite 94). Der Sand rutscht in unregelmäßigen Zeitintervallen ab, und obwohl die auf den Sandhaufen fallenden Sandkörner gleich groß sind, rutschen recht unterschiedliche Lawinen ab, und es lässt sich nicht vorhersagen, wann das passieren wird.

Aber nicht allein Sandkörner, Bälle oder Pendel spielen eine bedeutende Rolle in der Chaosforschung. Vor allem die verschiedenen Versuche, die Wettervorhersage zu verbessern, haben die Erforschung des deterministischen Chaos in Gang gebracht. Anfang der sechziger Jahre entwickelte der Meteorologe Edward Lorenz am MIT in Boston sein Modell von der Atmosphäre und fütterte einen kleinen Computer mit den drei nichtlinearen Gleichungen, von denen er glaubte, dass sie die Vorgänge in der Atmosphäre am besten beschreiben würden. Weil es ja für die nichtlinearen Differentialgleichungen keine analytische Lösung gibt, bleibt dem Physiker nichts anderes übrig, als sie numerisch, das heißt durch Einsetzen von Zahlen, zu lösen (siehe fünftes Kapitel). Erst mit Hilfe des Computers war die Aufgabe überhaupt zeitmäßig zu bewältigen.

Der Computer von Lorenz führte in der damaligen Zeit gerade 17 Operationen in der Sekunde aus. Es war ein mühsames Verfahren, all die Gleichungen mit Zahlenwerten zu versehen und von diesem Computer verarbeiten zu lassen. Edward Lorenz nutzte die Zeit und ließ seine Rechenmaschine über die Mittagspause und Nachmittagsstunden laufen. Kam er zu seinem Labor zurück, so überprüfte er die Ergebnisse und füt-

Wird Sand aufgeschüttet, so rutschen die Seiten immer wieder ab. Wann dies passiert, läßt sich nicht voraussagen. In der kritischen Phase reicht schon ein Sandkorn aus, um die Sandlawine auszulösen. Das typische »deterministische Chaos«.

terte seine behäbige Rechenmaschine mit neuen Werten. Eines Tages stellte er etwas Aufregendes fest. Anstelle der exakten Daten gab er in seinen Computer geringfügig aufgerundete Werte ein. Obwohl diese Anfangswerte kaum Unterschiede aufwiesen, wichen nach der Rechnung die beiden Ergebnisse stark voneinander ab. Das Wetter im Computermodell entpuppte sich als ein System, das äußerst empfindlich auf die eingegebenen Werte – auf die Anfangsbedingungen – reagieren konnte. Und das war die Entdeckung des deterministischen Chaos. Mit der Zeit stellte sich allgemeingültig heraus, dass, egal wie komplex und ausgefeilt die Wettermodelle auch waren, die die Realität beschreiben sollten, es immer eine prinzipielle Grenze gab, ab der keine genauen Vorhersagen mehr möglich waren. Hier zeigte sich deutlich, wie stark das Geschehen in der Natur vom deterministischen Chaos bestimmt wird.

Einige der ausgefeiltesten Wettermodelle benutzt man heute in den Wetterzentren. Hier werden Wettervorhersagen erarbeitet, indem man die Erdatmosphäre in einzelne kleine Zellen aufteilt und an ihren Eckpunkten die Veränderungen der physikalischen Größen untersucht, die das Wetter bestimmen. Die Abläufe in der Atmosphäre werden durch komplizierte mathematische Gleichungen dargestellt. Ein gigantisches Modell unserer Atmosphäre im Vergleich zu der Vorstellung von Edward Lorenz, der nur mit drei Variablen gearbeitet hat. Sein einfaches Bild vom Wetter wird von

den heutigen Wettermodellen weit übertroffen. Auch die nicht-linearen Anteile werden in ihnen detailliert berücksichtigt.
Die Computer führen 1 Milliarde Rechenoperationen in der Sekunde aus. Für die Wetterkundler bieten solche Maschinen die Möglichkeit, ihren Traum zu erfüllen und die Natur möglichst genau in den Griff zu bekommen. Aber dieser Optimismus wird von den neuen Erfahrungen mit der naturwissenschaftlichen Vorhersagemethode getrübt.
Zu Beginn waren die Erfolge durch die Einführung dieses komplexen Modells vom Wetter gewaltig. Man verfeinerte die Einteilung des Gitters, das die Atmosphäre durchzog, immer weiter. Aber die Güte der Wettervorhersage wurde dadurch nur relativ wenig verbessert. Denn ein anderes Problem wurde immer deutlicher: die Bedeutung der Anfangswerte. Beim Wetter sind das die Messungen der Temperatur, des Drucks, der Feuchtigkeit usw.
Über die Jahrzehnte hatte man es geschafft, das Beobachtungsnetz des aktuellen Wetters immer weiter zu vervollkommnen. Diese Werte sind es ja, mit denen man bei der numerischen Lösung der Differentialgleichungen startet. Aber all diese Bemühungen stießen an eine Grenze und wurden von einer neuen Erkenntnis überdeckt: Bei bestimmten Wetterlagen war das Vorhersagemodell in seinen Ergebnissen überhaupt nicht zu kontrollieren. In diesen Fällen reichte eine kleine Abweichung einer Größe, etwa der Temperatur aus, um das Ergebnis der Sechs-Stunden-Rechnung des Computers komplett auf den Kopf zu stellen. Und das bei diesem Supermodell von den Vorgängen in unserer Atmosphäre! Mit dieser Erkenntnis begann die große Diskussion über das Chaos.
Beim nicht-linearen System des Wetters lässt sich das grundsätzliche Dilemma bei der Vorhersage im chaotischen Bereich deutlich demonstrieren. Kleinste Veränderungen in den Anfangsbedingungen haben ein dramatisches Auseinanderlaufen der Kurven, die die jeweiligen Zustände der Atmosphäre beschreiben, zur Folge. Dieses Auseinanderlaufen der Kurven verläuft exponentiell, das heißt, verbessert man die Messgenauigkeit zum Beispiel um einen Faktor 10, so kann man die Vorhersage nur um einen Tag erweitern. Wird die Genauigkeit der Messung wiederum um einen Faktor 10 verbessert, so gewinnt man noch einen Tag dazu. Und strengt man sich besonders an und verfeinert die Messung um einen weiteren Faktor 10, so kann die Wettervorhersage wiederum nur um einen Tag aus-

gedehnt werden. Das bedeutet, dass die in der Praxis ungeheuer aufwändige Verbesserung der Messgenauigkeit um $10 \cdot 10 \cdot 10 = 1000$ nur eine sehr magere Ausdehnung der Vorhersagemöglichkeit auf $1 + 1 + 1 = 3$ Tage gebracht hat. Die Möglichkeit der Vorhersage verbessert sich in diesem nicht-linearen System trotz enormer Steigerung der Messgenauigkeit nur minimal.

Und von einer längerfristigen Vorhersage kann keine Rede mehr sein, wenn die Fehlerquote mit wachsender Zeit dramatisch ansteigt, das heißt, wenn die Kurven, die eine bestimmte Wetterlage beschreiben, schon bei der kleinsten Veränderung der Messwerte in kurzer Zeit so extrem auseinander laufen.

Was tun aber die Wetterkundler, wenn ihre Prognosen für das Wetter in Europa im Prinzip davon abhängen, welche Luftdruckschwankungen ein Schmetterling in Südostasien hervorruft? Es soll hier noch einmal klargestellt sein, dass es nichts nützt, ein Modell zu entwickeln, das den Flügelschlag eines Schmetterlings in seine Berechnungen mit einbezieht. Die minimalen Verschiebungen in den Anfangsbedingungen an sich lassen früher oder später selbst ein noch so ausgeklügeltes System in die eine oder andere Richtung kippen. Bei der kleinsten Abweichung zeigt die Modellrechnung ein gegensätzliches Ergebnis im Vergleich zu vorher. Wie helfen sich die Wissenschaftler aus dieser Schwierigkeit? Denn plötzlich scheint ja das Ziel unerreichbar, Vorhersagen über den Ablauf von Ereignissen in der Natur zu machen.

Beim Wetter gibt es dafür einen einfachen Trick. Wenn die Daten im Rechenzentrum eintreffen, werden sie in das mathematische Modell eingesetzt, und der Computer rechnet die Vorhersage für die nächsten zehn Tage durch. Aber dann – und jetzt kommt der Versuch, die Natur zu überlisten – ändern die Wissenschaftler die eingegebenen Anfangswerte leicht ab, statt 10 Grad Celsius geben sie zum Beispiel 11 Grad Celsius ein, und lassen den Computer mit diesen leicht veränderten Werten erneut die Vorhersage berechnen. Erhalten sie ein völlig von dem ersten abweichendes Ergebnis, so wissen sie, dass sie sich im chaotischen Bereich befinden und eine kurzfristige Vorhersage nicht möglich ist. Allein mit den numerischen Lösungen der Gleichungen und dem Vergleich der Ergebnisse erkennen sie das Unvermögen, bei dieser Wetterlage irgendeine sinnvolle Vorhersage zu machen!

● *Die Vorhersage des Wetters ist ein schwieriges Unternehmen. Allzu häufig zeigen sich Konstellationen in der Atmosphäre, in denen schon eine kleine Veränderung große Auswirkungen hat – das Chaos.*

Übrigens kommt es bei der Güte der Vorhersage darauf an, welche Größen man vorhersagt. Regenfälle sind besonders schwer zu prognostizieren, Druck und Temperatur liegen dem Modell besser. Es zeigt sich, dass bei einer 7-Tage-Vorhersage in 30 Prozent der Fälle diese Situation der Unvorhersagbarkeit eintritt; aber auch bei 2-Tage-Vorhersagen befindet man sich oft genug in dieser chaotischen Situation. Eigentlich müssten die Wetterfrösche in diesen Fällen vor die Kamera treten und bekennen: Heute unterliegt die Wettervorhersage den Chancen eines Glücksspiels. Aber wer tut das schon?
Und auch hier ist zu beobachten: Je länger die Daten das Computermodell durchlaufen, desto unsicherer wird die Vorhersage – und desto mächtiger breitet sich das Chaos aus. Bei einer 15-Tage-Vorhersage ist bereits alles dem Zufall überlassen – die chaotischen Anteile in der Natur haben das Regiment übernommen.
Für die Wissenschaftler ist das deterministische Chaos eine bittere Niederlage, denn sie sind ja angetreten, die Natur zu erkennen, die Abläufe berechenbar und vorhersagbar zu machen – doch das funktioniert nur in den Inseln der Ordnung. Eine neue Erkenntnis ist in das Bewusstsein der Wissenschaftler gedrungen: Sie müssen auf das achten, was sie früher immer sehr schnell als vernachlässigbar beiseite geschoben haben oder als Ausnahmefall bezeichneten – auf das Chaos. Ein Teil ihrer Aufgabe ist es jetzt, herauszufinden, wo die Grenze zwischen dem Bereich der Ordnung und dem des Chaos verläuft.
Versuchen sie, ihre traditionellen Methoden im Chaos anzuwenden, so sind sie zum Scheitern verurteilt. Wichtige Fragen stellen sich jetzt: Wie viel Chaos umgibt uns eigentlich? Kann eine Insel der Ordnung in das Chaos kippen, und unter welchen Bedingungen geschieht das? Diese Fragen zeigen, wie stark die Naturwissenschaftler in ihrem Bemühen erschüttert sind, aus der verwirrenden Vielfalt in der Natur eine für sie verständliche Form der Ordnung herauszulesen. Der Computer, der zunächst als Hilfsmittel galt, diese Ordnung in der Natur zu finden, hat uns plötzlich klargemacht, wie bedrohlich nahe wir am Chaos leben.
Mit ihm können wir Gleichungen, die früher nur in ihrem lösbaren (linearen) Anteil behandelbar waren, auch mit ihrem nicht-linearen Anteil relativ schnell ausrechnen. Und damit zeigt sich das Ausmaß der chaotischen

Welt. Es wurde deutlich, dass die vorher als unwichtig empfundenen, weil sowieso unberechenbaren nicht-linearen Anteile in den Gleichungen unter bestimmten Bedingungen dominieren können und einen Ablauf in der Natur vollständig bestimmen.

8

Vom Klima, dem El Niño und anderen Unwägbarkeiten

Vielleicht liegt es an unserer kurzen Lebensspanne, dass es uns so schwer fällt, Veränderungen in der Natur festzustellen. Als selbstverständlich wird es zum Beispiel angesehen, dass sich die jeweiligen Jahreszeiten immer zum erwarteten Zeitpunkt einstellen – und dann muss in unseren Breiten der Sommer warm und trocken sein, während sich der Winter kalt und schneereich zeigen soll. Dieser regelmäßige Wechsel scheint unveränderlich zu unserer Klimazone der Erde zu gehören. Beobachtet man jedoch diese immer wiederkehrenden Jahreszeiten über einen langen Zeitraum, dann zeigt sich, dass auch die Klimabedingungen einem ständigen Wandel unterliegen. Die Ursachen dafür sind recht unterschiedlich: Zum Beispiel driften die Kontinente auseinander oder treiben an anderen Stellen aufeinander zu – um 1 Millimeter oder sogar Zentimeter pro Jahr. Das Klima in der Sahara hat sich durch diese Kontinentaldrift grundlegend verändert – das einst fruchtbare und regnerische Gebiet gelangte über die Jahrmillionen langsam in den Trockengürtel, in dem es heute liegt. Ein äußerst langsam verlaufender Prozess.

Dazu kamen kurzfristige Klimaverschiebungen aus ganz anderen Gründen. Denn die Erde bewegt sich nicht mit einer stabilen Achsenneigung um die Sonne. Die Anziehungskräfte von Sonne, Mond und den anderen Planeten verändern über die Jahrtausende die Neigung der Erdachse zur Sonne. Zur Zeit ist der Nordpol mehr zur Sonne gekippt; wir haben deshalb relativ warme Sommer. Die Erdachse vollführt eine Kreiselbewe-

Die klimatischen Bedingungen auf der Erde sind nicht so stabil, wie es auf den ersten Blick scheint. Auch das Klima unterliegt dem Chaos.

● *Der Lauf der Erde um die Sonne ist nicht konstant. Zum einen schwankt die Erdachse über die Jahrtausende, zum anderen verändert sich ständig die elliptische Bahn.*

gung, die sie in 26 000 Jahren wieder in die Ausgangsposition bringt. Die Sommer- und die Winterposition für unsere Breiten werden sich also weiter verschieben, und wir erwarten dann über einen längeren Zeitraum kältere Winter.

Und damit nicht genug: Auch der Abstand der Erde zur Sonne ändert sich. Zur Zeit befindet sich die Erde auf einer leicht elliptischen Umlaufbahn um die Sonne. Dadurch schwankt die Intensität der Sonneneinstrahlung während eines Jahres. Aber über die Jahrtausende wird die Umlaufbahn kreisförmig, und dann verändert sie sich wieder zu einer Ellipse. Solch ein Zyklus dauert rund 100 000 Jahre. Zur Zeit leben wir auch aus diesen astronomischen Gründen in einer natürlichen Warmzeit und treiben langsam auf eine Eiszeit zu. Daneben werden weitere Faktoren wie variable Sonnenaktivität oder Vulkanausbrüche für die natürlichen Klimaschwankungen verantwortlich gemacht.

Die Klimaveränderungen auf der Erde lassen sich sehr weit in die Vergangenheit verfolgen. So findet sich ein regelrechtes Klimaarchiv in den Eisschichten von Grönland. Im Inland ist diese Eisschicht 3300 Meter dick. Sie besteht aus einzelnen Lagen, die sich durch die saisonabhängigen Schneefälle jedes Jahr gebildet haben. Bohrt man bis auf den Grund dieses Eispanzers, so trifft man auf Eis, das vor 200 000 Jahren entstanden ist. In den Eisschichten ist Sauerstoff eingeschlossen. Sauerstoff besitzt zwei verschieden schwere Atome, und aus dem Verhältnis dieser beiden Sauerstoffisotope kann man schließen, ob sich das Eis während einer Warm- oder Kaltzeit gebildet hat. Neben diesem Klimaarchiv werden auch Sedimentschichten in den Ozeanen untersucht. Findet man in einer Schicht viele Überreste bestimmter Miniorganismen, so ist das ein Anzeichen für eine Warmzeit, während der sie gut gedeihen konnten. Sind andere Kleinstlebewesen in Überzahl abgelagert, so deutet das auf eine Kälteperiode hin. Durch solche Analysen glaubt man, eine gute Übersicht über die Klimageschichte unserer Erde zu haben, und diese liefert einige Überraschungen: So dauerte der Übergang von einer Kalt- zu einer Warmzeit oft nur knapp 100 Jahre. Dieser Wechsel ging also viel schneller als ursprünglich angenommen vor sich.

Auch während der letzten 1000 Jahre gab es wiederholt kurzfristige Klimaschwankungen, wie zum Beispiel die kleine Eiszeit vom Mittelalter bis zur Mitte des 19. Jahrhunderts. Maler wie Breughel haben in ihren Gemälden festgehalten, welch strenge Winter Europa in dieser Zeit prägten. Selbst die Themse fror damals zu, und so malte Breughel, wie die Londoner die zugefrorene Themse als Marktplatz nutzten. Dokumentiert ist auch, wie die dänische Flotte im Hafen festgefroren war und die Schweden über das Eis der Ostsee in den Krieg marschierten.

Wie schon in den vorherigen Kapiteln geschildert wurde, leben wir in einer sich ständig ändernden Welt, und es wäre wohl ein kleines Wunder, wenn gerade das Klima auf der Erde dabei eine Ausnahme bildete und sich als eine »Insel der Ordnung« erweisen würde.

Besonders beeindruckend sind die plötzlichen – ohne jegliche Vorankündigung auftretenden – Klimasprünge, die man aus den Untersuchungen der Eis- und Sedimentschichten ablesen kann. Hier zeigt sich das Klima als chaotisches System, das sich offenbar einer längerfristigen Vorhersage entzieht. Aber einige Wissenschaftler stellten sich die Aufgabe, auch diese

Abläufe in der Natur durchschaubar zu machen. Sie entwickeln Modelle, mit denen sie die Klimaveränderungen der Zukunft vorhersagen wollen. Wir haben das Glück, in einer relativ stabilen Klimaphase zu leben. Aber seit fast einem Jahrhundert wird immer wieder diskutiert, wie der Mensch durch seine Aktivitäten das Klima verändert. Dabei geht es vor allem um das Kohlendioxid, das wir durch Verbrennen fossiler Energieträger in die Atmosphäre bringen. Dieses Gas soll die Wärmeabstrahlung der Erde ins Weltall blockieren, sodass sich die Erde – wie in einem Treibhaus – aufheizt und das gegenwärtige Klima verändert wird. Ohne einen natürlichen Treibhauseffekt wäre die Erde kalt, weil die von der Sonne aufgenommene Energie in das Weltall abgestrahlt würde. 70 Prozent des natürlichen Treibhauseffekts werden vom Wasserdampf in der Atmosphäre verursacht und etwa 22 Prozent von dem in der Atmosphäre vorhandenen Kohlendioxid. Diesen Anteil hat der Mensch um einen kleinen Prozentsatz erhöht. Obwohl dieser Beitrag klein und der Einfluss der natürlichen Schwankungen auf das Klima weitaus größer ist, konzentrieren sich die Modellrechnungen auf das Kohlendioxid als entscheidenden Faktor bei der Klimaveränderung.

Verständlich kann diese Haltung eigentlich nur durch die Chaostheorie werden: Wenn das Klima als komplexes System chaotisch ist, so könnten allein schon kleine Veränderungen in den Anfangsbedingungen große Auswirkungen nach sich ziehen. So wäre es denkbar, dass auch relativ kleine Mengen Kohlendioxid als zusätzlicher Eintrag in die Atmosphäre das Klima in die eine oder andere Richtung kippen lassen könnten. Von daher ist es sicher sinnvoll, auf eine Begrenzung des Kohlendioxidausstoßes hinzuarbeiten. Aber diese Überlegung gilt auch für alle anderen Treibhausgase. Zu glauben, dass bei einem bestimmten Kohlendioxidgehalt in der Atmosphäre das Klima so bliebe, wie es ist, widerspricht der Realität dieses nicht-linearen, chaotischen Systems. Und auch die Modelle, die die Veränderungen des Klimas durch den Anstieg des Kohlendioxids vorhersagen wollen, unterliegen der Chaostheorie. Die daraus folgenden Rechnungen gehen ja so weit, dass sie je nach dem prozentualen Kohlendioxidanstieg eine bestimmte Temperaturerhöhung auf der Erde voraussagen. Wegen des nicht-linearen, chaotischen Zusammenhangs sind diese Vorhersagen äußerst unsicher. Zudem ist die starke Bewertung des Einflusses von Kohlendioxid eine Schwäche dieser Modelle. Denn dieses

● *Wie bei der mathematischen Wettervorhersage, wird auch in den Klimamodellen die Atmosphäre in Gitterpunkte aufgeteilt. Hier versucht man, mit Differentialgleichungen das Klima vorauszuberechnen. Aber auch dieses System ist chaotisch.*

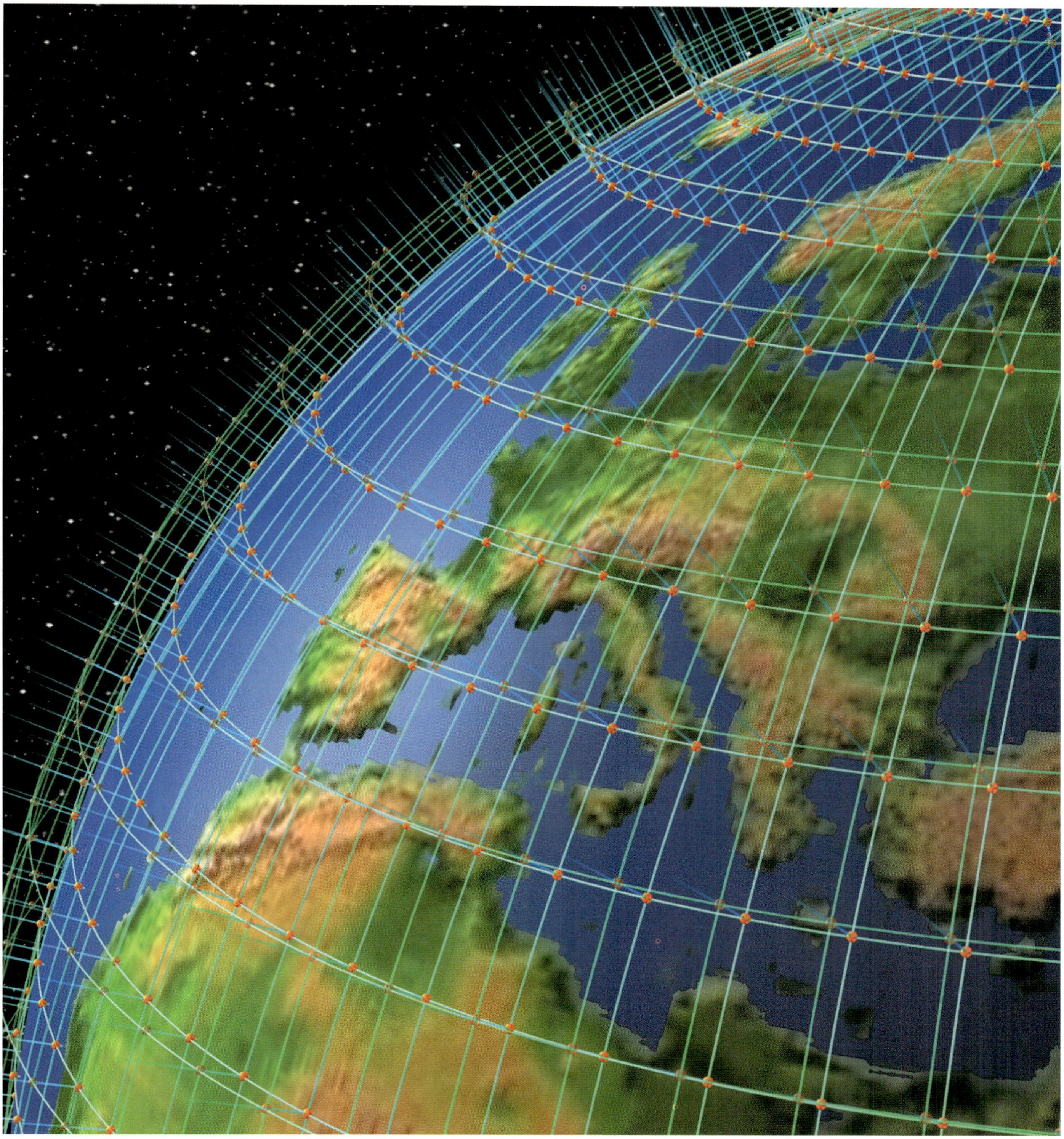

Treibhausgas ist sicher nur ein – und offenbar noch sehr kleiner – Faktor, der das Klima bestimmt. Die natürlichen Einflüsse, wie etwa die Schwankungen der Erdachse oder die Veränderung der Umlaufbahn der Erde, überdecken die Wirkung des vom Menschen eingebrachten Kohlendioxids bei weitem.

Gemessen hat man in den letzten 100 Jahren auf der Erde eine Temperaturerhöhung von etwa 0,5 Grad Celsius. Doch niemand kann sagen, wie viel davon nun wirklich dem Einfluss des zusätzlich eingebrachten Kohlendioxids zuzuschreiben ist. Schaut man sich die Modelle an, so gibt es zwei Kategorien: In einer werden die Phänomene des Klimas beschrieben und deren Veränderungen verglichen. Sie nennt man diagnostische oder empirische Modelle. Sie sind stark von den subjektiven Einschätzungen der Klimaforscher abhängig und davon, wie diese mehr oder weniger gekonnt in die Modellsituation eingebracht werden. In der anderen Kategorie der Klimamodelle werden die physikalischen Größen (Druck, Temperatur, Feuchtigkeit usw.) in physikalischen Gleichungen untergebracht und dann deren Veränderung im Laufe der Zeit berechnet. Deshalb nennt man diese Modelle dynamische Modelle.

Wie bei der Wettervorhersage bestimmen hier grundlegende physikalische Gesetze das Geschehen. Aber wie schon beim Wetter zeigen sich rasch die Grenzen. Die Atmosphäre wird in Rechenpunkte im Abstand von 300 Kilometern eingeteilt, die in zehn bis zwanzig Schichten nach oben gestapelt sind. Die Kapazität der Computer bestimmt letztendlich die Feinheit dieses Rasters und auch, ob noch mehr Faktoren, wie der Einfluss der Ozeane, der Wolken oder der Oberflächenstruktur, in das Modell aufgenommen werden können. Die mathematischen Gleichungen, die die Veränderung der Parameter Luftdruck, Temperatur usw. kontrollieren, sind äußerst komplex. Es sind nicht-lineare Differentialgleichungen, und die Parameter hängen zudem noch voneinander ab. Ein System, wie geschaffen als Paradebeispiel für das »deterministische Chaos«. Und dementsprechend abhängig sind diese Modelle schon von geringen Veränderungen in den Anfangsbedingungen.

So erscheint es verwunderlich, dass die Ergebnisse aus diesen Modellrechnungen als so unanzweifelbar dargestellt werden. Liefert doch schon eine kleine Veränderung in der Ausgangssituation eine sehr unterschiedliche zukünftige Klimasituation als Ergebnis. Selbst eifrige Vertreter dieser

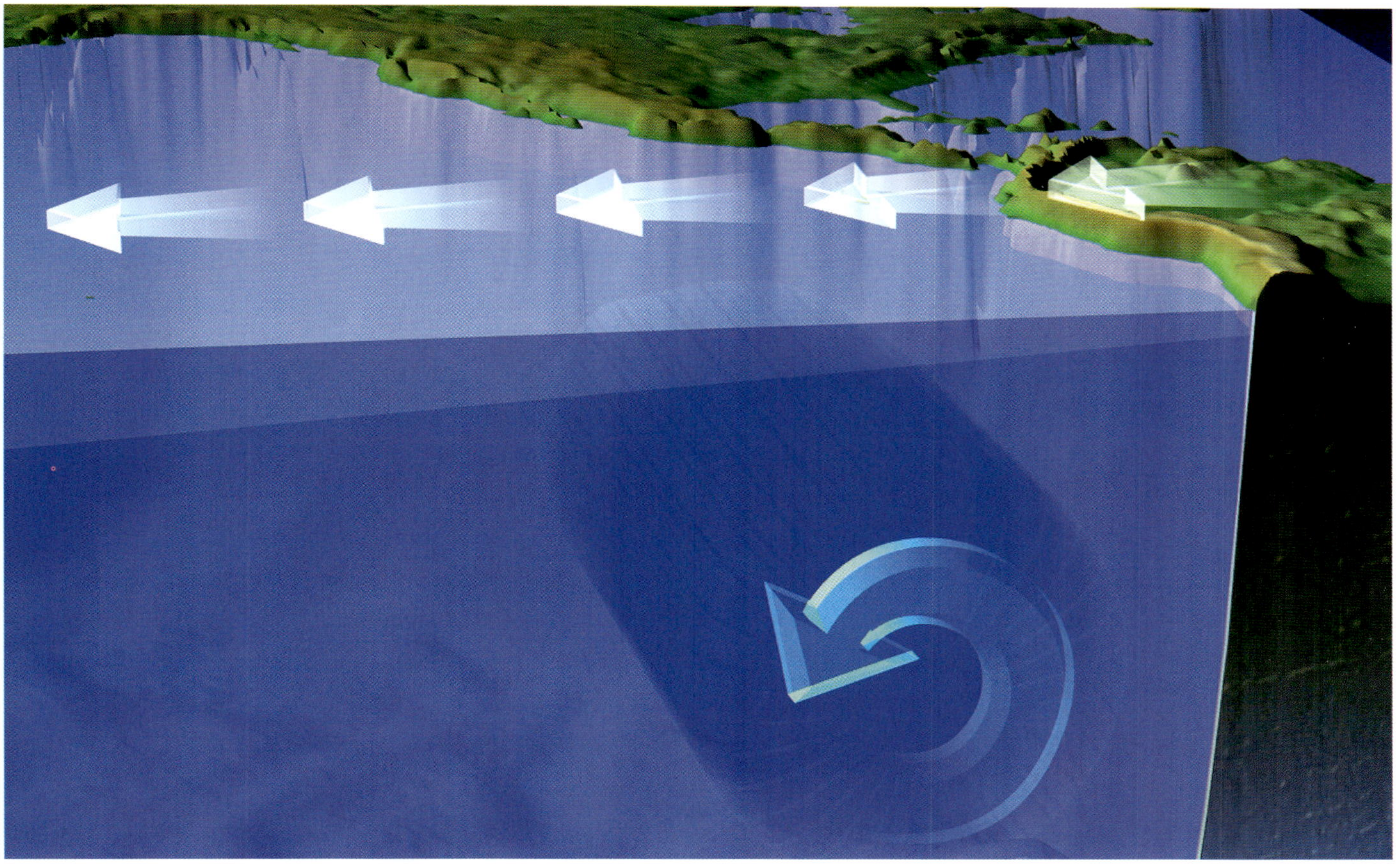

Modellrechnungen möchten aus ihren Arbeiten keine Anleitung ableiten, die festlegt, wie viel Kohlendioxid in der Atmosphäre vorhanden sein muss, um unser Klima konstant zu halten. Technisch wäre es ja durchaus denkbar, die Zusammensetzung der Atmosphäre zu verändern. Die Ergebnisse aus diesen Klimamodellen sind also sehr zurückhaltend zu interpretieren. Zudem bestehen diese Modelle auch nicht den grundlegenden Test, der für alle physikalischen Modellrechnungen gilt: die Bestätigung in der Vergangenheit. Rechnet man in den Klimamodellen zeitlich rückwärts, so müssten sie die Daten und Situationen unserer im Eis konservierten Klimageschichte richtig widerspiegeln. Aber in der Simulation gelingt es ihnen nicht, die kleine Eiszeit zwischen dem 13. und dem 19. Jahrhundert aufzuzeigen, geschweige denn kleinere Klimasprünge. Wie bei der Wettervorhersage zeigen sich in der Klimaforschung die Grenzen der Vorhersagbarkeit. Man kann zwar die Modelle noch erheblich verbessern

● *Wenn das Klimaphänomen des El Niño das Geschehen nicht stört, ergeben die Meeresströmungen vor der Küste Südamerikas das folgende Bild: Der ständig wehende Passatwind schiebt das Wasser des Pazifik nach Westen. Kaltes Wasser aus dem Untergrund kann so nach oben steigen.*

und auch immer größere Computer einsetzen, aber prinzipiell wird ein System im deterministischen Chaos keine sinnvollen Vorhersagewerte liefern können.
Ein weiteres Beispiel dafür, wie wenig physikalische Modelle über komplexe Abläufe in der Natur aussagen können, ist das Phänomen El Niño. Schauplatz ist die Westküste Südamerikas, zum Beispiel die Atacama-Wüste in Chile. Diese Wüste erstreckt sich entlang des Humboldt-Stroms, einer kalten Meeresströmung im Pazifik. Die Küste fällt steil ab, bis zu 8000 Meter geht es an dieser Kontinentalplatte hinab in die Tiefe. Die in diesen Breiten reichlich Energie spendende Sonne erwärmt zwar intensiv die Wasseroberfläche, aber der ständig wehende Südost-Passat drängt das warme Wasser in die Südsee ab. Die Warmwasserschicht wird durch Auftreiben des kalten Wassers aus der Tiefe ersetzt, und dieses Wasser bringt nährstoffreiche Mineralien nach oben. Ein Paradies für Plankton, das den Beginn der Nahrungskette bildet und auch die Ursache für den immensen Fisch- und Vogelreichtum in dieser Region ist.

● *Die Atacama gilt als trockenste Wüste der Erde. Aber auch hier gibt es, wie die gekrümmten Tonplatten zeigen, ab und zu Wasser.*

Und noch eine Besonderheit gibt es: Während die Wüste äußerst trocken ist, können sich über dem kalten Meer Wolken bilden. Aber die Hoffnung auf Regen über dem Land ist vergeblich. Tagelang zeigt sich die Wolkenwand über dem Meer, ohne das Land zu erreichen. Wenn es regnet, dann über dem Meer. Das Land bleibt trocken und wird seinem Ruf gerecht, eine Wüste des Todes zu sein. Diese Laune der Natur hat wiederum etwas mit der kalten Meeresströmung zu tun. Weil das auftreibende Wasser so kalt ist, kondensiert die Feuchtigkeit über dem Meer. Wolken entstehen, und so kommt es hier zum Regen. Der Himmel über der heißen Atacama-Wüste jedoch bleibt wolkenlos. Diese Situation – Wolken und Regen über dem Meer und Trockenheit über dem Land – empfinden die Menschen als besondere Grausamkeit der Natur.
Aber die scheinbar ewig gleich bleibende Trockenheit in der Wüste kann plötzlich unterbrochen werden. Wolken dringen vom Meer in die Atacama vor. Der Südost-Passat hat aufgehört zu wehen, warmes Wasser von der Südsee dringt bis zur Küste Chiles vor, und das verändert schlagartig

die Wetterbedingungen. Die feuchte Luft über dem Meer treibt in die Wüste, es bilden sich Wolken, und dann geschieht das Unglaubliche: Regen fällt in der Wüste, Wasser fließt plötzlich über das steinharte Land. Ein Wunder geschieht: Pflanzen erwachen zum Leben und zeigen ihre Blüten. Die plötzliche Vielfalt an Leben überrascht. Die Wüste blüht, und zwar schlagartig. Etwa alle zehn Jahre kann dieses Wunder in der Atacama-Wüste geschehen, dann, wenn ein besonders starker El Niño auftritt. So nennen die Einheimischen diese Wetterlage, wobei El Niño »das Christkind« heißt. Diese Wettersituation tritt immer dann auf, wenn auf der Südhalbkugel Sommer ist, also Winter und Weihnachtszeit in unseren Breiten.

Die Samen der Pflanzen überdauern an manchen Stellen der Wüste die Strapazen des lebensfeindlichen Klimas mehrere Jahre, sogar Jahrzehnte. Kommt dann das Wasser, so erwachen sie plötzlich zum Leben und entwickeln sich in ungewohnter Schnelligkeit – ihre Strategie zum Überleben. Ein Zeichen aber auch dafür, dass diese Wetterlage über die Jahre immer wieder auftreten kann.

Im fischreichen Meer passiert Dramatisches: Weil der Wind zusammengebrochen ist, treibt kein kaltes, mineralhaltiges Wasser mehr auf, und die Fische finden keine Nährstoffe mehr. Tote Fische werden ans Ufer gespült.

El Niño tritt jedes Jahr im südamerikanischen Sommer in unregelmäßigen Abständen auf, und er kann einmal stärker und einmal weniger stark sein. Die Ursache liegt auch in der Erwärmung des Landes während des Sommers, welche die für die Winde notwendigen Luftdruckunterschiede durcheinander bringt.

Diese Störungen im Gleichgewicht der Natur sind von kurzer Dauer. Schon nach einigen Wochen gewinnen die alten Kräfte die Oberhand, die Sonne trocknet den Boden aus, die Wüste macht ihrem Namen wieder alle Ehre, und auch der Südost-Passat, der Wind, der das warme Wasser von der Küste drängt, ist zurückgekehrt und mit ihm die Vögel. El Niño, die Warmwasserströmung, wurde wieder eingeschläfert, das kalte Wasser aus der Tiefe kurbelt erneut den Nährstoffkreislauf an.

Wissenschaftler haben versucht, ein Modell für diese Situation zu entwickeln. Sie gehen davon aus, dass diese Warmwasserströmungen auch etwas mit den Schwingungen im großen Pazifischen Becken zu tun haben.

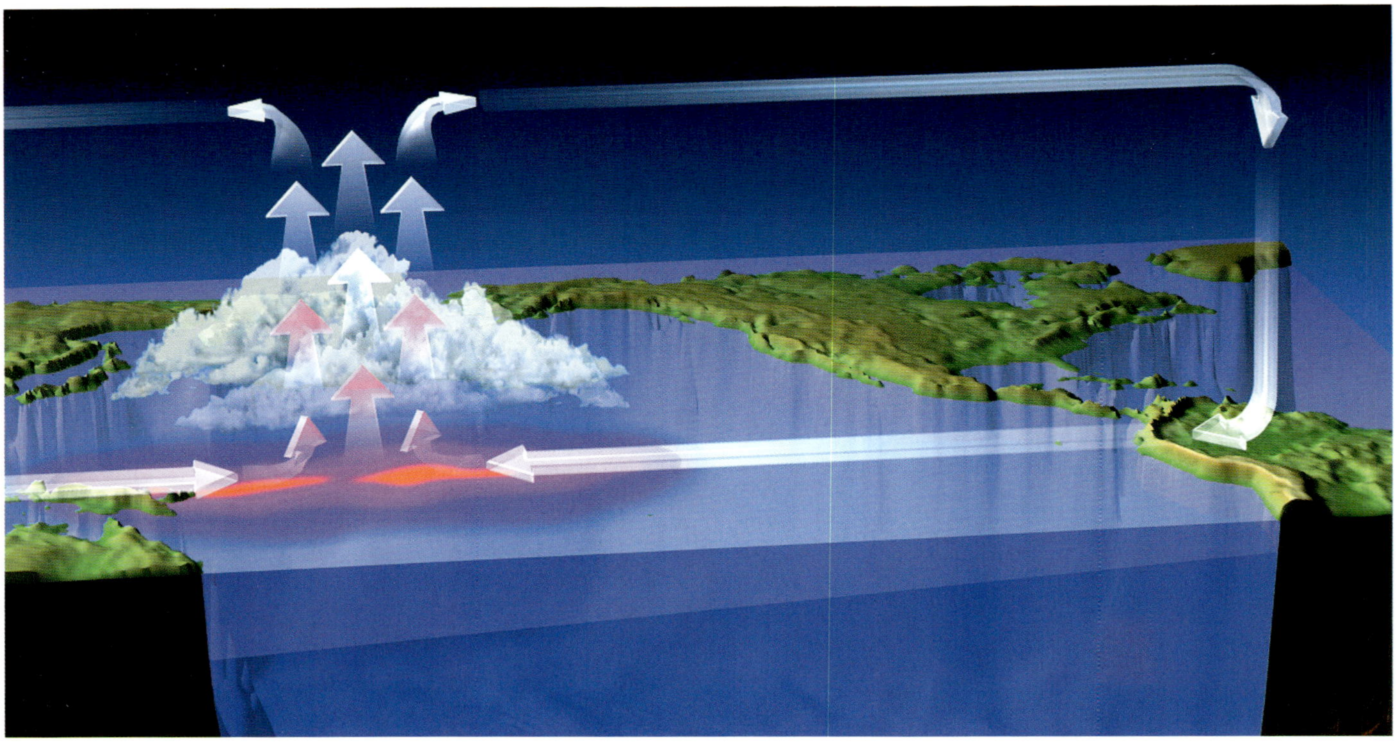

- *Das ist die Normalsituation über dem Pazifik: Der Wind schiebt das warme Wasser von der Westküste Südamerikas weg. Wolken steigen über der Südsee auf, und die Luft strömt in der Höhe nach Osten zurück.*

Diese physikalischen Größen gehen in ihre Modellrechnungen ein. Die Schwingungsdauer im Pazifik hängt zum Beispiel von den Abmessungen des Pazifischen Beckens ab. Hinzu kommen die Wetterparameter. Die Wetterlage im Pazifik sieht über den größten Teil des Jahres so aus: Warmes Wasser findet sich vor den Küsten Indonesiens, dadurch steigt warme Luft auf, und von Südamerika fließt die Luft nach, und das ist der Motor für die Passatwinde. Für das Oberflächenwasser im Pazifik bedeutet das: Warmes Wasser wird von der Küste Südamerikas von den Passatwinden weggedrückt, aus der Tiefe steigt kaltes Wasser auf. Heute kann man diese Temperaturverteilung des Wassers mit Satelliten messen, und so lässt sich dokumentieren, dass immer wieder die Passatwinde schwächer werden können und warmes Wasser vor der Küste Südamerikas zu finden ist. Das passiert jedes Jahr, und es hat auch Auswirkungen auf das Wetter, vor allem in Peru und Chile.

Durch Computermodelle sollte nun das Auftreten eines besonders starken El Niño vorhersagbar werden. In dem physikalischen Modell kommt es zu Schwingungen der Grenzschicht zwischen dem kalten Wasser in der Tiefe

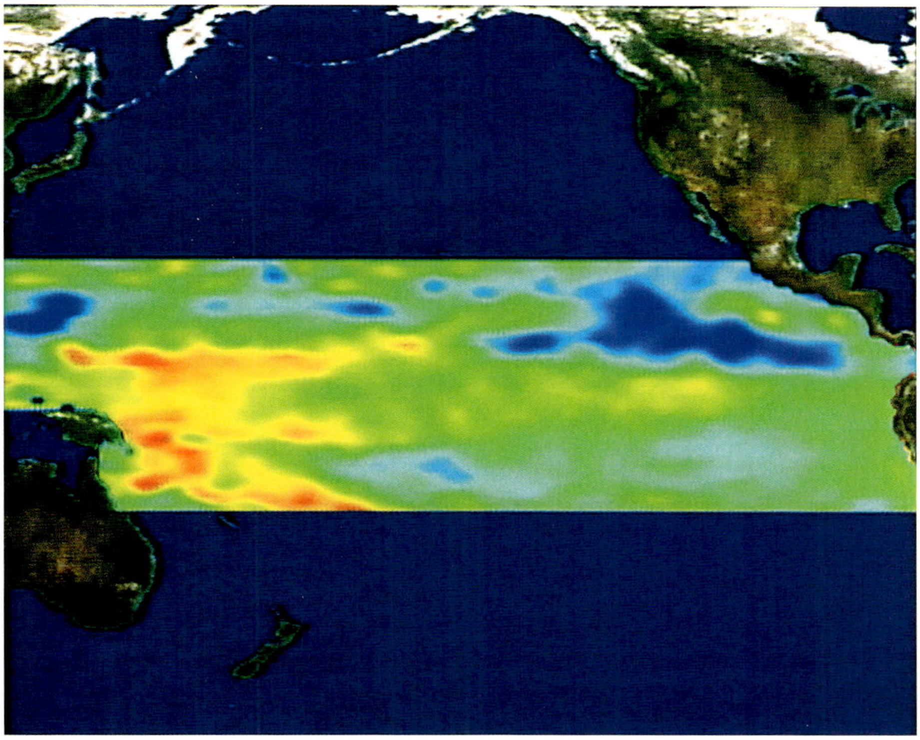

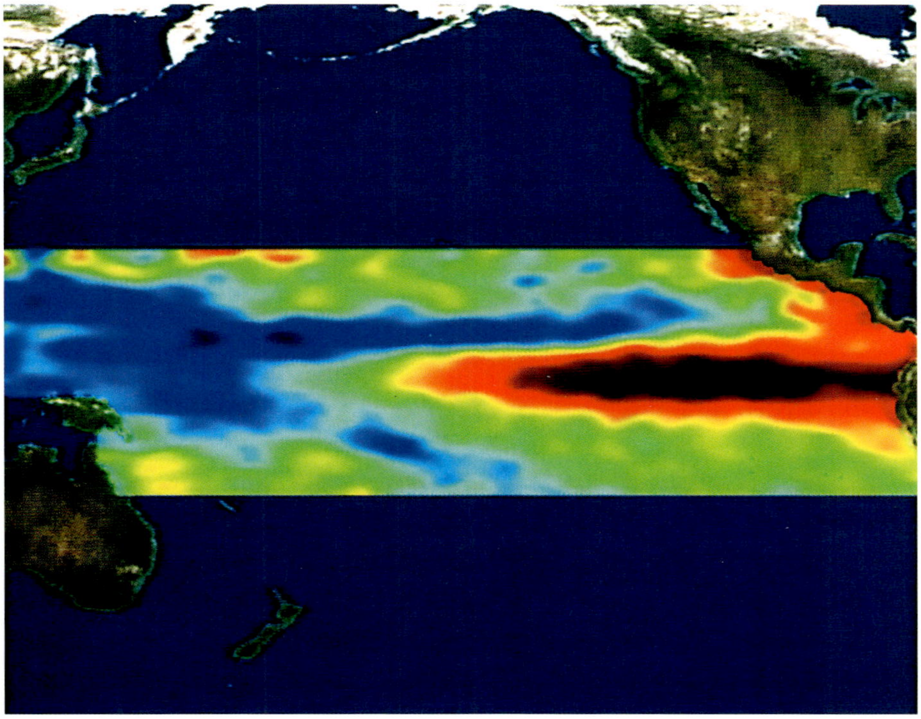

Die Temperaturverteilung im Pazifik. Im Normalfall findet sich kaltes Wasser – hier blau dargestellt – vor der Küste Amerikas. Bricht das Windsystem zusammen, so bilden sich Warmwasserflächen vor der Westküste Südamerikas. Ein El Niño überzieht diese Region.

und der darüber liegenden Warmwasserschicht. Im Modell vergrößert und verkleinert sich das Warmwasserniveau vor der Küste Südamerikas. Die Passatwinde sind die Auslöser für solche Schwingungen. Durch Veränderungen ihrer Stärke und dadurch aufkommende Gegenwinde schwappt die Warmwasserschicht im Pazifischen Becken hin und her. Das soll, dem Modell zufolge, periodisch geschehen, und alle vier Jahre schaukeln sich die Schwingungen so auf, dass es zu einer extremen El-Niño-Situation kommt.
1997 hat man mit Satelliten eine relativ intensive Erwärmung des Pazifiks gemessen. 1982, als es zu einem besonders starken El Niño kam, war die Situation vergleichbar. Zwar steigt jedes Jahr zu Weihnachten die Temperatur des Wassers vor der Westküste Südamerikas an, aber 1982 war der Temperaturanstieg weitaus stärker, und das zeigte sich auch 1997. Daraus wurde abgeleitet, dass es wieder zu einer dramatischen El-Niño-Situation, auch mit Unwettern, vor allem in Südamerika, kommen werde. Aber es passierte etwas Unvorhergesehenes: Das warme Wasser breitete sich stärker nach Norden aus. In Südamerika, ab dem südlichen 10. Breitengrad, gab es kaum Effekte. Der Süden von Peru und Chile war nahezu unberührt. Am Äquator jedoch und in Kalifornien kam es in diesem Jahr zu stärkeren Niederschlägen. Die Erwärmung nahm dann wieder ab und El Niño zog sich zurück.
Dieses Geschehen wollte man zu Beginn der Messung 1997 mit mathematischen Modellen simulieren. Die Datenbasis war äußerst schmal, weil man ja erst seit 1982 auf dieses Phänomen wissenschaftlich aufmerksam wurde und so nur diesen einen mächtigen El Niño in die Untersuchung einbringen konnte. Favorisiert wurde das Schwingungsmodell des Pazifischen Ozeans.
Die Vorhersagen des Modells wurden immer wieder mit den Temperaturmessungen des Satelliten korrigiert. Aber auch damit war die Ausbeute der Vorhersagemodelle mager. Zwar wurde in den Medien darüber berichtet, dass den Wissenschaftlern die Vorhersage gelungen sei. Dennoch muss man nüchtern feststellen, dass von acht Vorhersagemodellen nur zwei die Situation mehr oder weniger gut vorausgesagt haben. Diese beiden Vorhersagen wurden aber ständig neuesten Satellitendaten angepasst. Die anderen sechs Modellrechnungen haben vollständig versagt. Und bei der Vorhersage, wo der Regen nun wirklich fallen werde, hat man sich in allen Modellen vertan. Nicht etwa in Chile trat El Niño

besonders stark auf, sondern der Norden, Mittelamerika und sogar Kalifornien wurden von den Regenfällen heimgesucht. Diese Beispiele zeigen, wie schwierig es ist, komplexe Situationen in der Natur mit mathematischen Modellen zu beschreiben und vernünftige Aussagen zu erhalten. Aber es gibt weitaus bedrohlichere Situationen, bei denen unsere naturwissenschaftliche Vorhersagetechnik versagt, wie das folgende Kapitel zeigt.

Chaos im Planetensystem?

Eine Voraussetzung für das Leben sind geordnete, immer wiederkehrende Abläufe. Das gilt zum Beispiel für das Klima und die Jahreszeiten. Diese relative Stabilität auf der Erde wird zum großen Teil vom Mond erzwungen. Simulationen haben gezeigt, dass die Rotationsachsen von Merkur, Venus und Mars – Planeten, die keinen Mond besitzen – in der Vergangenheit sehr unregelmäßig waren, chaotisch geschwankt haben und eine Neigung bis zu 80 Grad zeigten. Die Erde hingegen – mit ihrem großen Mond – war stabil. Sie torkelte mit ihrer Rotationsachse nicht ins Chaos. Ohne den Einfluss des Mondes aber hätte sich die Rotationsachse der Erde genauso verhalten und sich ebenso steil neigen können wie die der anderen Planeten.

Ein anderer wichtiger Faktor für die Entstehung des Lebens auf der Erde war das Ende des Bombardements durch Asteroiden und Kometen. Heute befinden sich diese Fels- und Eisbrocken auf relativ geordneten Bahnen um die Sonne: im Asteroidengürtel, im Kuiper-Ring und in der Oortschen Wolke. Aber sie bilden eine latente Gefahr. Ändern sich die Gravitationsverhältnisse durch bestimmte Planetenstellungen oder einen vorbeiziehenden Stern, dann kann das einige dieser Brocken auf den Weg in das innere Sonnensystem bringen und die Erde gefährden. Selbst wenn diese Asteroidenbahnen zunächst regelmäßig und stabil erscheinen, gilt das offenbar nur für eine bestimmte Zeit und damit nur für eine begrenzte Zahl von Umläufen. Wissenschaftler haben 150 dieser Objekte mit den entsprechenden Bewegungsgleichungen beschrieben und ihre Bahnkurven mit dem Computer berechnet. Und es zeigte sich, dass auch hier das

● *Wenn Planeten zusammenstoßen, kommt es zu einer kaum vorstellbaren Katastrophe.*

Chaos seine Rolle spielt. Nach 10 Millionen Jahren – so enthüllen die Rechnungen – verändern sich die Bahnen so stark, dass ihr Verlauf nicht mehr sinnvoll vorausgesagt werden kann. Die Bahnen hängen sehr intensiv von den Anfangsbedingungen ab. Ein Beispiel für das »deterministische Chaos«.

Zumindest aber unser Planetensystem, so sollte man annehmen, ist eine Insel der Ordnung. Der Gleichlauf der Planeten um die Sonne ist ja ebenfalls eine Voraussetzung für das Leben auf der Erde – und vor allem für unseren Planeten gilt, dass selbst bei geringfügigen Abweichungen von seiner Bahn um die Sonne das Leben in seiner jetzigen Form nicht mehr möglich wäre. Eine Verschiebung der Bahn nach außen würde den Kältetod zur Folge haben. Schöbe die Erde sich etwas näher an die Sonne heran, so könnten die Organismen die damit auftretende Hitze nicht überleben. Wer jedoch garantiert uns, dass sich die Erde und mit ihr die anderen Planeten unseres Sonnensystems weiterhin so stabil um die Sonne bewegen werden?

Diese Frage beschäftigte die Wissenschaftler immer wieder, und der schwedische König Oskar II. lobte im 19. Jahrhundert einen Preis aus, um endlich beweisen zu lassen, dass die Erdbahn ein für alle Mal und auf ewige Zeiten stabil sei. Diesen Nachweis konnte bis heute zwar keiner führen – den Preis hat der französische Mathematiker Henri Poincaré für seine Arbeiten auf diesem Gebiet dennoch bekommen. Dabei hat Poincaré durch seine Untersuchungen gerade Zweifel an der Urhoffnung des ewigen Gleichlaufs der Planeten gesät.

300 Jahre lang galten die Planetenbewegungen als Inbegriff der Gleichmäßigkeit und für die Naturwissenschaftler als Musterbeispiel der Vorhersagbarkeit. Hatte doch Kepler mit seinen Gesetzen über den Ablauf der Planetenbewegung die Möglichkeit geschaffen, Vorhersagen über die Positionsänderungen der Planeten zu machen. Mit Hilfe des mathematischen Gerüstes, das Newton lieferte, konnte bei bekannter Position und Geschwindigkeit eines Planeten berechnet werden, wo und mit welcher Geschwindigkeit sich dieser Planet zu einem zukünftigen Zeitpunkt aufhalten würde. Sonnen- und Mondfinsternisse waren so für Jahrhunderte vorauszuberechnen – und eine nach der anderen trat auch zu dem berechneten Zeitpunkt ein. Dieser scheinbar unerschütterliche Verlauf im überschaubaren, berechenbaren Weltall wurde zu einer Stütze des me-

chanistischen Weltbilds, nach dem behauptet wurde, dass man nur die augenblicklichen Orte und Geschwindigkeiten aller vorhandenen Teilchen kennen müsse und zudem die Gesetzmäßigkeit ihrer Wechselwirkung untereinander, dann wäre es im Prinzip möglich, für alle Zukunft den Lauf der Dinge in unserer Welt zu berechnen. Alles – so die Folgerung – sei deshalb vorausbestimmt, und die Natur böte keine Geheimnisse mehr. Dieser Determinismus – im 18. Jahrhundert vor allem von dem französischen Mathematiker Pierre Simon Laplace im Überschwang der großen Fortschritte in den Naturwissenschaften formuliert – wurde aber schon bald in Zweifel gezogen und spätestens mit der Entwicklung der Quantentheorie endgültig beiseite geschoben.

Henri Poincaré nun stellte bei seiner Untersuchung über die Stabilität der Planetenbahnen auch die kleinen Störungen in Rechnung, die durch die Wechselwirkung der Planeten untereinander auftraten. Seine Kollegen vor ihm hatten diesen Anteil bei ihren Überlegungen für vernachlässigbar klein gehalten – wohl aus der Erkenntnis heraus, die auftretenden nichtlinearen Differentialgleichungen, die diese Anteile beinhalteten, nicht lösen zu können. Mit seinem weiter gefassten Ansatz kam Poincaré vor 100 Jahren dem Chaos im Planetensystem auf die Spur. Er erkannte, dass sich auch sehr schwache Wechselwirkungen zwischen den Planeten zu großen Wirkungen aufschaukeln können. Und Poincaré sah in seinen Rechnungen auch, dass kleine Variationen in der Bestimmung von Ort und Geschwindigkeit der Planeten, in den Anfangsbedingungen also, große Unterschiede in den Ergebnissen lieferten, wenn man die Rechnung über Millionen von Jahren fortsetzte. Nach unseren Erfahrungen mit dem Pendel und den beiden Magneten ist dies eine typische Situation für das deterministische Chaos.

Die mögliche Instabilität unseres Sonnensystems tauchte immer wieder in den wissenschaftlichen Arbeiten auf. Wenn sich ein solch einfaches System wie das Pendel mit den beiden Magneten, in dem alle Kräfte bekannt sind und zusätzlich nichts Geheimnisvolles geschieht, so sprunghaft in den Endpunkten seiner Bewegung verhält – warum sollte das nicht auch in unserem scheinbar so gleichlaufenden Planetensystem passieren?

Isaac Newton hatte vor 300 Jahren jeweils einen Planeten auf dem Weg um die Sonne berechnet, ohne die Wechselwirkung zwischen den Plane-

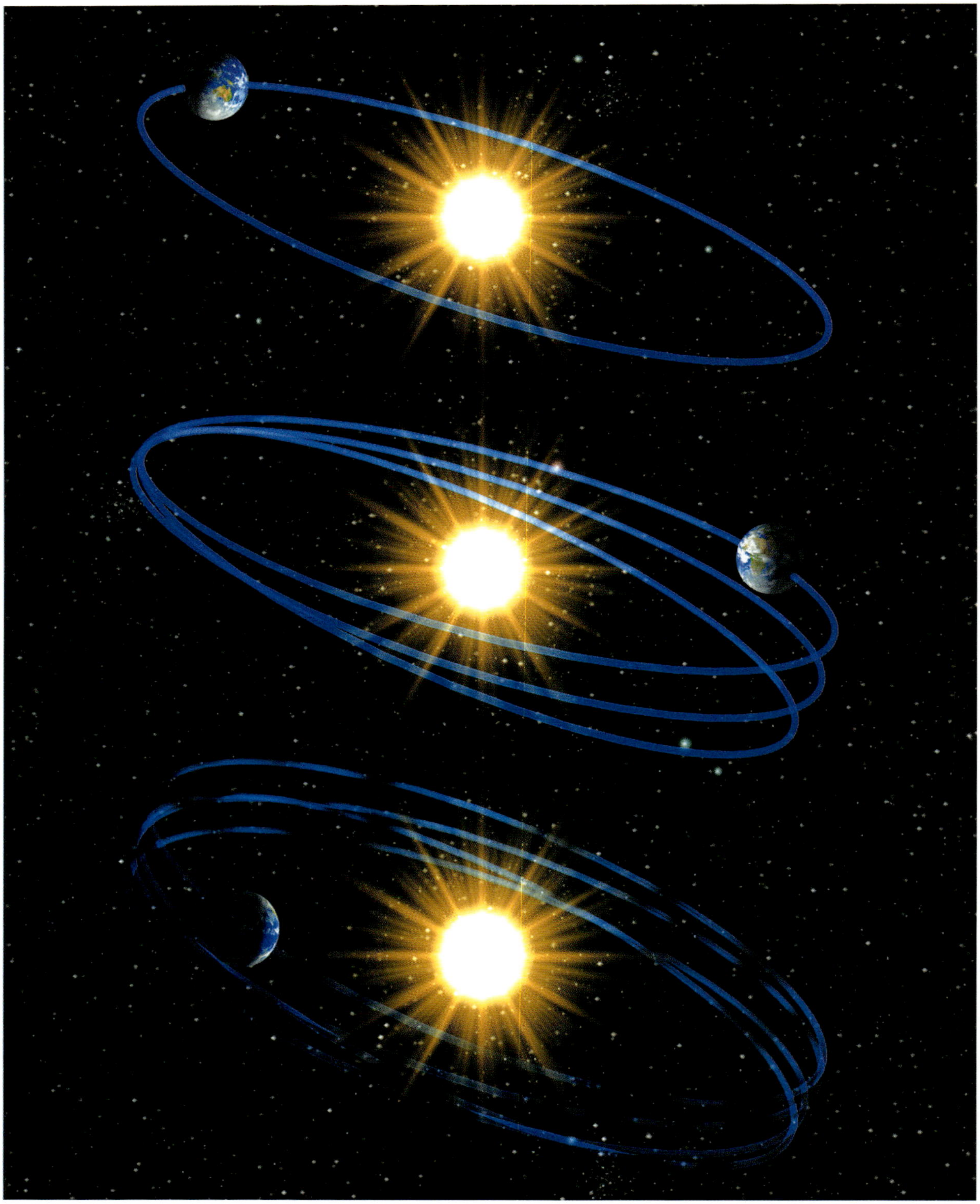

ten zu berücksichtigen. Als Ergebnis erhielt er kreisförmige oder, genauer, elliptische Bahnen der Planeten um die Sonne. Joseph de Lagrange konnte vor 200 Jahren in der Theorie zeigen, dass diese Ellipsenbahnen zu rotieren beginnen und sich in ihrer Form verändern, wenn man einen Anteil der Störung, der von den anderen Planeten kommt, pauschaliert in seiner Rechnung berücksichtigt. Nach diesem Modell läuft die Erde über die Jahrmillionen in einer leicht schwankenden Bahn um die Sonne. Mehr ließ sich aus diesen Störungsrechnungen, die ja mit Papier und Bleistift für sehr viele Möglichkeiten ausgeführt werden mussten, nicht herauslesen. Die nicht-linearen Differentialgleichungen, die die Wechselwirkungen zwischen mehreren Planeten so beschreiben, wie sie in unserem Sonnensystem real existieren, sind zu kompliziert, um sie analytisch auflösen zu können. Damit blieb das Schicksal unseres Planetensystems weiterhin im Dunklen.

Auch in unserem Jahrhundert gab es immer wieder Versuche, mit Hilfe intelligenter Näherungsverfahren diesen Satz von Differentialgleichungen zu lösen, um mehr über die Zukunft der Planeten herauszufinden. 1989 ließ der französische Wissenschaftler Jacques Laskar ein kompliziertes Modell unseres Planetensystems durch den Computer berechnen. Dabei kam heraus, dass sich ein solches System durchaus in das Chaos hineinschaukeln kann! Wieder war es der Computer, der die ohne ihn unlösbaren Differentialgleichungen numerisch lösen konnte und damit einen Einblick ins Chaos lieferte. Jacques Laskar unternahm zunächst einige Vereinfachungen und eine geschickte Transformation der Planetenkoordinaten, um die Rechenzeit des Computers in Grenzen zu halten. Die Ergebnisse zeigten, dass sich einige Planeten relativ stabil auf ihrem Weg um die Sonne bewegen. Es kann jedoch zum Beispiel zu starken Resonanzen zwischen Mars und Erde kommen, und vor allem die äußeren Planeten bergen in sich die Gefahr, ihren Weg entscheidend zu verändern.

Und die Bahn der Erde offenbart in diesen Modellrechnungen eine andere Überraschung. Berechnet man sie über 4 Millionen Jahre, so lässt sich der Ort der Erde nur noch recht unbestimmt festlegen. Weitet man die Rechnung noch weiter aus – auf 10 Millionen Jahre zum Beispiel –, so verliert sich die Vorhersage über den Aufenthaltsort der Erde im Nebel des Chaos. Die Ausdehnung der möglichen ellipsenförmigen Bahnkurven der

● *Newton hatte vor 300 Jahren jeweils einen Planeten auf dem Weg um die Sonne berechnet, ohne die Wechselwirkung zwischen den Planeten zu berücksichtigen. Das Ergebnis: elliptische Bahnen der Planeten um die Sonne.*
Lagrange nahm vor 200 Jahren einen Anteil der Störung, die von anderen Planeten herrührt, pauschaliert in seine Rechnung auf: Die Ellipsenbahnen beginnen damit zu rotieren und sich in ihrer Form zu verändern.
1989 ließ Laskar ein kompliziertes Modell unseres Planetensystems durch den Computer berechnen. Und dabei kam heraus, dass sich ein solches System durchaus in das Chaos hineinschaukeln kann. Die Ausdehnung der möglichen ellipsenförmigen Bahnkurven der Erde schwankt zwar nur leicht, aber in diesem Bereich ist die Position der Erde vollkommen unbestimmt.

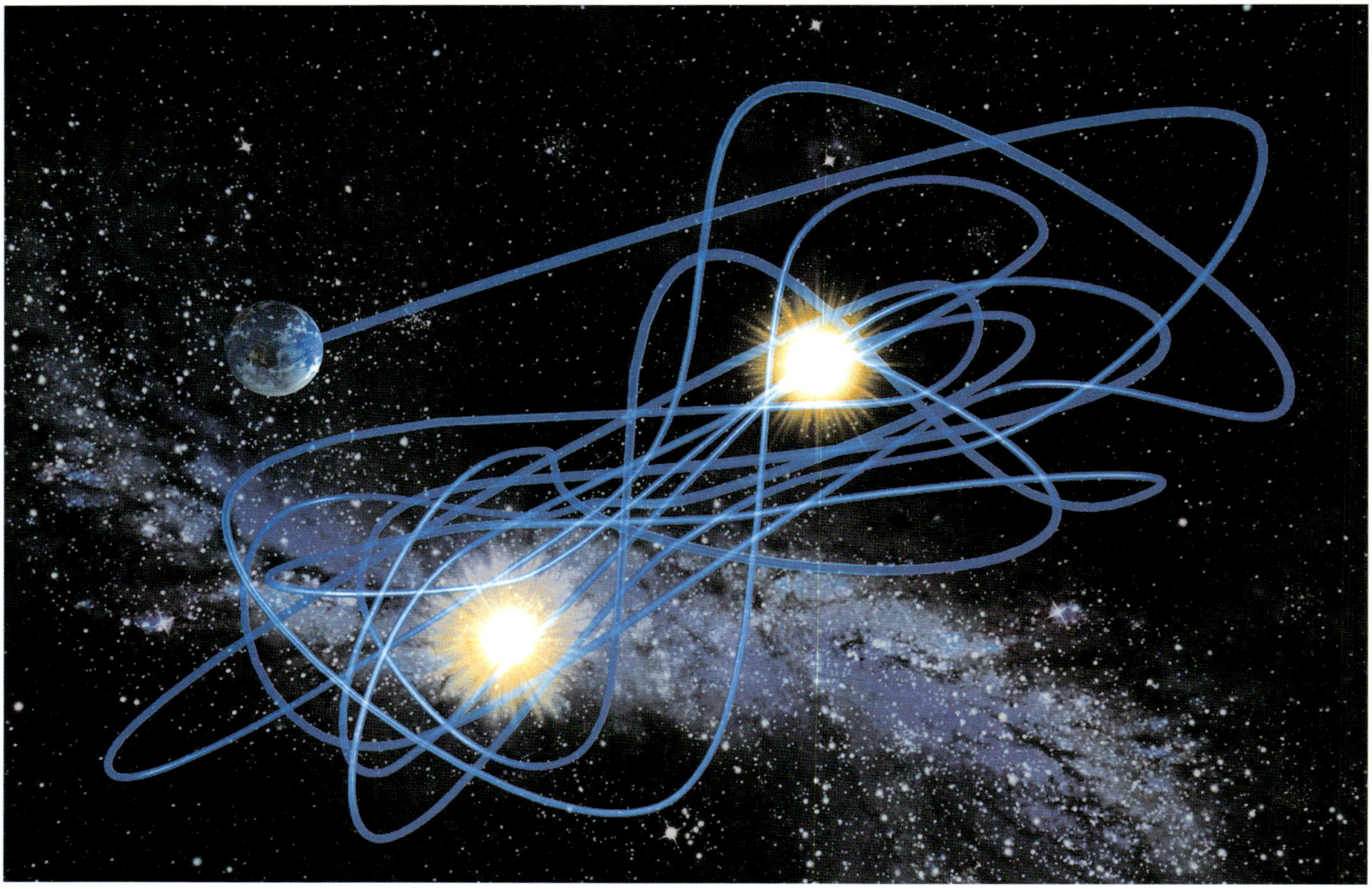

In einer Computersimulation wird hier dargestellt, auf welchen Bahnen sich die Erde bewegen würde, wenn es im Zentrum unseres Planetensystems zwei Sonnen gäbe. In dieser Konstellation ist es möglich, dass die Erde in die Unendlichkeit des Weltalls abdriftet.

Erde schwankt zwar nur leicht, aber in diesem Bereich ist die Position der Erde vollkommen unbestimmt. Sie findet sich – je nachdem, welche Anfangswerte angenommen werden – in stark wechselnden Positionen auf dem Weg um die Sonne. Und diese Schwankungen in den Anfangswerten liegen unter der Messgenauigkeit, die bei der Festlegung der augenblicklichen Ortskoordinate der Erde erreicht werden kann. Weil das System so sensibel auf minimale Schwankungen der Anfangsbedingungen reagiert, bedeutet das: Der Weg der Erde ist über lange Zeiträume nicht vorhersagbar – ein Zeichen für das deterministische Chaos.

Was für die Zukunft gilt, ist auch für die Vergangenheit richtig. Wollen Klimaforscher das Klima der Erde über mehrere Millionen Jahre zurückverfolgen, so geraten sie in Schwierigkeiten. Einer Theorie zufolge sollen Klimaveränderungen auch durch leichte Schwankungen des Erdradius

beim Umlauf um die Sonne hervorgerufen worden sein. In den verschiedenen Sedimentschichten kann man die klimatischen Bedingungen auf der Erde zurückverfolgen. Wenn jedoch die exakte Position der Erde für diese Zeit überhaupt nicht bestimmbar ist, wie es ja die Rechnungen von Laskar zeigen, so ist auch die Zuordnung der Erdposition zu den entsprechenden Sedimentschichten nicht möglich. Und damit kann auch eine darauf aufbauende Klimatheorie nicht erstellt werden – eine Konsequenz des Chaos, die in diesem Fall nicht heißt, dass die Erde irregulär hin und her springt, sondern dass ihre Position schlicht unbestimmt ist.
Hier zeigt sich wieder: Durchlaufen wir mit unseren Berechnungen komplexer Systeme lange Zeiträume, so werden die Ergebnisse unbestimmt. Wir leben nur auf kleinen Inseln der Ordnung, in deren Umfeld alles vor-

Hyperion ist ein Mond des Saturn mit ungewöhnlicher Form. Er benötigt 21 Tage, um einmal um den Saturn »herumzutaumeln«. Die Größenverhältnisse sind nicht maßstabsgetreu dargestellt.
Sein Abstand vom Saturn beträgt 1,48 Millionen Kilometer – der Abstand vom äußeren Rand der Saturnringe jedoch nur 0,28 Millionen Kilometer.

hersehbar abläuft. Beständig sind wir vom Chaos umgeben, in das wir mit unseren Vorhersagen früher oder später abgleiten können.

Auch andere Planeten wurden in ihren Bahnen langfristig berechnet. So ist auch die Plutobahn nicht stabil, sie gleitet nach 20 Millionen Jahren in den Nebel des Chaos hinein.

Mit Computerberechnungen ist es möglich, weitere Situationen im Planetensystem durchzuspielen. Eine dieser Simulationen geht davon aus, dass anstelle einer Sonne zwei Sonnen vorhanden sind, um die sich unsere Erde bewegt. Der Einfluss der anderen Planeten wird bei dieser Rechnung vernachlässigt. Zunächst bewegt sich die Erde, wie vorgesehen, um die beiden Anziehungszentren – die Sonnen. In dieser Situation wäre kein Leben auf der Erde möglich – zu unterschiedlich sind die Abstände zu den hitzeabstrahlenden Zentren. Darüber hinaus zeigt die Computersimulation, dass die Erde auch die beiden Sonnen verlassen und in die Unendlichkeit des Weltalls abdriften könnte. Eine erschreckende Vorstellung, in einer Welt mit zwei Sonnen zu leben – allerdings hätte sich unter solchen Bedingungen wahrscheinlich überhaupt kein Leben, so wie wir es kennen, entwickelt.

Diese Computerspiele sind nicht ganz so abwegig, wie sie auf den ersten Blick erscheinen. Mit Raumsonden haben wir die nähere Umgebung unseres Sonnensystems erforscht. Die Voyager-Sonden haben in den achtziger Jahren unser Sonnensystem sogar durchquert. Dabei sind sie auch dicht am Saturn vorbeigeflogen. Um den Saturn kreisen viele kleine Monde, einer davon ist Hyperion. Er benötigt 21 Tage, um den Saturn einmal zu umkreisen, genauer gesagt: um ihn »herumzutaumeln«. Das Ungewöhnliche an diesem Mond ist seine Form – er ist nicht kreisrund, sondern besitzt eine in etwa elliptische Form mit den Maßen 380 Kilometer mal 220 Kilometer. Diese außergewöhnlichen Maße lassen Hyperion chaotisch – das heißt nicht vorhersagbar – auf einer Bahn um den Saturn torkeln. Die Raumsonde Voyager 1 hat während des Vorbeiflugs seine Position und Geschwindigkeit bestimmt. Voyager 2 sollte weitere Daten sammeln und detaillierte Fotos von diesem seltsamen Mond machen. Aber dieses Unternehmen erschien zu riskant. Simulationen zeigten, dass die Bahn von Hyperion einfach nicht zu berechnen war – er bewegte sich chaotisch, das heißt mit unvorhersagbaren und unvermuteten Richtungsänderungen und Geschwindigkeitsvariationen.

Jack Wisdom vom MIT in Boston hat versucht, diese Situation als Modell in einem Computer zu beschreiben. Dabei wurde zur Vereinfachung der so seltsam geformte Mond als Ellipsoid angenommen und das Torkeln durch Änderungen der Drehachse des Ellipsoiden dargestellt. Die Rechnungen zeigten die starke Empfindlichkeit der Bewegungsbahnen gegenüber differierenden Anfangsbedingungen. Wenn wir auf diesem Mond leben würden, wäre es durch sein Taumeln nicht möglich, den Sonnenaufgang vorherzusagen – weder die Zeit noch den Ort, wo die Sonne am Horizont des seltsamen Mondes aufleuchten würde. Ein Leben, das unserer Vorstellung von Ordnung und Überschaubarkeit zuwiderläuft.
In der Natur lassen sich noch viele Beispiele für das deterministische Chaos finden. Prinzipiell gilt: Wenn in einer Bewegungsgleichung ein nicht-linearer Anteil enthalten ist, kann der Ablauf in der Natur chaotisch werden. In diesem Bereich ist das System äußerst sensibel gegenüber kleinsten Abweichungen in den Anfangsbedingungen. Diese Empfindlichkeit der Natur ist offenbar auch die Ursache für ihre Vielfalt. Wir können die Welt, wie sie sich uns präsentiert, mit relativ wenigen Naturgesetzen beschreiben. Eigentlich müsste man daraus ableiten, dass die Natur eintönig ist. Aber das Gegenteil ist der Fall! Die Erklärung dafür ist im deterministischen Chaos zu finden. Das Chaos – die Empfindlichkeit, auf kleinste Abänderungen der Bedingungen völlig anders zu reagieren – gibt der Natur die unzähligen Möglichkeiten, die sich in ihrer Vielfalt zeigen. Die prinzipielle Unschärfe der »Messwerte« liefert dabei den notwendigen Spielraum für das Unvorhersagbare.
Wäre die Welt linear, so wie sie in einem Teilbereich der Physik beschrieben wird, so wäre sie eigentlich recht langweilig. Winzige Abweichungen im Aufbau der Erbsubstanz, der DNS, erlauben die Variationen des Lebens. Die vielen kleinen Variationen, denen der Ball beim Fall durch das Nagelbrett unterliegt, verändern entscheidend seinen Weg. Und auch die elektrischen Stromimpulse im Gehirn sind als deterministisches Chaos zu verstehen. Schon kleine Reize von außen können – so stellen sich das Hirnforscher heute vor – Gedankenketten in die eine oder andere Richtung lenken. Das deterministische Chaos als Voraussetzung für unsere Kreativität? Ist diese Empfindlichkeit der Abläufe im Gehirn die Ursache für die Vielfalt der Gedankenwelt? In linearen Systemen – die ja kein Chaos zeigen – könnte diese Variabilität nie geschehen. Den Naturwis-

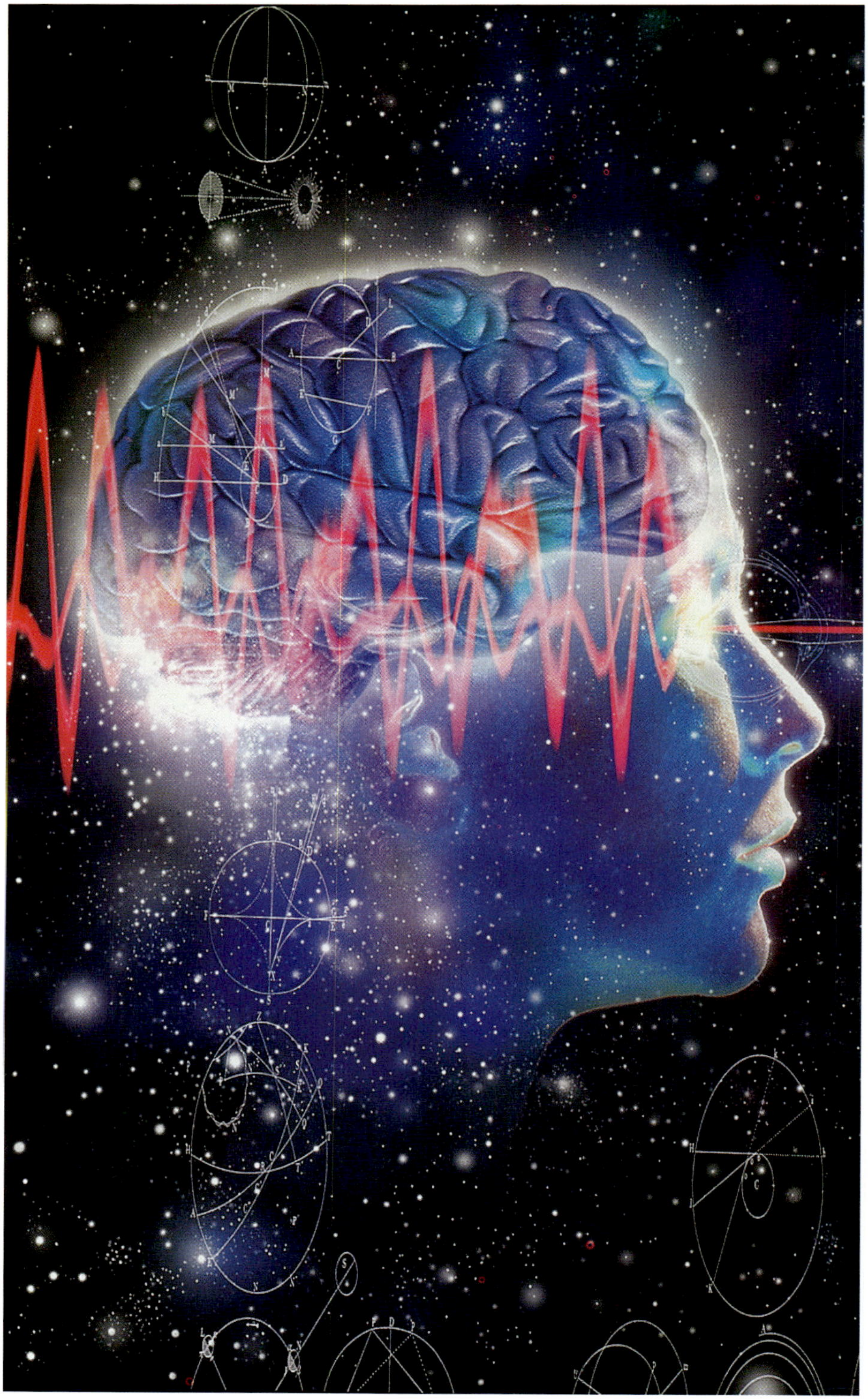

● *Auch Abläufe im Gehirn werden als chaotisch angenommen. Kleinste Auslöser – wie zum Beispiel ein Geruchseindruck – können eine ganze Kaskade von Nervenimpulsen auslösen und vielfältige Assoziationen hervorrufen.*

senschaftlern wird heute deutlich, dass viele Vorgänge in der Welt durch die Nicht-Linearität der Bewegungsgleichungen geprägt werden. Das deterministische Chaos stellt deshalb eine grundlegende Erweiterung der Sicht unserer Welt dar.

Auch Abläufe in unserer Gesellschaft sind nicht-linear und chaotisch. Wie wächst zum Beispiel eine Stadt? Welche Parameter spielen dabei eine Rolle? Die wirtschaftlichen Abhängigkeiten bilden ein deterministisches Chaos. Kleinste Veränderungen in den Bedingungen in einem Bereich können zu einschneidenden Veränderungen des Gesamtsystems führen.

Das deterministische Chaos gibt der Natur die Freiheit, sich vielfältig zu entwickeln. Der Preis dafür ist, dass sie in diesem Bereich für den Naturwissenschaftler nicht vorhersagbar ist. Dass auch einfache Systeme dieses Chaos – die Möglichkeit, etwas Unvorhersehbares entstehen zu lassen – in sich tragen, das ist das eigentlich Umwälzende, das die Chaosforschung aufgedeckt hat.

10

Die Überraschung, die in einer Gleichung steckt

Wenn in einem Buch eine mathematische Gleichung angeboten wird, so erschrecken die meisten Leser – obwohl eine Gleichung eine ganz einfache Sache sein kann und vieles klarstellt. Bei der Betrachtung des deterministischen Chaos bietet vor allem eine bestimmte Gleichung zahlreiche Überraschungen. Sie ist deshalb besonders verführerisch, weil man mit einer simplen mathematischen Formel, die jeder versteht und deren Ergebnisse leicht nachvollziehbar sind, das Weltbild der Naturwissenschaftler ins Wanken bringen kann. Diese Gleichung heißt »logistische« Gleichung:

$$y_{n+1} = a \cdot y_n (1 - y_n)$$

Selbst wenn man glaubt, sich mit Mathematik schwer zu tun, lohnt sich die nähere Betrachtung dieser Gleichung. Man muss lediglich auf der rechten Seite für y_n eine Zahl zwischen 0 und 1 einsetzen und damit das y_{n+1} auf der linken Seite berechnen. Der erhaltene Wert wird nun wieder rechts für y_n eingesetzt und damit auf der linken Seite ein neues y_{n+1} errechnet usw. Diese Gleichung beschreibt übrigens einen interessanten Prozess in der Natur – die Schwankungen von Tierpopulationen. Am Ende dieses Kapitels wird diese verblüffende Anwendung deutlich.

Diese Rechnung kann man beliebig häufig fortsetzen – und die Ergebnisse lassen sich auch grafisch darstellen. Die jeweiligen Werte von y_n werden dazu nach oben aufgetragen, die Zahl der Rechenschritte n jeweils nach rechts. Diese Darstellung findet sich in der Grafik auf Seite 129. Das Ausrechnen der Zahlenwerte ist eintönig, deshalb ist es ratsam, einen PC als

● *Auch das Anwachsen von Tierpopulationen will man mathematisch beschreiben. Das gelingt relativ einfach, liefert aber erstaunliche Ergebnisse.*

»Rechenkraft« einzusetzen. Wenn man etwas Erfahrung auf diesem Gebiet hat, kann man schnell ein Programm dafür schreiben, und damit ist es möglich, sehr leicht mit verschiedenen Zahlenwerten zu jonglieren. Weil die Rechner unterschiedlich abrunden, kann es zu geringfügig abweichenden Ergebnissen kommen.

Die Ergebnisse, die diese Gleichung liefert, sind erstaunlich: Bei einem Anfangswert von 0,3 und $a = 1,5$ strebt der Wert für y_n einer konstanten Größe zu. Ändert man nun a von 1,5 auf 2,9, so tendiert y_n wiederum zu einem konstanten Wert, jedoch gibt es dabei einiges Auf und Ab. Bei a größer als 3 nähert sich y_n keiner festen Zahl mehr, vielmehr zeigt sich ein heftiges Schwanken der Kurve zwischen relativ weit auseinander liegenden Werten. Bei $a = 3,0$ bewegt sich die Kurve periodisch auf und ab; das heißt, nach bestimmten Rechenschritten erreicht sie immer wieder denselben Wert y_n. Diese Periode ändert sich mit steigendem a. Wenn $a = 3,8$ gewählt wird, kommt es zu einer weiteren Überraschung: Die Kurve sieht plötzlich völlig ungeordnet, chaotisch aus. Allein durch die kleinen Veränderungen des Wertes von a zeigt diese vorher so zahme Zahlenfolge ein irreguläres Verhalten, die Werte schwanken regellos hin und her. Hier ist von der klaren Linie des ersten Zahlenbeispiels, bei dem alles einem festen Wert zuzustreben schien, nichts mehr geblieben. In dieser so einfachen Gleichung steckt offenbar weitaus mehr, als sie auf den ersten Blick enthüllt.

In früheren Jahren hat man diese Gleichung recht oberflächlich behandelt; denn ohne Computer ist es mühsam, die abgebildeten Kurven zu erstellen. Strebten die Zahlen scheinbar einem konstanten Wert zu, so nahm man das als Endergebnis an und verlängerte die Kurve einfach, ohne sich um ihren weiteren Zwischenverlauf im Detail zu kümmern. Heute ist die Kurve, die durch die »logistische« Gleichung dargestellt wird, zum Studienobjekt der Wissenschaftler geworden. Sie errechnen mit dem Computer immer mehr Details aus dem Verlauf der Kurve, um dem Chaos auf die Spur zu kommen. Diese Gleichung ist nicht-linear, denn nach Auflösen der Klammer entdeckt man den quadratischen Anteil:

$$y_{n+1} = a \cdot y_n (1 - y_n) = a y_n - a y_n^2$$

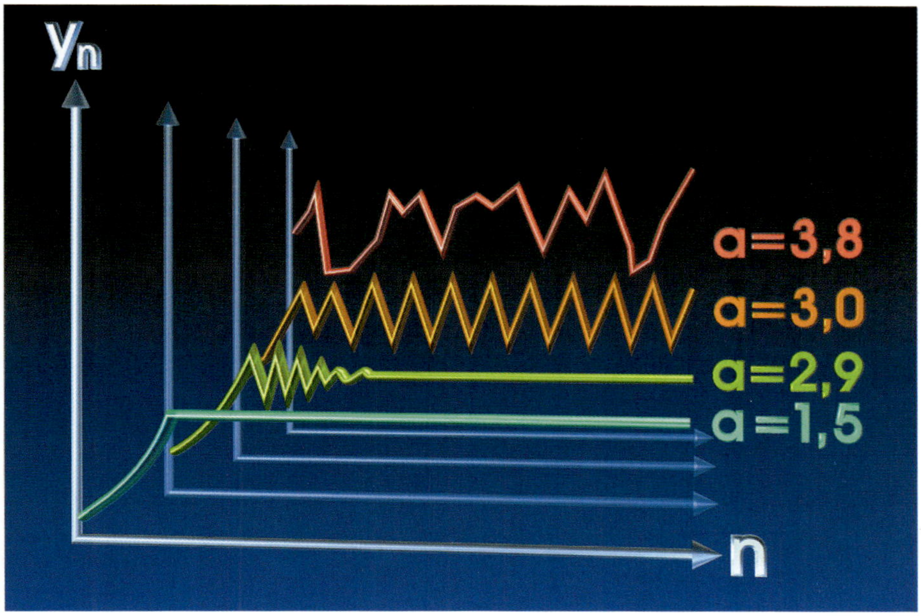

● *Wenn die Zahlenwerte aus der logistischen Gleichung grafisch aufgetragen werden, zeigt sich eine erstaunliche Empfindsamkeit der entstehenden Kurven gegenüber kleinen Veränderungen des Parameters a. In allen vier Kurven wird als Anfangswert $y_0 = 0{,}3$ gewählt. Mit a = 1,5 streben die Werte von y_n einem konstanten Wert zu. Mit a = 2,9 tun sie das erst nach anfänglichen Schwankungen. Ein periodisches Auf und Ab wird mit a = 3,0 erreicht, und mit a = 3,8 schwankt die Kurve chaotisch hin und her. Je nach Computer können diese Schlüsselwerte geringfügig abweichen.*

Nach dem ersten Zahlenbeispiel hätte man vermuten können, dass die Gleichung einen einfach zu überblickenden Trend darstellt und einem festen Wert zustrebt. Die Situation wäre damit leicht abzuschätzen gewesen. Dieser jeweils feste Wert könnte, so die Vermutung, nur in seiner Größe etwas schwanken. Dann zeigte die Kurve einen periodischen Verlauf – aber auch das vermittelte immer noch einen überschaubaren Eindruck. Bei größeren Werten von a aber zeigt diese klar bestimmte Gleichung ein höchst chaotisches Verhalten!
Gleichungen werden in den Naturwissenschaften dazu benutzt, um Abläufe in der Wirklichkeit zu beschreiben. Die Gleichung, die wir hier verwendet haben, dient dazu, die schwankenden Zahlen von Tierpopulationen darzustellen. Je nach Nahrungsangebot, Nachkommenschaft oder anderen Faktoren kann die Anzahl von Raupen, Käfern, Gnus oder der Exemplare welcher Tierart auch immer von Generation zu Generation schwanken. y_{n+1} soll jeweils die Zahl der Tiere in der neuen Generation repräsentieren. Dieser Zahlenwert wird so normiert, dass er nur zwischen 0 und 1 schwanken kann. Die Zahl 1 bedeutet dann die maximale Population, jeder andere Wert kleiner als 1 entspricht der jeweiligen kleineren Bevölkerungsdichte. Die neue Generation hängt selbstverständlich von der Anzahl der Tiere in der vorhergehenden Generation y_n ab. Nehmen

Oft gibt es für die schwankende Flamingopopulation eine einleuchtende Erklärung. Aber dieses biologische System ist äußerst sensitiv gegenüber äußeren Bedingungen.

wir an, dass in einer Vogelkolonie gerade so viele Eier ausgebrütet werden, dass sich die Zahl der Vögel verdoppelt. Dann würde die Gleichung lauten:

	$y_{n+1} = a \cdot y_n$
Mit a = 2 folgt:	$y_{n+1} = 2 \cdot y_n$

Diese mathematische Formel zeigt, dass sich die Vögel in wenigen Jahren rasend schnell vermehren und die Erde überziehen. Die Wirklichkeit aber wird dadurch wohl nicht beschrieben. Die einfache Gleichung muss deshalb der Realität angepasst werden, und das geschieht durch den Faktor $(1 - y_n)$.

a ist eine Art von Vermehrungsfaktor, in dem die überlebenden Nachkommen eines jeden Elternpaares enthalten sind, und $(1 - y_n)$ ist ein Bremsfaktor, der das Anwachsen der Bevölkerung verlangsamt. Wenn y_n groß ist, das heißt, viele Tiere vorhanden sind, dann wird der Wert der

Klammer $(1 - y_n)$ klein. Auf diese Weise bezieht man die Folgen einer Überbevölkerung in die Berechnungen ein – beispielsweise die Überweidung: eine Situation, in der durch zu viele Individuen die natürlichen Ressourcen strapaziert werden und so die Größe der nachfolgenden Generation begrenzt wird. Der Faktor $(1 - y_n)$ korrigiert also das überschießende Wachstum der Kolonie.

Wissenschaftler benutzen die Formel schon seit langem, um die Entwicklung von Tierpopulationen mathematisch zu erfassen. Diese Gleichung scheint vernünftig zu beschreiben, was in der Wirklichkeit passiert. Wenn die Anfangsbevölkerung y_n klein ist, dann kann die nachfolgende Generation immer größer werden. Denn der Faktor $(1 - y_n)$ ist ja zunächst groß, wenn y_n in der Nähe von Null liegt, und wird erst mit fortschreitender Rechnung kleiner. Dann, bei wachsendem y_n, verliert $(1 - y_n)$ an Wert, so dass durch die Multiplikation in der Formel bei hoher Bevölkerungsdichte die Anzahl der Tiere wieder abnimmt. Man sollte erwarten, dass dieses Hin und Her sich einem konstanten Wert annähert. In unserem ersten Zahlenbeispiel tut es das auch. Ein Trend zeichnet sich ab – eine Vorhersage, bei welchem Wert sich die Population einpendelt, ist möglich.

Ist der Vermehrungsfaktor a – der ja die Zahl der Nachkommen darstellt – sehr viel größer als 1, wird dieser konstante Wert schneller erreicht, entsprechend langsamer dagegen, wenn dieser Faktor in der Nähe von 1 gewählt ist. a kleiner als 1 lässt die Tierbevölkerung über kurz oder lang aussterben. Setzen wir für a 3,0 ein, so schwanken die Populationen hin und her – ein konstanter Wert wird nicht erreicht. Das ist für Biologen nicht überraschend, denn einer Überbevölkerung folgt eine dramatische Reduktion der Population, dann wieder eine kleine Explosion der Bevölkerung usw. Noch vor wenigen Jahren konnte man dieses Phänomen am periodischen Auf und Ab der Größe der Maikäferschwärme beobachten: Alle vier Jahre kam es zur Freude der Kinder zu einer Flut von Maikäfern. Heute sind diese Schwankungen nur noch schwer zu beobachten – Pestizide machen den Maikäfern das Überleben schwer.

Bei $a = 3,8$ aber ist überhaupt keine Systematik in den Ergebnissen zu erkennen. Die grafische Darstellung zeigt ein zufälliges Auf und Ab der Bevölkerungswerte – wir befinden uns im chaotischen Bereich. Und das bei einer sehr einfachen mathematischen Gleichung, der man zunächst nicht ansieht, dass eine solche Möglichkeit in ihr steckt. In diesem Bereich

Im chaotischen Bereich reagiert die Kurve äußerst empfindlich, selbst auf minimale Veränderungen der Anfangsbedingungen. Dargestellt ist hier ein Ausschnitt. Bei beiden Kurven ist a = 3,8; y_0 jedoch – der Anfangswert – wurde bei der roten Kurve 0,3 und bei der anderen Kurve 0,300002 gewählt. Die Folge ist ein dramatischer Unterschied der Kurvenverläufe, obwohl die Abweichung bei den Anfangswerten äußerst gering ist: das Charakteristikum des Chaos.

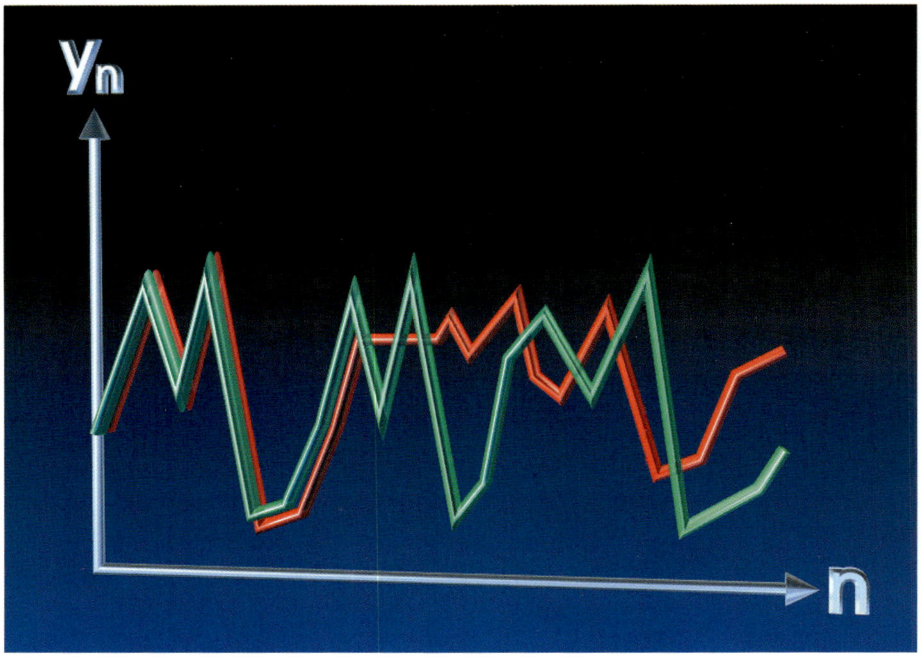

kann man mit der Gleichung keinen Trend mehr vorhersagen, die spezielle Situation muss Punkt für Punkt ausgerechnet werden. Eine Abschätzung ist unmöglich, denn die Werte springen abrupt und wie zufällig hin und her. Die Kurve zeigt kein lineares Verhalten, bei dem sie bei einem bestimmten Zuwachs von n auch entsprechend anwächst. In diesem chaotischen Bereich lassen sich nur mit Hilfe von Computern einzelne Punkte berechnen, die, obwohl n kontinuierlich fortgesetzt wird, weit auseinander liegen.

Und noch etwas zeichnet dieses Chaos aus: Ändert man in diesem Bereich die Anfangsbedingung minimal, zum Beispiel den Anfangswert y_0 von 0,3 zu 0,300002, reagiert das System äußerst empfindlich, wie sich in der obigen Grafik zeigt.

Im Vergleich sieht man, dass allein die Veränderung des Wertes von a um 2 Millionstel einen Verlauf der Bevölkerungskurve zur Folge hat, der nichts mehr mit der vorherigen Kurve zu tun hat. Ja, es gibt sogar einen konstanten Bereich in dieser neuen Kurve, ehe sie wieder chaotisch hin und her pendelt. Und wiederum – wie beim Versuch mit dem Pendel – befinden wir uns in einer Situation, in der eine kleine Veränderung dramatische Auswirkungen hat. Beim Pendel war die kleinste Änderung der Position die Ursache dafür, dass es am roten oder blauen Magneten endete. Hier bedeutet die kleine Veränderung im Anfangswert einen total anderen Verlauf der Bevölkerungskurve. Es gibt Bereiche, in denen das System ein vorhersagbares Verhalten zeigt – der Beginn der Kurve etwa oder der konstante Bereich in der Abbildung. Aber diese Bereiche der Ordnung sind vom Chaos umgeben. Das Erstaunliche ist, dass es in unserem Beispiel nur einen einfachen mathematischen Zusammenhang gibt, der Zufall in der Gleichung keine Rolle spielt und auch jede Größe bekannt ist – aber dennoch können wir keine langfristigen Vorhersagen über das Verhalten der Systeme machen, weil sich bei der geringsten Abweichung der Anfangsbedingungen eine solch dramatische Veränderung ergibt. Beim Wetter haben wir das den »Schmetterlingseffekt« genannt. Beim Pendel war der Weg zum roten oder blauen Magneten von minimalen Abweichungen am Startpunkt abhängig, und bei der logistischen Gleichung erkennen wir, dass auch in einfachen mathematischen Formeln minimale Veränderungen der Anfangswerte dramatische Folgen haben können.

Leben wir nun in einer Welt der Ordnung und sind diese Beispiele nur äußerst seltene Spezialfälle, oder ist es genau umgekehrt? Ist die Welt ein Chaos, und sind die Bereiche der Ordnung – der Vorhersagbarkeit – äußerst selten?

Ein Hoffnungsstreif im Chaos

11

Wenn ein System schon von der geordneten in die chaotische Bewegung umschlagen kann und damit unkontrollierbar und unvorhersagbar wird, dann stellt sich die Frage, ob es wenigstens eine Art von Vorwarnung gibt, die diesen Sprung ins Chaos anzeigt. Ein Ziel der Wissenschaftler ist es tatsächlich, das herauszufinden. Das klingt nach einem verzweifelten Versuch der Physiker, zumindest eine Möglichkeit der Vorhersagbarkeit in der chaotischen Natur zu entdecken. Dabei müssen sie ihren ursprünglichen Anspruch reduzieren, die Abläufe in der Natur vollständig vorherzusagen; denn es geht jetzt nur noch um die Abschätzung, unter welchen Bedingungen eine Bewegung die Insel der Ordnung verlässt und das Chaos beginnt. Allein der Beginn der Unvorhersagbarkeit soll damit vorhersagbar gemacht werden. In einfachen Systemen hofft man so, mehr über die Grenzen zum Chaos zu lernen.

In der Abbildung auf Seite 136 ist ein Metallstreifen dargestellt, der zwischen zwei Elektromagneten hin- und herschwingt. Die Elektromagnete lassen sich ein- und ausschalten – dabei bauen sich die Magnetfelder auf und ab, die den Metallstreifen jeweils zu sich herüberziehen. Das geschieht abwechselnd, sodass die Schwingung des Metallstreifens unterstützt wird. Mit einer Fotozelle wird die Schwingung registriert – unterbricht der Streifen den Lichtstrahl, so spricht die Fotozelle darauf an. Auf einem Oszillographen ist die Regelmäßigkeit dieser Schwingung dargestellt. Wird jetzt bei jedem Magneten gleichmäßig die Stärke der Magnetfelder erhöht, während die Abfolge des An- und Ausschaltens konstant bleibt, so beginnt plötzlich das Chaos: Der Metallstreifen schwingt regel-

- *Eine Sehnsucht der Menschen ist es, das Universum in seinen Strukturen und Abläufen zu durchschauen. Die Realität des Chaos lässt dieses Ziel in weite Ferne rücken.*

Ein Metallstreifen schwingt zwischen zwei Elektromagneten hin und her. Diese Bewegung wird durch Ein- und Ausschalten der Magneten hervorgerufen. Verändert man allein die Stärke der beteiligten Magnetfelder, so ist etwas Erstaunliches zu beobachten: Zunächst folgt der Metallstreifen dem gleichmäßigen An- und Ausschalten der Magnetfelder. Seine Bewegung ist periodisch (a). Mit zunehmender Stärke der Magnetfelder wird diese geordnete Bewegung chaotisch (c). Bevor sie jedoch ins Chaos umschlägt, verdoppelt sich bei einer bestimmten Magnetfeldstärke die Periode der Schwingungen. Auf einen großen Ausschlag folgt ein kleiner – und das regelmäßig. Der zeitliche Abstand der großen Ausschläge hat sich dadurch verdoppelt. Diese Periodenverdoppelung ist in diesem System also das Zeichen für den Sprung ins Chaos.

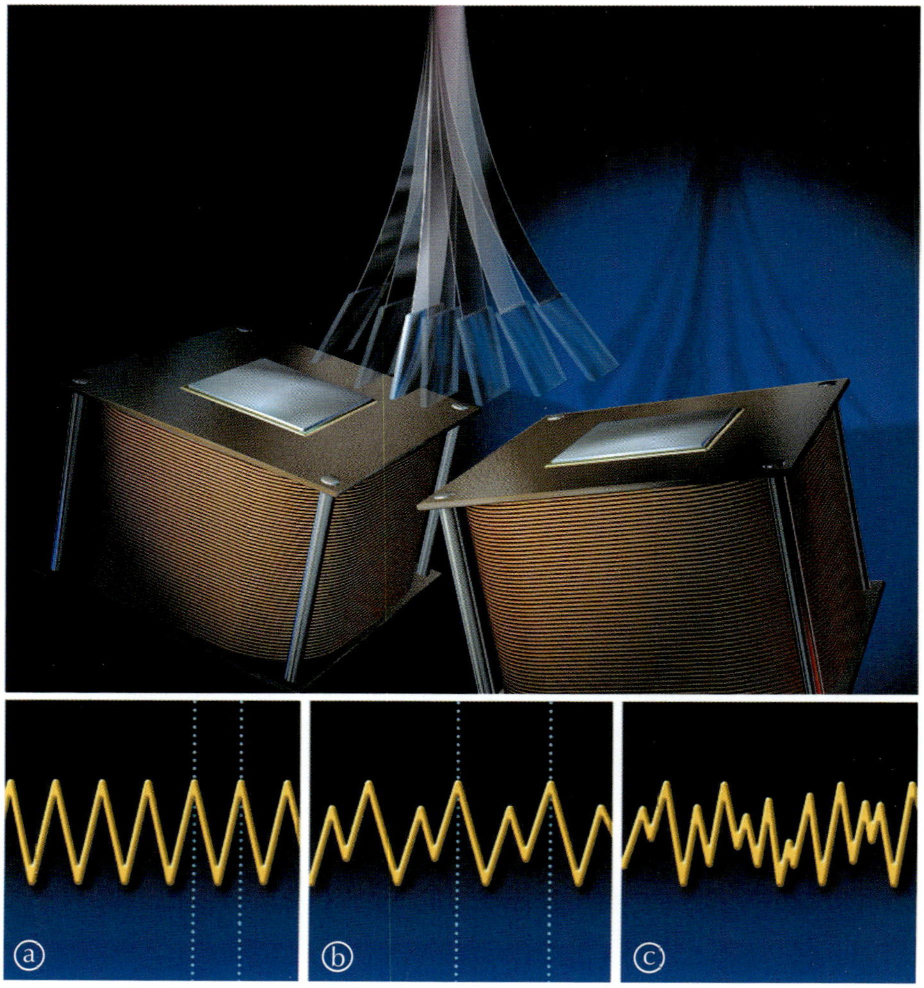

los hin und her – seine Bewegung ist nicht mehr vorhersagbar. Auf dem Oszillographen ist jetzt eine rein zufällige Kurve zu sehen, die die Schwingungen darstellt.

Wissenschaftler an der TU Darmstadt haben dieses Verhalten genauer untersucht und dabei einen Hinweis erhalten, wie die Grenze zum Chaos bei diesem Experiment überschritten wird. Bevor die Regelmäßigkeit der Bewegung des Metallstreifens aufhört und das Chaos beginnt, schwingt er mit doppelter Periode. Einem großen Ausschlag folgt immer ein kleiner, und das regelmäßig. Die großen Ausschläge folgen jetzt, verglichen mit vorher, in der doppelten Zeit, ebenso die kleinen. Die Periode hat sich für sie verdoppelt. Auf dem Oszillographen wird das sichtbar gemacht.

Bei diesem Experiment wäre es also möglich vorherzusagen, wann das System ins Chaos abgleitet. Verdoppelt sich plötzlich die Periode der Schwingung, so steht der Bewegungsablauf an der Grenze zum Chaos. Die Insel der Ordnung ist hier mit einer deutlich wahrnehmbaren Vorwarnung abgesteckt. Eine Hoffnung für Techniker: Gleitet eine von ihnen erdachte Konstruktion – eine Flugmaschine zum Beispiel – ins Chaos ab, so könnten sie das vorher erkennen und den Versuch unternehmen, den Apparat in den Bereich der »Ordnung« zurückzuführen, oder die gesamte Konstruktion schon im Vorfeld so verändern, dass der chaotische Bereich nur in unwahrscheinlichen Extremsituationen auftritt.

Aber die Zeichen, die das Chaos setzt, sind leider nicht immer so deutlich wie bei unserem einfachen Experiment. Zwar kündigt auch der mechanisch erregte Metallstreifen auf Seite 136 seinen Übergang zum wilden Hin- und Herschwingen – zum Chaos – durch eine Verdoppelung seiner Periode an, aber eine Maschine besteht ja aus vielen Einzelteilen, deren Zusammenwirken ein solch deutliches Zeichen wie die Periodenverdoppelung überdeckt. Die Experimente mit dem schwingenden Metallstreifen dienen jedoch als Hoffnungsträger für eine Möglichkeit, die Grenzen zum Chaos auszuloten.

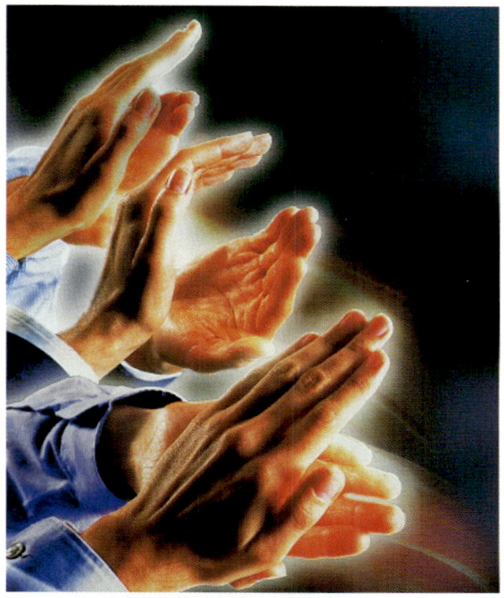

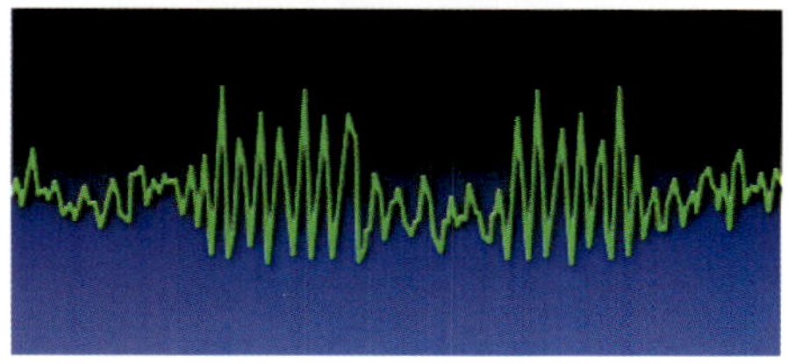

● *Applaudierende synchronisieren sich unbewusst. Auf ungeordnete, chaotische Phasen folgt immer wieder regelmäßiges, rhythmisches Klatschen.*

Applaus zum Beispiel erscheint uns als eine spontane, chaotische Reaktion auf ein sehr eindrucksvolles Erlebnis. Jeder kann individuell seiner Begeisterung Ausdruck verleihen, aber auch hinter dem Applaus scheint ein System in der Natur zu stecken: ein Wechsel zwischen Ordnung und Chaos. Zu Beginn hört sich der donnernde Applaus wie eine eher zufällig zusammengesetzte Beifallsäußerung an – eben chaotisch. Dann aber kann man plötzlich eine Synchronisation der Applaudierenden, eine Regelmäßigkeit in diesem Beifall feststellen. Hier beginnt die Phase der Ordnung. Bei der Analyse dieses regelmäßig ablaufenden Applausabschnitts mit physikalischen Messgeräten sieht man, dass definierte Intervalle zwischen sehr klar abgegrenzten Applausmaxima auftreten. Diese Synchronisation, dieses Auf- und Abschwellen des Applauses, kann sich wieder verlieren und in einen ungeordneten, chaotischen Applaus übergehen. Um mehr über diese Gesetzmäßigkeiten herauszufinden, haben Wissenschaftler in Theatern und Opernhäusern mit Mikrofonen diese Applausmuster aufgezeichnet. Ein typischer Applausverlauf war, dass sich nach einigen Sekunden aus dem zufälligen, chaotischen Applaus eine periodische Phase entwickelte: der Applaus hatte sich selbstständig synchronisiert. Betrachtet man diesen Verlauf genauer, zeigt sich etwas Auffälliges: Wenn aus dem synchronisierten Applaus wieder ein ungeordneter Applaus entsteht, kommt es zu einer Periodenverdoppelung. Das heißt, die Klatschminima und -maxima verdoppeln ihren Abstand. Ein Phänomen, wie es sich auch bei dem Experiment mit dem Metallstreifen zeigt. Die Beobachtung ist zudem, dass das synchronisierte Händeklatschen zwar kurzzeitig intensiv Schall verursacht, aber wenn man den Applaus insgesamt nimmt, dann vermindert sich während dieser Zeit das Gesamtgeräusch, weil jeder der Applaudierenden nur halb so schnell in die Hände klatscht. Um die alte Lautstärke wieder zu erreichen, beginnt dann das Publikum wieder schneller zu klatschen, die Synchronisation verliert sich, es kommt wieder zum chaotischen Klatschen. Danach beginnt wieder das rhythmische Klatschen mit der Periodenverdoppelung. Das hat die oben beschriebene Geräuschverminderung zur Folge, und dieses Muster wiederholt sich. Bis zu achtmal hat man bei den Untersuchungen während einer Theatervorstellung dieses An- und Abschwellen des Applauses registrieren können, einhergehend mit dem geschilderten Applausverhalten. Interessant ist, dass hier nicht etwa eine Maschine, sondern eine zufällig zusammengesetzte Zuschauermenge dieses Verhalten zeigt. Lebende Organismen unterwerfen sich offenbar den Regeln des Chaos.

Vielleicht ist für viele die Situation ungewöhnlich, dass sich in unserer Zeit Naturwissenschaftler mit solch einfachen Systemen wie Pendel oder hin- und herschwingenden Metallstreifen beschäftigen – wo doch komplizierte Anlagen wie Teilchenbeschleuniger oder andere riesige Experimentieranlagen die modernen Naturwissenschaften besser zu vertreten scheinen. Doch selbst zu Hause in der Badewanne kann man heutzutage moderne Naturwissenschaft betreiben – an einem tropfenden Wasserhahn. Wird der Hahn nur so weit abgedreht, dass sich noch Tropfen bilden können, so ist zu beobachten, dass diese Tropfen in gleichmäßigen Abständen nach unten fallen. So lieben viele ihre Welt – Ordnung herrscht, ein Tropfen fällt nach dem anderen, und das auch noch in vorhersagbaren Zeitabständen. Dreht man aber den Wasserhahn etwas weiter auf, so lösen sich die Wassertropfen immer schneller, die Abstände werden dabei regellos, die einzelnen Tropfen verbinden sich zu einem

Wasserstrahl – das Chaos hat begonnen. Das Auftreten der Tropfen ist in dieser Phase nicht mehr vorhersagbar.

Die Zeit in der Badewanne lässt sich noch für weitere Experimente nutzen, besonders dann, wenn man einen fein justierbaren Wasserhahn zur Verfügung hat. Das Spiel kann von vorne beginnen. Zunächst die Ordnung: Die Wassertropfen folgen in gleichmäßigen Zeitabständen aufeinander (A). Dann durch leichtes Öffnen des Hahnes der Start ins Chaos: Auf dem Weg dahin kann man beobachten, dass es, bevor die Tropfen regellos – also chaotisch – fallen (C), einen Zustand gibt, in dem die Tropfen mit der doppelten Periode ihren Weg durchlaufen (B). Erst löst sich ein großer Tropfen, dann ein kleiner, darauf folgt in gleichem Zeitabstand wieder ein großer usw. Der Zeitabstand zwischen den großen Tropfen hat sich gegenüber vorher verdoppelt – ebenso der zwischen den kleinen Tropfen. Wieder ein Beispiel dafür, dass die Verdoppelung der Periode ein Zeichen für das beginnende Chaos ist.

Diese Periodenverdoppelung lässt sich auch bei unserer logistischen Gleichung beobachten, die im zehnten Kapitel das Bevölkerungswachstum beschrieb. Die Gleichung heißt:

$$y_{n+1} = a \cdot y_n (1 - y_n)$$

Periodenverdoppelung bei fallenden Wassertropfen.

Die Werte dieser Gleichung können auch anders dargestellt werden. Nach oben wird y_n aufgetragen und nach rechts der Wert von a. Zunächst ergibt sich eine leicht ansteigende Kurve. Dann aber, bei $a = 3$, beginnt die aufregende Reise ins Chaos. Die Kurve splittet sich auf, die Werte von y_n beginnen zwischen zwei Stufen zu springen. Bei $a = 3{,}44865$ jedoch spaltet sich die Kurve wiederum auf – vier Fixpunkte treten hervor. Eine kurze Zeit streben die vier Kurven auseinander, um dann bei 3,5441 in

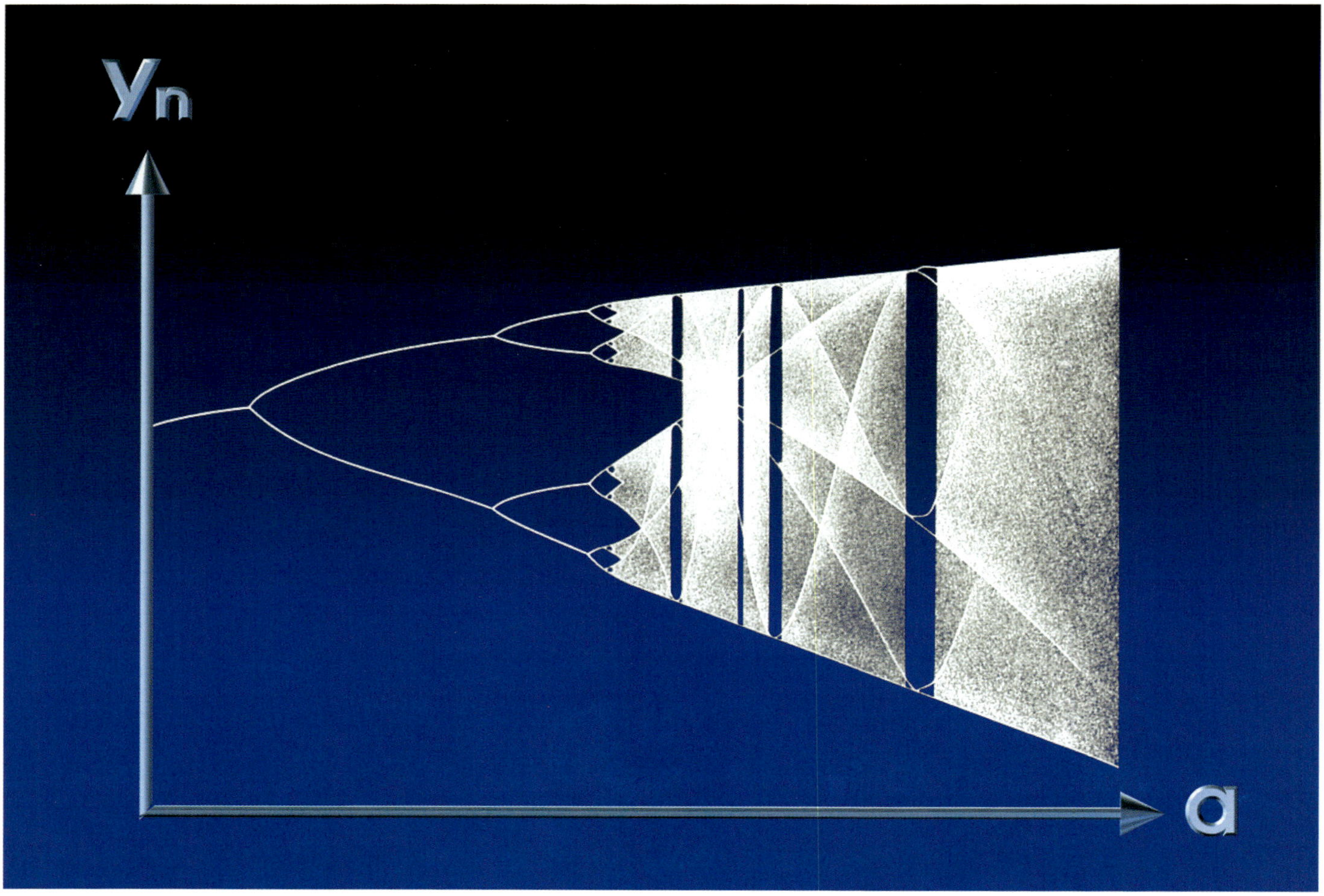

acht Fixpunkte aufgespalten zu werden. Die Abstände des Aufspaltens werden immer kürzer. Das nächste Mal tritt es bei 3,56445 auf, bis bei a = 3,56994 dieser Aufspaltungsmechanismus verschwindet. Ein Bereich wird jetzt regellos mit Punkten gefüllt. Das Chaos hat begonnen.

Die Werte, bei denen sich die Kurven jeweils aufspalten, besitzen eine besondere Bedeutung. Werden sie in einer Abbildung dargestellt, bei der y_n gegen n aufgetragen ist, so zeigt sich gerade an diesen Stellen jeweils eine Periodenverdoppelung. Das heißt: Um den ursprünglichen Wert y_n wieder zu erreichen, verdoppelt sich die Anzahl der dazu notwendigen Schritte n. Auch bei der »logistischen« Gleichung ist also die Grenze zum Chaos durch eine Vorwarnung markiert. Erst nach dieser mehrfachen Periodenverdoppelung beginnt die Überempfindlichkeit des Systems ge-

genüber den minimalen Änderungen der Anfangsbedingungen – hier durch die Größe a repräsentiert. In diesem Bereich des Chaos sind einige Inseln der Ordnung zu erkennen: Streifen, in denen die Punktfolge nicht mehr chaotisch verläuft, sondern erneut einer geschlossenen Kurve folgt. Hier ist wieder eine Vorhersage möglich. Dann jedoch zeigt sich mit einer neuen Periodenverdoppelung abermals ein Abgleiten ins Chaos.
Eine Hilfe wäre es, wenn es bei jedem Bewegungsablauf – bei jedem System – solche sicheren Anzeichen für den Sturz in das Chaos gäbe. Aber leider verhält sich die Natur hier sehr rätselhaft. Das liegt sicher daran, dass die Systeme zu komplex sind und viele Einflüsse überlagert werden. Die meisten Beispiele zeigen, dass ein dynamischer Vorgang es vorzieht, ohne jede Vorwarnung ins Chaos zu geraten.
Und offenbar gibt es, wenn einmal eine solche Vorwarnung vorhanden ist, recht unterschiedliche Signale für den Weg ins Chaos. Die Periodenverdoppelung ist nur eine Möglichkeit, den Beginn des Chaos zu erkennen. Bei einigen Systemen ist außerdem ein regelmäßiger Wechsel zwischen geordnetem und chaotischem Zustand zu registrieren, ehe sich dann das totale Chaos einstellt. Diese zeitlichen Gesetzmäßigkeiten herauszufinden, die den Wechsel zwischen der geordneten Bewegung und einem »Flattern« beschreiben, wäre eine weitere Möglichkeit, das dem System drohende Chaos zu erkennen.
Auch in der Medizin findet sich das deterministische Chaos. Die Bewegung des Herzmuskels ist periodisch. Das regelmäßige Zusammenziehen des Herzmuskels versorgt unser Adersystem kontinuierlich mit Blut. Das Herz besteht aus Millionen von Muskelfasern, und die müssen sich mehr oder weniger gleichzeitig zusammenziehen, damit es zu einer Pumpbewegung kommt. Die Koordination der Muskelfasern erfolgt über elektrische Signale. Aber auch in diesem System treten Stress-Situationen auf – bei einem Herzinfarkt oder einer Herzoperation zum Beispiel. Gefürchtet ist das Herzflimmern, ein regelloses Zucken des vorher so gleichmäßig arbeitenden Herzmuskels. Das Chaos – diesmal eine tödliche Bedrohung für den Patienten. Etwas grob begegnet man diesem Aussetzen des Herzmuskels mit einem Elektroschock – dem Anlegen von hoher elektrischer Spannung an das Gewebe. Die Hoffnung dabei ist, dass die vorher gleichmäßige Pumpbewegung – der Bereich der Ordnung – wieder erreicht wird. Gezielter könnte man eingreifen, wenn das Abgleiten ins Chaos früher er-

● *In dieser Grafik sind die Werte der logistischen Gleichung anders als in den Abbildungen davor dargestellt. Nach oben ist y_n und nach rechts a aufgetragen. Die Kurve spaltet sich von links nach rechts immer weiter auf, bis die Punkte in den weißen Flächen nur noch regellos verteilt die unendlich vielen möglichen Zustände des Systems angeben. In diesen Bereichen verhält sich das System chaotisch. Dazwischen finden sich senkrechte Streifen, die die Inseln der Ordnung repräsentieren, in denen das System wieder vorhersagbar ist. Die Verzweigungen der Kurve vor dem Erreichen des Chaos stellen Periodenverdoppelungen dar – die Vorwarnung für das Chaos. Auch bei den Übergängen von den Streifen zu den das Chaos symbolisierenden weißen Bereichen existieren solche Aufspaltungen, die bei entsprechender Vergrößerung zu erkennen wären.*

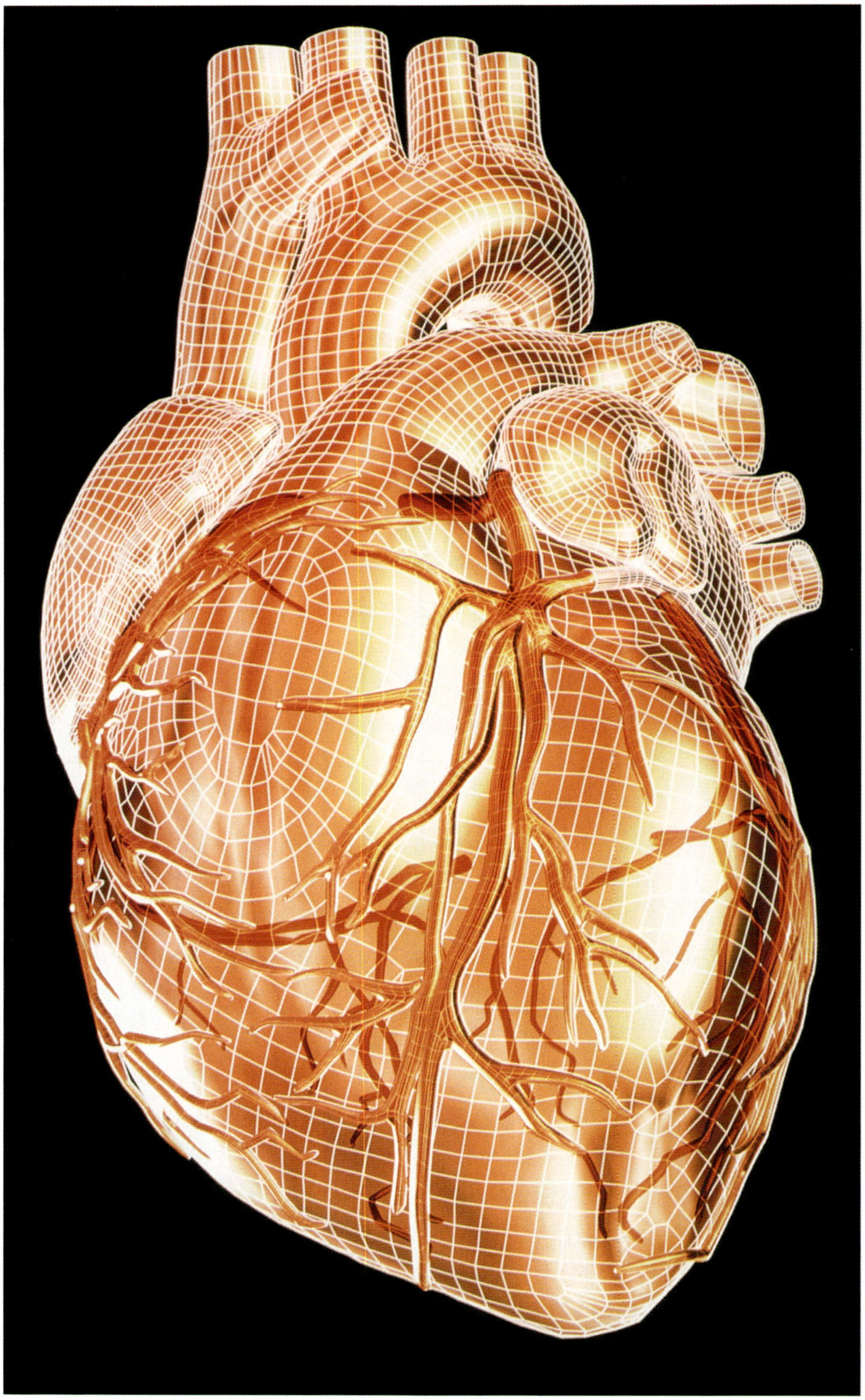

Das Herz besteht aus vielen einzelnen Muskelfasern, die sich synchron zusammenziehen. Diese Bewegung kann ins Chaos abgleiten, wenn es zu unkoordinierten lokalen Muskelkontraktionen kommt – zum Herzflimmern.

kennbar wäre. An vielen Universitäten wurden zu diesem Thema Untersuchungen gemacht. Man glaubte zeigen zu können, dass vor dem gefürchteten Herzflimmern eine Periodenverdoppelung des Herzschlags zu erkennen sei. Zunächst schien sich diese These zu bestätigen, jedoch war sie nur in wenigen Fällen reproduzierbar. Heute glauben die Mediziner nicht mehr an solch einfache Anzeichen für den Beginn des chaotischen Herzflimmerns. Sie suchen nach anderen Signalen. Dabei wird zum Beispiel der Verlauf der Herzschläge vom gesunden Menschen mit dem herzkranker Patienten verglichen. In den Ergebnissen scheint sich anzudeuten, dass ein sehr exakter Herzschlag eher ein Zeichen für eine Erkrankung sein könnte, als wenn das Herz in einem bestimmten Bereich regelmäßige Variationen im Schlagen zeigt. Das »starre« Herz kann offenbar leichter ins Chaos abgleiten als das »variable«. Ein endgültiges Resultat ist das jedoch noch nicht. Untersuchungen in der Medizin gestalten sich ja allein schon deshalb kompliziert, weil die Systeme, mit denen man es zu tun hat, von allzu vielen Parametern bestimmt sind und überdies eine bestimmte Situation bei einem Patienten nicht unbedingt bei einem anderen zu wiederholen ist. Allzu oft spielen Vermutungen eine Rolle, die mit einer vernünftig langen Reihe von Experimenten nicht so einfach zu belegen sind. Der Weg ins Chaos erweist sich in der Wirklichkeit als nicht besonders

- *Im deterministischen Chaos ist die Vorhersage über den Verlauf einer Bewegung nur noch für sehr kurze Zeiten möglich. Ein Maß für das Auseinanderstreben des Weges x in Abhängigkeit von der Zeit t zweier Teilchen, die mit nahezu identischen Anfangsbedingungen starteten – ein Maß für die Mächtigkeit des Chaos also –, ist die Größe* ε*. Mit ihr wird versucht, ein chaotisches System zu charakerisieren und vielleicht dadurch naturwissenschaftlich in den Griff zu bekommen.*

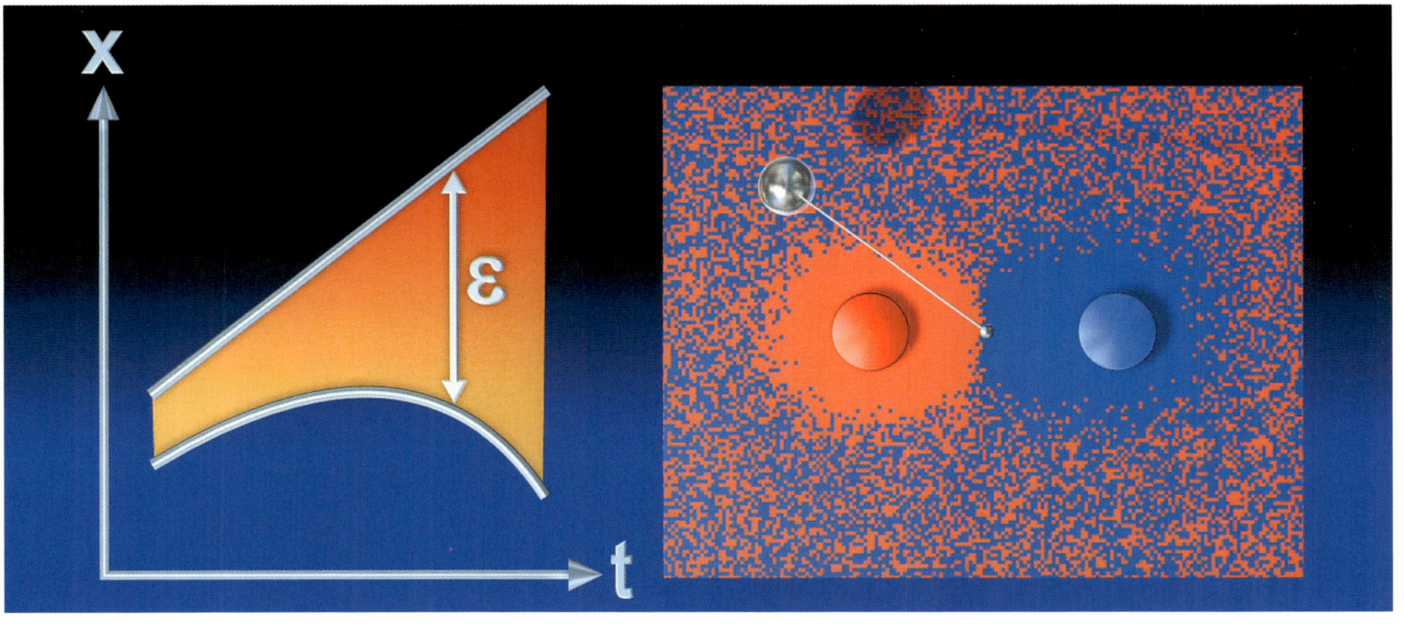

geradlinig. Aber es gibt noch andere Möglichkeiten, dem Chaos zu begegnen. In der Grafik auf Seite 143 ist das Auseinanderlaufen von zwei Wegen eines Pendels im Chaos dargestellt. In der klassischen Physik wird die Vorhersage, zum Beispiel der Verlauf des Weges eines Teilchens über die Zeit, also die Funktion x(t), durch das Auflösen der Bewegungsgleichungen gefunden. Bei chaotischen Bewegungen ist eine analytische Lösung der nicht-linearen Gleichungen, eine geschlossene mathematische Funktion, nicht anzugeben. Allein die numerischen Lösungen mit Hilfe des Computers geben einen Überblick über die chaotischen Wege der Teilchen. Obwohl sie recht unterschiedlich sind, zeigen die Wege in der Grafik dennoch einige Gesetzmäßigkeiten. Zum Beispiel ist es interessant zu erfahren, wie schnell die Kurven auseinanderdriften, und dafür eine mathematische Funktion zu finden. Man versucht also, mit anderen Parametern als x(t) das Verhalten eines Systems zu beschreiben. Aus den Messkurven werden charakteristische Größen abgeleitet, die die Eigenschaften eines Systems darstellen, und damit wird wieder so etwas wie eine Systemcharakterisierung erreicht.
Vielleicht ist das der Weg, um auf eine andere Art einen Vorgang wieder abschätzbar – vorhersagbar – zu machen. Im klassischen Bild wäre das in etwa so, als ob man aus dem Verlauf von x(t) – aus den Messwerten – auf die Bewegungsgleichungen rückschließen würde. Das ist keine leichte Aufgabe, denn welche Parameter und vor allem wie viele sind für das System wichtig? Der Phasenraum besteht hier nicht mehr aus einer Ort-Zeit-Abhängigkeit, sondern andere Parameter, etwa der wachsende Abstand zwischen den Kurven mit zunehmender Zeit, werden wichtig und sollen das Verhalten des Gesamtsystems beschreiben. In der Herz- und Hirnforschung zum Beispiel sucht man nach diesen neuen Möglichkeiten der Vorhersage.
Durch das deterministische Chaos eröffnet sich den Physikern heute ein völlig neues Arbeitsfeld und damit auch die Möglichkeit, eine neue Physik zu entwickeln, die die Vielfalt der Natur beschreiben kann.
Auch aus dem mittleren Verlauf der Kursschwankungen an der Börse kann man versuchen herauszufinden, welche Gesetzmäßigkeiten – welche »Bewegungsgleichungen« – dahinter stecken. Allerdings ist klar, dass dies keine einfache Aufgabe ist, denn die Abläufe in der Wirtschaft sind von sehr vielen Parametern abhängig. Aus den wenigen bekannten unter

ihnen und dem mittleren Kursverlauf will man die Situation des gesamten Systems erkennen. Eine Aufgabe, die zwar bei einfacheren Systemen erfolgversprechend scheint – an der Börse aber muss man sich einstweilen mit der Unvorhersagbarkeit und dem Abgleiten ins Chaos ohne jede Vorwarnung abfinden.

Der Zwang zur Ordnung

12

Das Chaos frühzeitig zu erkennen, ist nicht das einzige Ziel der Wissenschaftler, um mit der neuen Situation im naturwissenschaftlichen Weltbild besser zurechtzukommen. Sie suchen auch nach Möglichkeiten, dem Chaos – ist man einmal hineingeraten – wieder zu entkommen. Noch wirksamer wäre es, Methoden zu entwickeln, die es erlauben, den Bereich der Ordnung zu erweitern und ihn zu stabilisieren. Wieder sind es die Wassertropfen, die einen Silberstreif in der dunklen Welt des Chaos verheißen.

In diesem Experiment lässt man einen dünnen Wasserstrahl aus dem Hahn fließen. Mit einem Trick wird auch bei diesem dünnen, scheinbar zusammenhängenden Wasserstrahl sichtbar, dass er aus einzelnen Tropfen besteht. Dazu wird der Strahl mit einem Stroboskop – mit pulsierendem Licht – beleuchtet. Bei einer bestimmten Frequenz der Lichtblitze erscheinen bei der gewählten durchlaufenden Wassermenge »stehende Tropfen«. Der Effekt erklärt sich dadurch, dass jeder nachfolgende Tropfen genau in der Position des vorhergehenden anzutreffen ist, wenn der Lichtblitz ihn gerade beleuchtet: ein Beweis dafür, dass die Tropfen in gleichen Abständen aufeinander folgen, sich regelmäßig und vorhersagbar bewegen. Diese Insel der Ordnung kann schnell in das Chaos umschlagen. Dazu muss man nur den Wasserhahn etwas weiter aufdrehen – jetzt fließt mehr Wasser, und das nicht mehr regelmäßig, sondern ungeordnet, chaotisch. Wie auch immer man die Frequenz des Stroboskops ändert, bei keiner Frequenz ist jetzt mehr ein »stehender« Tropfen sichtbar zu machen. Das heißt, die Folge der Tropfen ist unregelmäßig. Aber

● *So verwirrend auch dieses Bild aussieht, es finden sich hier verborgene Regelmäßigkeiten, die diese Struktur übersichtlich werden lassen.*

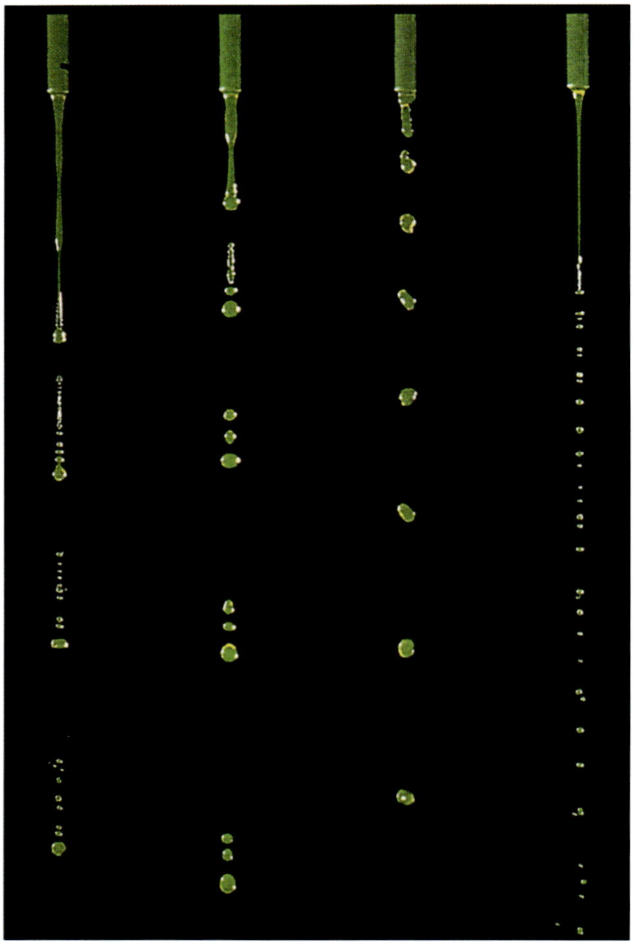

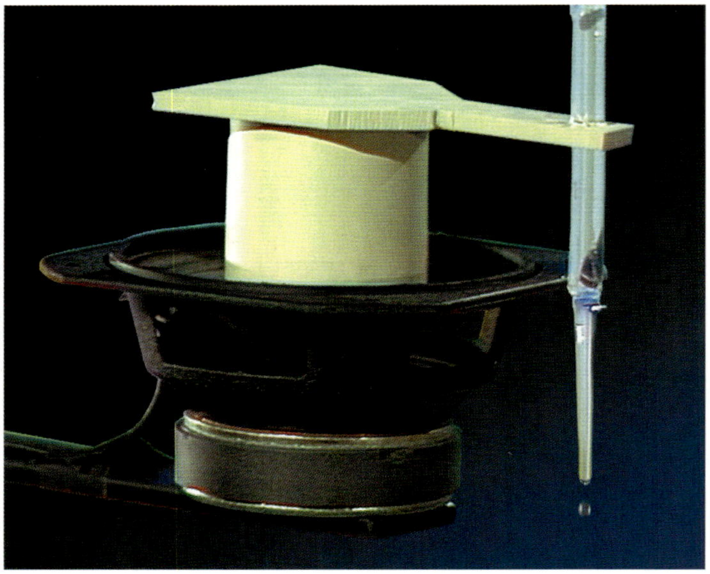

mit einem technischen Kniff kann dieses System wieder in den Bereich der Ordnung zurückgeholt werden. Dazu wird die Wasserleitung mit einer Lautsprechermembran verbunden. Die Schwingungen des Lautsprechers sind regulierbar. Bei einer bestimmten Frequenz des Lautsprechers werden im Stroboskoplicht wieder die »stehenden« Tropfen sichtbar. Durch die überlagerte Schwingung des Lautsprechers kann man die vorher chaotische Abfolge der Tropfen wieder zurück in einen Bereich der Ordnung zwingen. Ob der Bereich der Ordnung dadurch nur verschoben wurde oder ob er sich durch die aufgezwungene Schwingung vergrößert hat, ist noch nicht untersucht. Doch das Experiment zeigt, dass die Strategie, das Chaos zu beherrschen, nicht allein darin besteht, Vorwarnungen für den Sprung in die Unordnung zu erhalten, sondern dass sich auch die Möglichkeit bietet, dem Chaos zu entkommen und Ordnung zu erzwingen.

Die Schwingungen einer Lautsprechermembran werden auf die Wasserleitung übertragen. Bei bestimmten Frequenzen gelingt damit die Kontrolle über die sich ablösenden Wassertropfen. Das System wird dadurch aus dem Chaos in den Bereich der Ordnung gezwungen. Rechts der ungesteuerte Wasserstrahl. Daneben folgen die über die Lautsprechermembran gesteuerten Tropfen. Sie zeigen zeitlich geordnete Ablösesequenzen.

Auf diesem Gebiet sind nur wenige Experimente bekannt. Zur Zeit ist es schwer abzuschätzen, in welchen anderen Bereichen das Chaos ebenfalls beherrschbar ist. Denkbar wäre, dass bei technischen Systemen – Flugzeugen etwa – zunächst experimentell der Beginn der chaotischen Schwingungen bestimmt wird. Durch Veränderungen der Konstruktion könnte

Durch kleine technische Finessen lassen sich die Wirbelablösungen im hinteren Flügelbereich weniger chaotisch gestalten. Eine energiesparende Maßnahme, wenn man so dem Chaos entkommt.

dann der Bereich der Ordnung so erzwungen und erweitert werden, dass er für die vorgesehenen Anwendungen die Grenze zum Chaos nicht überschreitet. Das Experiment mit dem Wassertropfen und dem Lautsprecher zeigt zumindest, dass so etwas prinzipiell möglich ist. Hilfreich dabei ist gerade die Sensibilität der chaotischen Systeme gegenüber den Anfangsbedingungen: Eine kleine Änderung genügt, um ein ganz unterschiedliches Ergebnis zu erhalten.

Im Inneren einer Spermazelle hat sich die DNS (gelb eingefärbt) regelmäßig, schlaufenförmig angeordnet. Das soll ihr einen besseren Schutz auf dem Weg zur Eizelle bieten.

Auch der Anfangszustand der elektrischen Spannungsverteilung im Gehirn ist nicht »scharf« bestimmt. Ein kleiner Reiz von außen – ein bestimmter Geruch zum Beispiel – reicht aus, um die Assoziationskette der Gedanken in die eine oder andere Richtung zu bringen. Bei einem Flugzeugflügel ist es möglich, den Übergang ins Chaos – von der glatten Strömung über dem Flügel zu den sich chaotisch ablösenden Wirbeln – zu verändern. Dazu setzt man eine kleine, sich periodisch bewegende Klappe auf das Ende des Flügels. Die Wirbelausbildung, die ja Treibstoff kostet, wird dadurch kleiner. Auch hier genügt ein kleiner Anstoß von außen, um das System in einen bestimmten Zustand zu bringen.

Auch die Natur kann sich zur Ordnung regelrecht zwingen. So präsentiert sich das Erbmolekül, die DNS, erstaunlich geordnet, wenn die Zellen sehr starken Stressbedingungen unterliegen. Wissenschaftler haben entdeckt, dass sich zum Beispiel die bakterielle DNS zu kristallinen Formen organisiert, wenn die Umweltbedingungen für die Bakterien lebensfeindlich werden. Diese geordnete Struktur wird von einem Protein ausgelöst, das die DNS sehr stark beeinflusst. Die DNS-Struktur könnte – so die Vermutung – zu ihrem Schutz in diesen hochgeordneten Zustand übergehen. Denn Bakterien unterliegen unterschiedlichen Lebensbedingungen, das bakterielle Leben kann zwischen Phasen von Völlerei, Hunger und Stressperioden variieren. Um überleben zu können, haben Bakterien offenbar diese kompakte Ordnung der DNS hervorgebracht, die sich so, während der Mangelzeiten, vor der Zerstörung schützt. Wenn sich die Situation wieder zum Guten wendet und der Stress bei den Bakterien vorüber ist, dann verschwindet diese Struktur, dieses geordnete Einigeln der DNS. Man hat auch in anderen biologischen Systemen festgestellt, dass sich die DNS unter bestimmten Bedingungen sehr geordnet präsentiert, zum Beispiel in Spermazellen auf dem Weg zur Eizelle. Vielleicht schließt sie sich auch hier so hochgeordnet zusammen, weil in dieser Phase viele äußere

Gefahren drohen. Ein Ziel dieser Forschungen ist herauszufinden, wie wichtig dieser Ordnungzustand zum Überleben der Zelle oder des Organismus wirklich ist.

Die Welt, in der wir leben, unterliegt offenbar einem Wechselspiel zwischen überschaubaren, geordneten Bereichen und Zuständen, in denen Vorhersagen über das Verhalten eines Systems nicht mehr möglich sind – dem Chaos. Wir versuchen mit Hilfe der Naturwissenschaften unser Leben in dieser wechselvollen Welt einzurichten. Bereiche der Ordnung werden ausgelotet und für die Technik nutzbar gemacht. Die Produkte technischer Phantasie – wie Flugmaschinen – müssen in ihrer Funktion vorhersagbar sein, sonst werden sie für die Anwendung nutzlos. Gibt es aber Möglichkeiten, im Chaos selbst noch mehr Regeln oder Gesetzmäßigkeiten zu erkennen? Davon handelt das folgende Kapitel.

Expeditionen in das Wirrwarr

13

Ein Beispiel für die erstaunlichen Bereiche der Ordnung im Chaos ist wiederum ein Pendel. Dieses Mal schwingt es zwischen drei Magneten, die rot, blau und gelb gefärbt sind. Die Spitze des Pendels, die aus Metall ist, wird von den Magneten angezogen. In jedem Versuch wird der Punkt, in dem es gestartet wurde, in der Farbe des Magneten dargestellt, an dem es ankommt. Immer mehr Versuche führen zu einer immer feineren Farbstruktur (Abbildung links). Diese Versuche erledigt für uns – wie diejenigen im vierten Kapitel – ein Computer. Schließlich entsteht ein Muster, regelmäßig und schön anzusehen: die Ordnung im Chaos. Bietet sich damit eine Möglichkeit, das Chaos zu beherrschen, es vorhersagbar zu machen? Ein Experiment im Windkanal zeigt diese Muster mit einer engeren Verbindung zur Praxis. Um die Karosserie sind die glatten Strömungslinien zu sehen; dieser Bereich der Ordnung ist noch mit den Gesetzen der Strömungslehre fassbar und lässt sich auch berechnen. Hinter dem Auto beginnt das Chaos; jedes Luftteilchen wirbelt nach Belieben hin und her (siehe Abbildung auf Seite 154).

Diese Situation lässt sich mit Rauch im Windkanal darstellen. Die Rauchteilchen reflektieren das Laserlicht – die glatten Strömungslinien sind über dem Auto zu sehen und die Verwirbelungen dahinter. Aber wenn man sich diesen Bereich des Chaos genauer anschaut, so sind auch hier Strukturen zu entdecken. Auch bei diesem Experiment scheint eine Ordnung im Chaos zu existieren – ein Muster.

Wie wunderbar die Muster im Chaos aussehen können, ist für jeden zu Hause selbst darstellbar. Dazu benötigt man eine Amateurvideokamera,

● *Das Farbmuster eines Pendels, das sich über drei Magnete bewegt. Die Regelmäßigkeiten lassen die Naturwissenschaftler hoffen, hier einige Gesetzmäßigkeiten zu entdecken.*

NB-74-XN

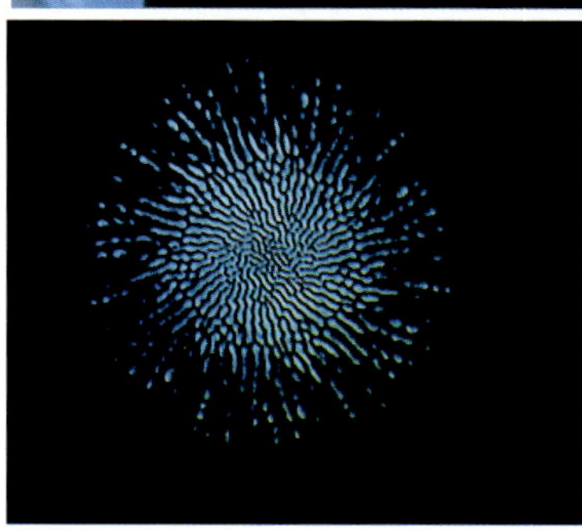

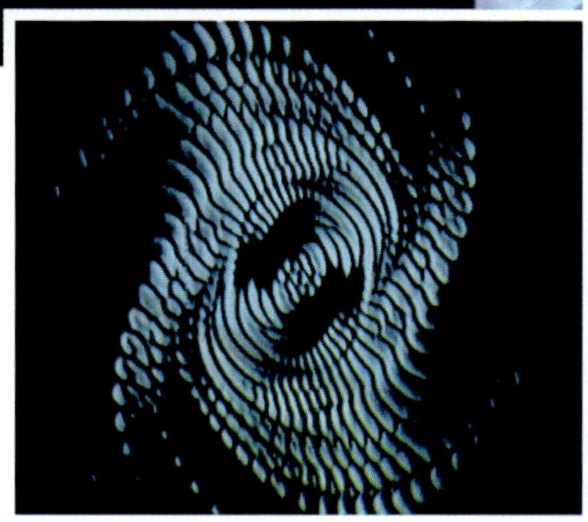

die an einen Fernsehmonitor angeschlossen ist. Die Kamera nimmt den Monitor auf. Der Monitor zeigt dieses Bild. Dieses Bild wird von der Kamera erneut aufgenommen, ist auf dem Monitor zu sehen, wird wieder aufgenommen usw. Auf dem Monitor ist eine unendliche Abfolge des aufgenommenen Bildes zu sehen. Alles läuft soweit geordnet ab. Engt man mit der Vario-Linse den Bildausschnitt der auf den Monitor gerichteten Kamera ein, so ist zunächst noch die unendliche Folge von Bildern zu sehen – aber plötzlich ändert sich das schlagartig. Das Bild verrauscht – das Chaos beginnt. Eine Erklärung dafür ist, dass sich jetzt die vielen Ungenauigkeiten in der Elektronik der Kamera aufschaukeln und das Abbildungssystem der Kamera zusammenbricht.

Dann aber folgt eine Überraschung! Dreht man an diesem Punkt die Kamera etwas, so tauchen aus dem Chaos wunderbare Muster auf. Der Versuch mit der Kamera und dem Fernsehbildschirm ist ein weiteres Beispiel für die ungeahnte Eigenschaft des Chaos, offenbar aus dem Nichts plötzlich geordnete Strukturen zu schaffen.

Mit einer Bratpfanne, Öl und Aluminiumpulver kann man dieses Wunder immer wieder betrachten. Wird das Öl mit dem Aluminiumpulver erhitzt, so zeigt sich zunächst eine diffuse Flüssigkeit. Dann jedoch, bei einer bestimmten Temperatur, werden auf der Oberfläche Strukturen sichtbar. Physiker nennen diese einzelnen Bereiche, die da zu sehen sind, Konvektionszellen. In einer solchen Zelle wird das Öl mit dem Aluminiumpulver durch die Wärme nach oben getrieben und fällt auf begrenztem Raum wieder nach unten. Auch nach kurzem Umrühren bilden sich diese Zellen wieder – sie scheinen recht stabil zu sein. Hier treten auf geheimnisvolle Weise offenbar wohlgeordnete Strukturen auf. Wissenschaftler erkennen in diesen Abläufen eine »Selbstorganisation« der Strömung in der Materie. Die Idee liegt nahe, dass sich über diese Strukturen irgendwann in der Zukunft eine zusammenhängende, detaillierte Theorie aufstellen lassen könnte. Vor allem die geordneten Strukturen im Chaos verführen dazu, anzunehmen, dass dies wirklich gelingen könnte.

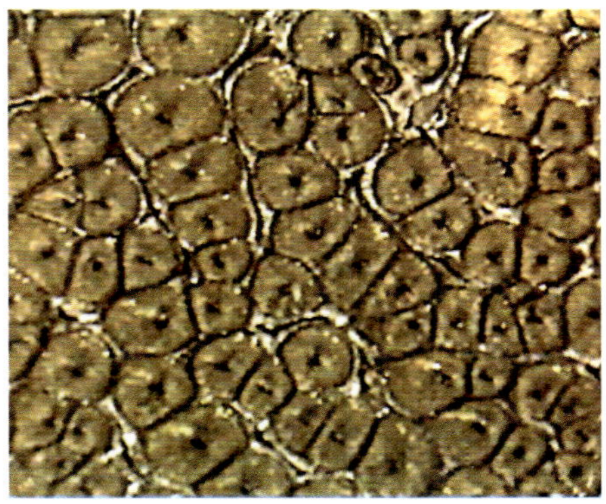

Für Liebhaber der japanischen Küche eröffnet sich diese Ordnung im Chaos immer dann, wenn sie ihre Misosuppe essen. Diese Suppe besteht aus einer fast klaren Flüssigkeit mit einigen Sojamehlbestandteilen und wird sehr heiß in einem Gefäß mit einem Deckel serviert. Öffnet man den Deckel, so treiben die Sojateilchen in Konvektionszellen nach oben. Die

● *Mit einfachen Mitteln kann man ein von der Natur häufig benutztes Muster erzeugen. Diese Dendriten, regelmäßig verzweigte Strukturen, entstehen durch Zusammenpressen einer Fettschicht.*

Temperaturdifferenz zwischen der heißen Suppe und der umgebenden Luft verursacht diese Bewegung. Wieder ein Beispiel, wie aus einer ungeordneten Materie offenbar Ordnung entstehen kann.

Drückt man einen Stempel auf einen Fettklecks und zieht ihn wieder zurück, so lässt sich ein wohlgeordnetes Muster beobachten. Auch ein Beispiel für die Selbstorganisation.

In der Halbleitertechnik versucht man zu immer kleineren Strukturen vorzustoßen. Dabei werden auch punktweise Fremdatome auf anderen Materialschichten untergebracht, um damit die sich verändernden elektrischen Eigenschaften für elektronische Bausteine auszunutzen. Verschiedene Techniken wurden bis jetzt angewandt, um solche Ministrukturen herzustellen. Zum Beispiel versucht man, das durch Ätztechniken zu erreichen, aber das geht nur bis zu einer bestimmten Grenze, weil dabei die Kristalleigenschaften des Basismaterials beeinträchtigt werden. Dann aber machte man eine sensationelle Entdeckung: Trägt man ein Fremdmaterial hauchdünn auf ein Basisplättchen auf, überzieht es zunächst den Untergrund mit einem dünnen Film. Plötzlich jedoch zerreißt dieser Film, und die fremden Atome graben sich in das Basismaterial ein. Das geschieht nicht etwa ungeordnet. Die Moleküle

● *Simulation des Wachstums eines Quantenpunktes auf einer Halbleiteroberfläche.*

des Fremdmaterials arrangieren sich zu kleinen Minipyramiden. Diese werden von den Physikern Quantenpunkte genannt. Es entsteht ein Gebilde höchster Ordnung. Die Pyramiden weisen eine innere Symmetrie, eine identische Orientierung, identische Formen und identische Größen auf, und das Arrangement zeigt, dass ein Gleichgewicht entstanden ist.

Vor allem Anfang der neunziger Jahre haben mehrere Forschergruppen dieses Wachstum extrem dünner Halbleiterschichten von nur wenigen Atomlagen Dicke auf einem anderen Material untersucht. Dabei stellte sich heraus, dass sich die neue Schicht zwar zunächst flächenhaft ausbreitet, doch dann bilden sich auf einer nur ein bis zwei Atomlagen dicken Schicht einzelne Wachstumsinseln. Das Fremdmaterial bildet ein Muster von winzigen Pyramiden auf der Schicht. Diese Pyramiden repräsentieren den niedrigsten Energiezustand in diesem System und deshalb streben die Teilchen in dieses Arrangement. Zugleich entspricht ihre spontane Anordnung dem höchstmöglichen Ordnungszustand. Die Kanten aller Pyramiden liegen entlang der Symmetrierichtung des Kristalls. Alle Pyramiden sind mehr oder weniger gleich groß und sitzen obendrein in den Kreuzungspunkten eines quadratischen Gitters. Das ist wiederum die energetisch günstigste Anordnung.

Interessant ist, dass diese Pyramiden sich wie ein einziges großes Superatom verhalten. Elektronen nehmen Energiezustände an, die nicht beliebig sind, sondern deren Niveau sich, wie bei einzelnen Atomen, nur abrupt, in ganz bestimmten Quantensprüngen verändert. Daher der Name Quantenpunkt. Wenn ein darin eingesperrtes Elektron von einem höheren auf ein tieferes Energieniveau springt, dann sendet es Licht einer bestimmten Wellenlänge aus. Gelingt es, aus diesen vielen Quantenpunkten das Licht zur gleichen Zeit abzurufen, dann wird das Licht in der gleichen Schwingungsphase abgestrahlt, und so erhält man einen Quantenpunktlaser.

Übrigens ist der Abstand der Energieniveaus in einem Quantenpunkt von der Größe der Quantenpunkte abhängig, und deshalb kann man mit diesem Minilaser unterschiedliche Lichtwellenlängen erzeugen. Durch diese Selbstorganisation im kristallinen Bereich öffnet sich so eine phantastische neue technische Anwendung, eine Systemordnung, die man vorher bei solchen Materialkombinationen nie vermutet hätte.

Was wir im Kleinen beobachten, könnte auch bei der Entstehung unseres Planetensystems eine Rolle gespielt haben. Der Urknall, der nach einer gängigen Theorie zur Entstehung des Weltalls führte, hatte eine Gleichverteilung der Materie zur Folge. Aus dieser Homogenität entwickelten sich jedoch mit der Zeit Bereiche, die eine große Ordnung aufwiesen, zum Beispiel Sterne oder Spiralnebel. In unserem Planetensystem verdichteten sich die Materienebel zur Sonne und zu den Planeten. Ein Beispiel für die Selbstorganisation der Materie?
Wissenschaftler versuchten, ein kleines Stück Weltraum ins Labor zu holen. Sie ließen Flüssigkeiten zwischen zwei Zylindern rotieren. Unter bestimmten Bedingungen entstand inmitten der chaotisch strömenden Flüssigkeit plötzlich ein Fleck – ein Bezirk der Ordnung. Was hier im Labor simuliert wurde, sollte Aufschluss geben über die Entstehung des großen Flecks auf dem Jupiter. Auf dem größten Planeten, der unsere Sonne umkreist, strömen Gasmassen hin und her. Aber in diesem Chaos hat sich ein beständiger Bereich ausgebildet, ein Bezirk der Ordnung: der Fleck des Jupiters, der eine Längenausdehnung von ca. 21 000 Kilometern besitzt. Interessant ist es herauszufinden, wie die Bedingungen aussehen, die zu Inseln der Ordnung führen.

● *Aus der Staubscheibe unseres Planetensystems bildeten sich durch »Selbstorganisation« die Planeten.*

Auch in der sich heftig bewegenden Atmosphäre unserer Erde sind solche Bezirke der Ordnung zu erkennen: Hoch- und Tiefdruckgebiete, die relativ stabil in den wild hin und her strömenden Luftmassen liegen. Das Azorenhoch ist eines davon, das sich zu bestimmten Jahreszeiten immer wieder bildet. Ein ganz ähnliches Bild ergibt sich, wenn man die Wasserdampfverteilung in der Atmosphäre sichtbar macht. Auch hier bilden sich Ordnungsmuster, denen die Verteilung des Wasserdampfs regelmäßig folgt. Von der stabilen Lage dieser Bereiche relativer Ordnung – von der Ausbildung eines Musters im Chaos – sind das Wetter und auch das Klima auf unserer Erde abhängig. Schon leichte Störungen können das System umkippen lassen. Eingriffe in die Abläufe der Atmosphäre durch den Menschen bergen in sich die Gefahr, zum Chaos zu führen – und keine Theorie kann voraussagen, unter welchen Bedingungen das sein wird.
Lineare Systeme besitzen eine mathematische Lösung der sie beschreibenden Gleichungen. Sie sind vorhersagbar und bieten keine Überraschung. Nicht-lineare Systeme jedoch haben die Fähigkeit, in das deterministische Chaos zu gelangen und sich überdies selbst zu organisieren. Und das Beispiel vom Zuschauerapplaus im elften Kapitel zeigt, dass es so etwas wie Selbstorganisation auch im sozialen Bereich gibt. Ein Applaus beginnt ungeordnet, chaotisch. Nach einer bestimmten Zeit ist jedoch ein Rhythmus zu erkennen. Weil in dieser Rhythmusphase jeder nur halb so schnell in die Hände klatscht, nimmt das Gesamtgeräusch ab. Das motiviert offenbar die Zuschauer, schneller zu klatschen, und der Applaus wird wieder chaotisch. Danach folgt wieder die rhythmische, geordnete Phase usw.
Wie sich Materie selbständig zu Mustern ordnen kann, zeigt das folgende Experiment besonders gut. In einer Schale mit Öl befinden sich statistisch verteilt einige hundert Stahlkugeln. Über dem Öl ist eine Metallspitze angebracht, an die eine elektrische Spannung von etwa 20 kV (Kilovolt) angelegt wird. Unter dem Einfluss des elektrischen Feldes ordnen sich die Kugeln langsam zu seltsamen Verzweigungen. Diese Muster kommen uns bekannt vor, als ob wir sie schon häufig in der Natur beobachtet hätten. Und tatsächlich kann man zeigen, dass diese Verzweigungen offenbar ein Teil des Bauplans sind, den die Natur benutzt.
Untersucht man die Muster genauer, so fällt auf, dass sich in ihnen immer wieder die gleichen Formen der Verzweigung finden. Gleichartige Ele-

● *In den chaotisch hin und her strömenden Gasmassen des Jupiter bilden sich stabile Bereiche der Ordnung aus, die als Flecken zu beobachten sind.*

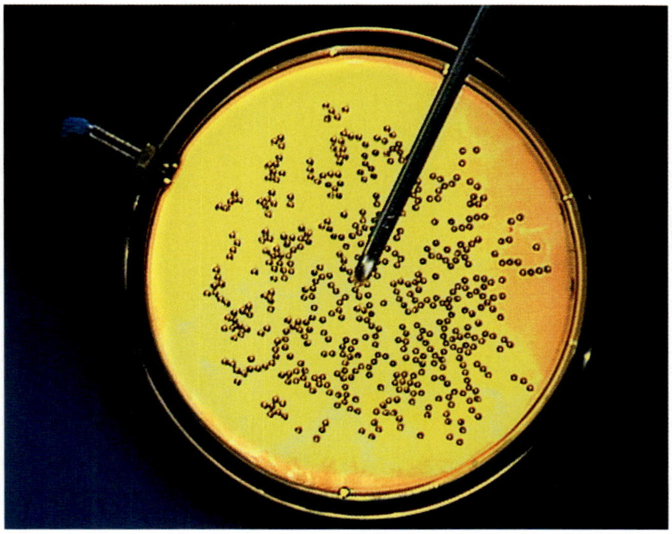

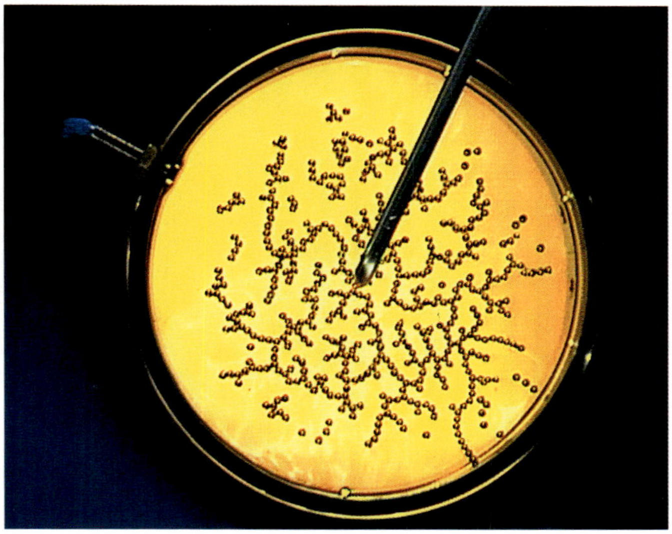

mente setzen sich zu einer großen geometrischen Form zusammen, die wiederum ein Abbild der Ministrukturen ist. Diese Eigenschaft nennt man »selbstähnlich«. Die Gesamtstruktur ist dabei aus einander ähnlichen Einzelformen aufgebaut, und das scheint eine wichtige Eigenschaft der geordneten Muster im Chaos zu sein. Mit dieser zusätzlichen Überraschung, die uns das Chaos bietet, beschäftigt sich das nächste Kapitel.

● *Stahlkugeln ordnen sich unter einem elektrischen Feld zu dentritischen Mustern an.*

● *Die unruhige Oberfläche der Sonne zeigt sehr regelmäßige Schwingungen. Die Ordnung im Chaos? Aus diesen Bewegungen kann man auf das Innere der Sonne schließen.*

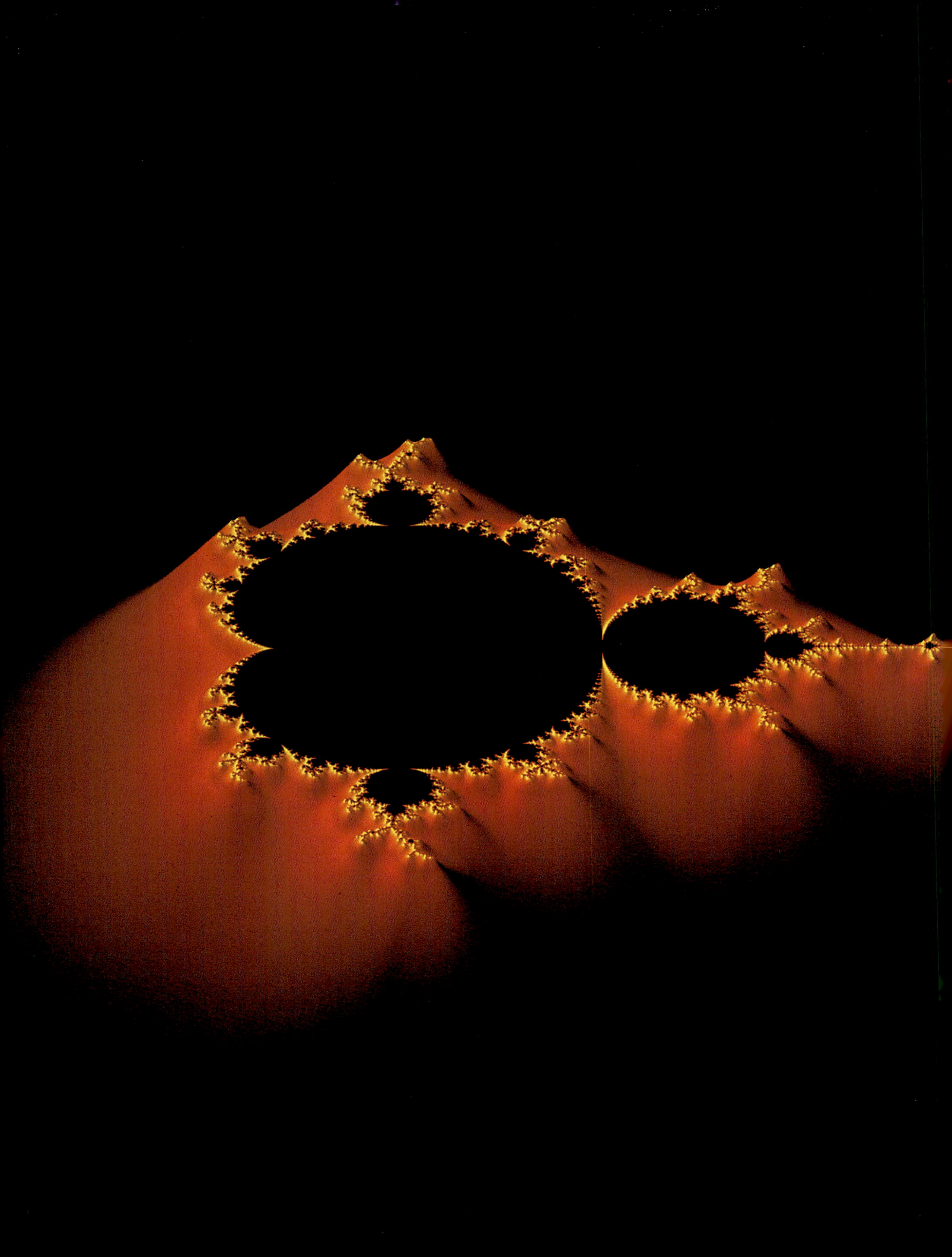

Die Vielfalt der Natur – eine Täuschung?

14

Die Figur auf der Abbildung links gilt als Symbol für neue Einblicke in mathematische Strukturen. Sie scheint eine unfassbare Komplexität zu besitzen. Ein Computer hat sie erzeugt, und sie heißt nach ihrem Erfinder Mandelbrot-Menge. Mit Hilfe des Computers kann man Teile dieser Figur vergrößern – und dabei zeigt sich etwas Überraschendes. Schaut man sich die Mandelbrot-Menge im Detail an, so findet man immer wieder dieselben Elemente. Die komplexe Struktur der Ausgangsfigur wird aus gleichen Formen zusammengesetzt. Die Figur setzt sich aus »selbstähnlichen« Elementen zusammen. Man nennt solche geometrischen Gebilde, die ihre Struktur in immer kleinerem Maßstab wiederholen, Fraktale.
Auch in der Natur findet sich diese Selbstähnlichkeit. Wird – wie auf unserer Abbildung auf Seite 166 – ein Stück Romanesco-Gemüse vergrößert, so tauchen immer wieder dieselben Grundelemente auf. Auch hier zeigt sich, dass die komplexe Struktur dieser Kohlart durch immer gleiche kleinere Formen zusammengesetzt wird. Jede dieser kleinen Verzweigungen gleicht zudem der Form des gesamten Kohls. Offenbar zeigen sich in komplex erscheinenden Gebilden verborgene Regelmäßigkeiten der Natur.
Mit dieser Entdeckung stellen sich neue Fragen. Wie lang zum Beispiel ist die Küstenlinie eines Landes? Auch sie ist aus selbstähnlichen Elementen zusammengesetzt. Durch aufeinander folgende Vergrößerungen ist das leicht zu sehen. Will man die Länge vermessen, so kommt man offenbar in Schwierigkeiten. Denn je nach der gewählten Vergrößerung ist die Küstenlinie länger oder kürzer. Nimmt man eine detaillierte Abbildung zur

● *Diese so komplex aussehende Figur ist aus »selbstähnlichen« Elementen zusammengesetzt. Ist die Natur immer nur aus einfachen Strukturen aufgebaut?*

● *Der auf den ersten Blick so komplex aussehende Kohl ist aus den immer gleichen Elementen aufgebaut.*

Grundlage der Vermessung, so wird die Küstenlinie länger als mit einer gröberen Darstellung der Küstenumrisse.
Würde man sie grafisch darstellen, fänden sich übrigens auch in der Bevölkerungskurve selbstähnliche Bereiche. Mit dem Computer kann man bestimmte Bezirke der Chaoskurve vergrößern und damit diese Eigenschaft sichtbar machen. Interessant ist jedoch noch ein anderer Gesichtspunkt dieser komplexen Strukturen: Man kann sie mit einfachen Regeln selbst produzieren! Ein berühmtes Beispiel dafür ist die Kochsche Kurve (Grafik Seite 168). Dabei wird zunächst ein Dreieck gezeichnet. Der nächste Schritt besteht darin, aus den Dreieckseiten wiederum Dreiecke zu machen usw. Es entsteht eine Figur, die unendlich komplex erscheint, jedoch immer wieder aus den gleichen Elementen besteht. Auch diese Figur ist unendlich lang – genauso wie die Küstenlinie im vorherigen Beispiel. Spiegelt man diese Kurve an der Horizontalen, so zeigt sich zudem eine Struktur, die mit einer Schneeflocke vergleichbar ist. Wiederum haben wir es mit einem Fraktal zu tun, einer geometrischen Figur, deren Form sich in immer kleinerem Maßstab wiederholt.

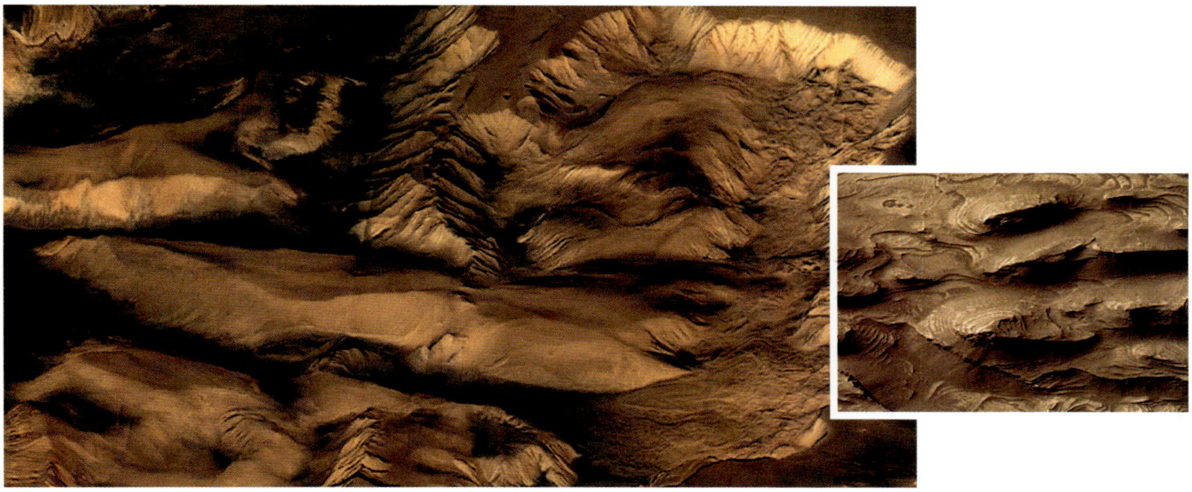

Mit Hilfe des Computers sind heute auch kompliziertere Abbildungsregeln recht einfach durchzuführen. Sie werden als mathematische Transformationen programmiert. Wie in der Abbildung auf Seite 169 (oben) werden immer wieder dieselben Elemente nach einfachen Vorschriften aneinandergelagert. Man kann das in mathematische Formeln fassen und mit einem Computer ausrechnen – oder mit Hilfe eines Farbkopierers praktisch ausführen. Zudem wird die Figur immer weiter verkleinert. Nach diesen einfachen Regeln entwickelt sich eine komplexe Struktur – ein Farnblatt, das seinem Pendant in der Natur in nichts nachsteht.
Diese Selbstähnlichkeit komplexer Strukturen hilft offenbar auch, ein Rätsel in der Natur zu lösen: In jedem Lehrbuch steht, dass kleine Menschen oder Tiere Hitze besser vertragen können als große. Das liegt daran, dass das Volumen mit einer Potenz hoch drei in den Abmessungen gerechnet wird, während die Oberfläche geometrisch nur eine quadratische Abhängigkeit zeigt. Ist ein Tier zum Beispiel zehnmal so lang, breit und hoch, dann wächst sein Volumen um das Tausendfache, die Oberfläche jedoch nur um das Hundertfache. Die Oberfläche ist wichtig, um überflüssige Körperwärme abstrahlen zu können, die vom Körpervolumen erzeugt wird. Ein großer Organismus besitzt viele Zellen, also entsteht viel Wärme. Um Überhitzung zu vermeiden, muss diese Wärme abgeführt werden.
Bei einem kleinen Körper ist das Verhältnis seines Volumens zur Oberfläche gerade so ausgelegt, dass diese überschüssige Wärme optimal abge-

Fotos der Raumsonde Mars Global Surveyor von der Marsoberfläche. Auch hier läßt sich die verwirrende Vielfalt des Erscheinungsbilds auf geometrische Gebilde zurückführen, die ihre Struktur in immer kleinerem Maßstab wiederholen – sogenannte »Fraktale«. Das macht die Vermessung solcher Linien so schwierig.

Diese komplexe Struktur der Kochschen Kurve entsteht durch eine einfache Regel.

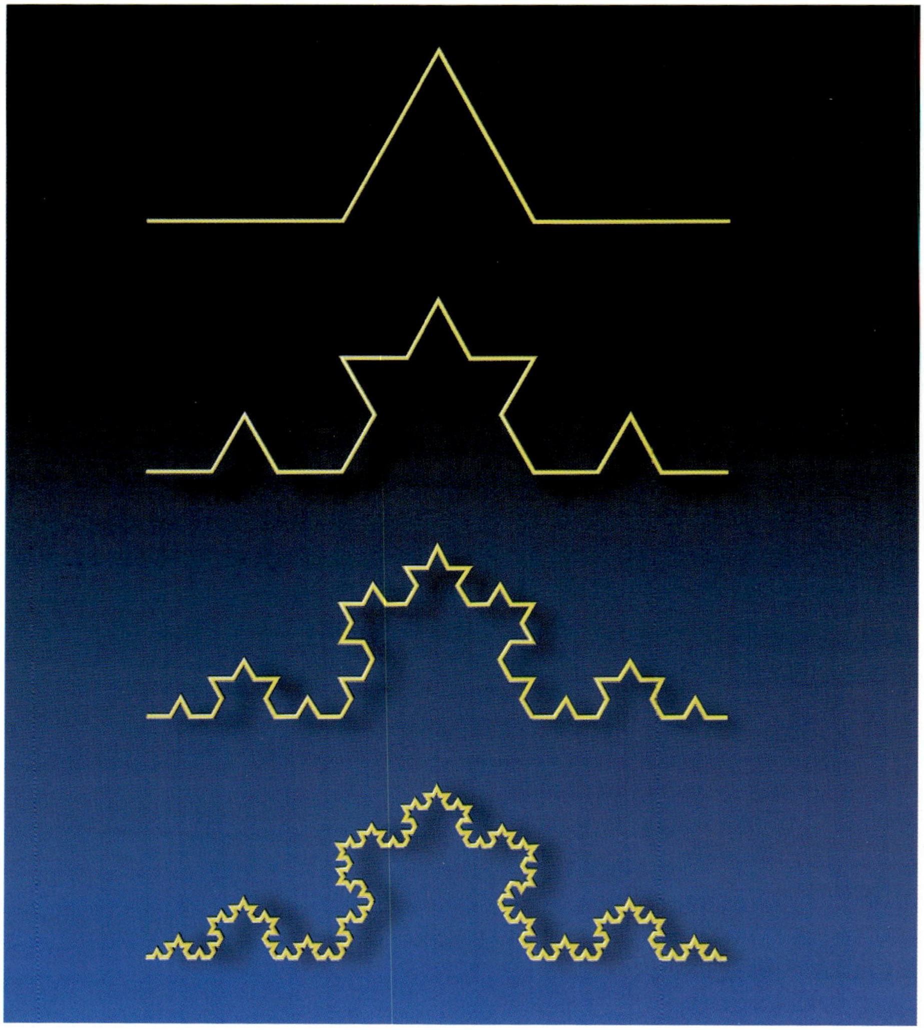

strahlt werden kann und sich der Körper so immer im thermischen Gleichgewicht befindet. Dieses Verhältnis ist zwar ideal für die Tropen, in kälteren Regionen jedoch bereitet dieser Sachverhalt Probleme. Ein kleiner Körper muss hier ständig mehr Wärme produzieren, um die abgegebene Energie zu ersetzen. Ein großer Körper besitzt ein anderes Verhältnis zu seiner Oberfläche, wie die obige Rechnung zeigt – er strahlt relativ weniger Wärme ab, deshalb sind die Menschen und Tiere des Nordens groß. So weit jedenfalls die Theorie. Aber wer einmal die Massai in Afrika gesehen hat, weiß, dass sie groß sind, die Eskimos hingegen klein. Und solche Gegenbeispiele finden sich viele.

Ein Farnblatt lässt sich durch eine sehr einfache Kopiervorschrift künstlich erzeugen.

Irgendetwas scheint also an dieser Erklärung nicht stimmig zu sein. Die Lösung liegt wiederum in den Fraktalen, den zahllosen selbstähnlichen Elementen, aus denen auch das Adergeflecht der Blutbahnen zusammengesetzt ist. Wie bei einer Küstenlinie, die bei zunehmend vergrößerter Betrachtung auch immer neue Längen offenbart, zeigt sich das bei den Adergeflechten, welche die Abwärme produzierenden Organe wie die Leber oder Niere durchziehen. Das Verhältnis zwischen den Maßen des Volumens und der Oberfläche eines Körpers ist dabei nicht wichtig. Ent-

Eine Niere ist aus sehr vielen selbstähnlichen Elementen zusammengesetzt – und das hat einige Vorteile.

scheidend ist vielmehr die fraktale Struktur des Blutgefäßsystems. Seine zahlreichen Verzweigungen übernehmen den Wärmetransport im Körper. Und stellt man das in Rechnung, dann gibt es keinen Unterschied zwischen einem großen und einem kleinen Körper. Das Verhältnis zwischen Oberfläche und Volumen, bezogen auf diese fraktalen Adergeflechte, ist gleich. Und so erklärt sich, warum durchaus auch große Menschen in Afrika leben und kleine im kalten Norden.

Diese Methode, mit sehr einfachen, überschaubaren Regeln komplizierte Strukturen zu schaffen, kann auch in vielen anderen Fällen angewendet werden. Die Komplexität der Natur scheint sich häufig auf einander ähnliche Elemente zu reduzieren. Wenn man keinen Computer zur Verfügung hat, entwickelt sich ein Gespür für diese Situation mit einem alten Papierspiel. Dazu wird ein Blatt Papier mehrmals gefaltet und mit einer Schere schneidet man an den Kanten immer wieder Dreiecke ein. Diese immer gleichen Schnitte entsprechen den Abbildungsvorschriften im Computer. Faltet man das Blatt Papier auseinander, so erscheint eine scheinbar komplexe Struktur, obwohl in ihr immer wieder die vorher eingeschnittenen Dreiecke zu erkennen sind.

Erstaunlich ist, dass man mit einfachen Elementen und Regeln die komplexen Strukturen der Natur aufbauen kann. Farnblätter, Kohlköpfe oder auch Schneekristalle sind nur einige Beispiele dafür. Lassen sich die kompliziert erscheinenden Strukturen in der Natur jedoch wirklich so einfach enträtseln?

Die Aufgabe der Naturwissenschaftler würde dann darin bestehen, die komplizierten Strukturen auf einfache mathematische Zusammenhänge zurückzuführen. Hätte man erst einmal die Grundelemente entdeckt, die eine Form, zum Beispiel die Struktur eines Blattes aufbauen, so ließe sich daraus Schritt für Schritt der Bauplan der Natur entschlüsseln. Entpuppt sich also die Natur als Baukasten mit überschaubaren Formen?

In der Nachrichtentechnik werden heute schon Erkenntnisse aus der Selbstähnlichkeit versuchsweise genutzt. Dabei reduziert man kompliziert aufgebaute Fernsehbilder auf möglichst einfache Grundelemente, aus denen sich das Gesamtbild zusammensetzen lässt. Nur diese Elemente werden vom Sender zum Empfänger übertragen und dort nach den entsprechenden Regeln wieder zusammengesetzt. Mit diesem Trick versucht man, Übertragungskapazität zu sparen.

Dieses gefaltete Ppier kann durch eine einfache Schnittfolge eine vielfältige Struktur zeigen. Der geniale Trick der Natur?

Die vorangegangenen Kapitel zeigten, dass wir heute einen tiefen Umbruch in der naturwissenschaftlichen Denkweise erleben. Die Natur offenbart sich als ein Gebilde, in dem sich überschaubare, geordnete Bereiche mit Situationen abwechseln, in denen keine Vorhersagen mehr zu treffen sind. Die Bezirke der Ordnung scheinen überdies nicht allzu häufig zu sein. Dieses gemischte Bild des Universums hat zur Folge, dass sich viele Abläufe in der Welt, in der wir leben, nicht langfristig vorhersagen lassen. Häufig tauchen unvermutet Situationen auf, die den Gleichlauf der Dinge unterbrechen und das Ziel der Vorhersagbarkeit zunichte machen.

Erschütterungen im Weltbild der Naturwissenschaften sind nicht neu; vor dieser Erkenntnis gab es schon andere umwälzende Entdeckungen, nach denen man das Weltbild der Naturwissenschaftler umarbeiten musste – zum Beispiel die Quantentheorie und die Relativitätstheorie. Welche Schwierigkeiten uns diese beiden Vorstellungen von der Welt beim grundsätzlichen Verständnis des Universums bereiten, zeigen die folgenden Kapitel.

An den Grenzen der Naturwissenschaften

15

Hat man eine Theorie aufgestellt, also ein Modell von den Abläufen in der Natur gemacht und mathematisch formuliert, so sieht alles sehr klar und einfach aus. Die Natur wird überschaubar. Wir wissen jedoch, dass diese Strukturierung in den Grenzen unserer menschlichen Vorstellungskraft erfolgt und allein schon deshalb nicht vollkommen ist. Zudem wird durch die Reduktion der komplexen Abläufe die Gültigkeit dieser Modelle eingeschränkt. Das Beispiel mit der gedehnten Feder (zweites Kapitel) macht deutlich, wie diese Einteilung der Natur nach unseren Möglichkeiten erfolgt: In einem abgegrenzten Bereich zeigt das Modell einen linearen Zusammenhang – die Feder streckt sich in dem Maße, in dem man das Gewicht vergrößert; dann jedoch, bei Überdehnung, wird alles weitaus komplizierter. Zwar ist es möglich, für diese Situation auch eine Modellvorstellung zu entwickeln und die mathematischen Formeln dafür hinzuschreiben, aber allzu praktisch ist dieses Modell nicht. Man kann mit ihm physikalisch nicht weit in die Zukunft blicken; denn mit wachsender Zeit ändern sich die Ergebnisse aus dem mathematischen Formelwerk so dramatisch, dass eine weiterreichende Vorhersage nicht möglich ist. Das System nähert sich dem Chaos. Zudem gelingt es nur unter größten Schwierigkeiten, diese mathematischen Gleichungen überhaupt zu lösen. Hier wird klar, dass selbst bei dem einfachen System Feder–Gewicht eine physikalische Theorie etwas vorgaukeln kann, das sie letztendlich nicht erfüllt. Oft genug stellt sie die Situation in der Natur nur äußerst dürftig dar.

Newton erweckte mit der Formulierung seiner Bewegungsgleichungen den Eindruck, dass damit das gesamte Universum mathematisch beschrie-

● *Gesetzmäßigkeiten im Universum zu erkennen, ist ein Traum der Naturwissenschaftler. Doch gibt es sie überhaupt, die umfassende Theorie von der Welt?*

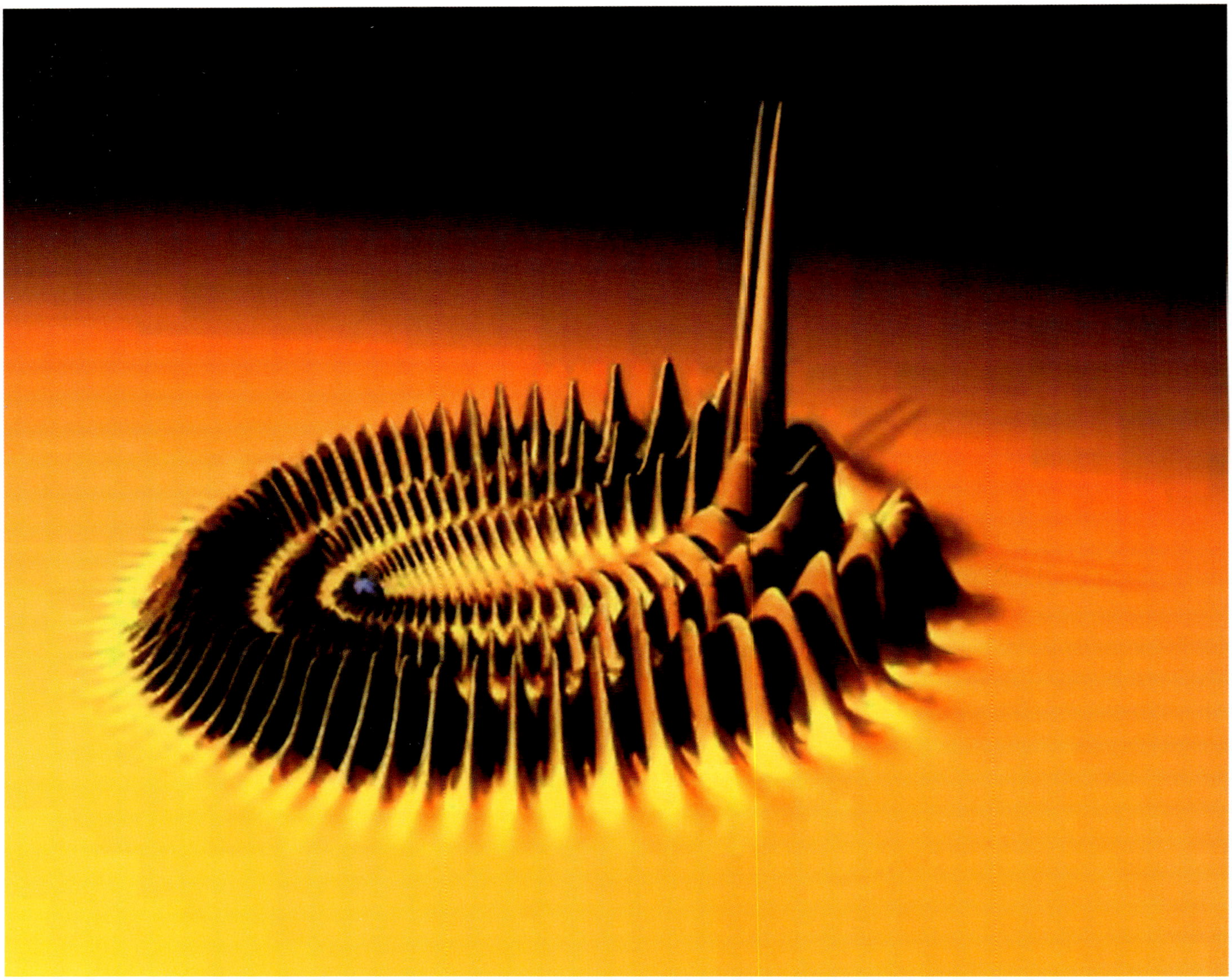

Die Elektronenverteilung um ein Rubidium-Molekül, wie es sich die Wissenschaftler vorstellen. Doch die mathematische Behandlung eines solchen Moleküls ist äußerst schwierig.

ben sei. Aber das Aufschreiben der Gleichungen war die eine Sache, aus ihnen Lösungen zu erhalten, die andere. Wie schon in den vorherigen Kapiteln erwähnt, muss sich das ausschweifende mathematische Formelwerk, das die Wechselwirkung aller Himmelskörper untereinander enthält, in der Praxis, wenn es um die rechnerische Lösung geht, auf das Zwei-Körper-Problem reduzieren. Der Einfluss der anderen Planeten wird, als »Störung« pauschaliert, mehr oder weniger genau in Rechnung gestellt. Dieses Vorgehen ist auch bei allen anderen Theorien – selbst den neuesten – nicht vermeidbar. So können die »Bewegungsgleichungen« der Quantenphysik, in denen statt mit der Abhängigkeit eines definierten Ortes von der Zeit mit Wellenfunktionen gearbeitet wird, auch nur exakte Lösungen eines Zwei-Körper-Problems anbieten. Damit ist gerade einmal das simple Wasserstoffatom zu berechnen, mit einem Proton in der Mitte, das von einem »verschmierten« Elektron umkreist wird. Alle anderen Atome mit mehr Elektronen müssen mit Näherungsverfahren angegangen werden. Auch hier wieder die gleiche Situation: eine glänzende Theorie mit einer eindrucksvollen Beschreibung des Mikrokosmos, jedoch behaftet mit der äußerst begrenzten Lösbarkeit der mathematischen Gleichungen.

● *Im Computer werden Speziallösungen der Einsteingleichungen simuliert, um das Auffinden von Gravitationswellen zu erleichtern. Diese Wellen, die den Raum verzerren, gehen von einem Zusammenstoß zweier Schwarzer Löcher aus.*

Einsteins Relativitätstheorie wird allgemein als großer Schritt hin zu einem besseren Verständnis des Universums angesehen, was sie auch ohne Zweifel ist. Sie beschert uns die Vorstellung eines durch Massen gekrümmten Raumes und die mit ihm verknüpfte Zeit als vierte Dimension. Allerdings kommt es bei der Lösung der diese Situation beschreibenden Gleichungen zu gigantischen Schwierigkeiten. Heerscharen von Mathematikern beschäftigen sich damit, wenigstens Teillösungen zu finden. Sie betrachten Spezialfälle, um die eine oder andere Antwort zu finden. Grundsätzlich wird bei diesen Gleichungen vorausgesetzt, dass die Materie im Universum überall gleichförmig verteilt ist. Ein Blick in den Sternenhimmel zeigt uns, dass dies bei weitem nicht der Fall ist. Es gibt Anhäufungen von Materie, die Galaxien bilden weiträumige Strukturen, und das gilt allein schon für die sichtbare Materie. 90 Prozent der Gesamtmaterie in unserem Universum soll jedoch unentdeckte dunkle Materie sein. Welch gewagte Annahme also, und das alles, um aus den Einsteinschen Gleichungen wenigstens einige Speziallösungen zu erhalten. Mit diesen Beispielen wird deutlich, dass die neuen Theorien uns zwar tiefere Einsichten in das Universum vermitteln, sie für den praktischen Gebrauch aber eher unhandlich sind. Kein Physiker wird in dieser Situation die Newtonschen klassischen Bewegungsgleichungen in jedem Fall gegen die Relativitätstheorie austauschen. Solange sich Aufgaben inner-

halb des Newtonschen Weltbildes lösen lassen, wäre es einfach ineffektiv, sich des komplizierten mathematischen Formalismus, der mit der Relativitätstheorie einhergeht, zu bedienen. In bestimmten Situationen, in der Nähe der Lichtgeschwindigkeit zum Beispiel, muss man allerdings die relativistischen Effekte in Rechnung stellen und versuchen, Lösungen der Einstein-Gleichungen zu erhalten. Die Theorien der Physiker über unser Universum vermitteln uns neue Sichtweisen des Universums, der Pragmatismus jedoch führt dazu, das jeweils taugliche Modell für die Lösung einer Aufgabe zu verwenden, selbst wenn es nicht unbedingt dem neuesten Bild von der Welt entspricht. Dieses Verfahren macht wiederum deutlich, mit welcher Distanz Naturwissenschaftler ihre Modellvorstellungen betrachten. Sie verwechseln sie nicht mit der Wirklichkeit, sondern sehen sie als Hilfsmittel an, um praktische Vorhersagen machen zu können. Und deutlich wird auch, dass die Wissenschaft nur vorläufige Wahrheiten liefert. Keiner kann behaupten, dass zum Beispiel die Relativitätstheorie der Weisheit letzter Schluss ist. Sie gilt nur so lange, bis sie von Ergebnissen neuer Experimente in Frage gestellt wird und man sie dann schließlich ersetzen muss.
Selbstverständlich strebt man auch nach einer allumfassenden, einzig »wahren« Modellvorstellung vom Universum. Denn es erscheint zum Beispiel nicht sehr vertrauenswürdig, dass so viele Einzeltheorien existieren, die nur für bestimmte Bereiche im Universum gelten sollen: die Quantentheorie für den Mikrokosmos und die Relativitätstheorie für die Vorgänge im Großen. Auch die unterschiedlichen Kräfte, mit denen wir es zu tun haben, unterteilen die Physik – und damit die Welt, in der wir leben – in verschiedene Unterabteilungen. Die Elektrodynamik ist für die elektrische und magnetische Kraft zuständig, die Mechanik für die Massenanziehung, für die Gravitation, und zudem gibt es noch zwei Kräfte im atomaren Bereich, im Mikrokosmos. Diese Bereiche werden heute separat behandelt, und das funktioniert auch ganz gut, ist allerdings nicht vereinbar mit der Vorstellung eines einheitlichen Universums, in der all diese Bereiche ineinander übergehen und sich aus nur einer übergreifenden Theorie ableiten lassen. Verkürzt nennt man diese Theorie die Weltformel (in dem Buch »Geheimnisse unseres Universums« wurde das Problem ausführlich beschrieben). Die Idee dabei ist, dass sich zu Beginn unseres Universums alles, auch der Raum und die Zeit, aus einem winzigen Punkt

entwickelt hat. Mit dem Urknall dehnte sich alles aus, und durch die damit verbundene Abkühlung entstand die Vielfalt der Teilchen und Kräfte, mit der wir es heute zu tun haben.

Das Ziel bei der Suche nach der Weltformel – der vereinheitlichten Theorie über das Universum – ist es, eine mathematische Beschreibung zu finden, die für die Anfangsphase unseres Universums gültig ist und aus der sich dann die spätere Vielfalt der Teilchen und das Aufsplitten in vier Kräfte – unsere Realität also – ableiten lässt. Zu Beginn unseres Universums soll es nur eine Sorte von Teilchen und nur eine Kraft gegeben haben, aus denen das heutige Angebot letztendlich entstanden ist. Bei der Suche nach dieser Weltformel hat man schon einige Erfolge erzielt. So gibt es eine Theorie, mit der man drei Kräfte, die elektromagnetische und die beiden Kernkräfte, zusammenführen kann. Die vierte Kraft jedoch, die Gravitation, ebenfalls einzubeziehen, ist bis jetzt nicht gelungen, und

- *Heute zeigen sich im Universum viele unterschiedliche Teilchen, die von vier Kräften beherrscht werden. Der Traum ist es, zu einer allumfassenden Theorie zu finden, aus der sich diese Vielfalt, die sich nach dem Urknall entwickelt hat, ableiten lässt.*

Das Quantenuniversum ist eine abrupte, diskontinuierliche Welt. Dagegen setzt die den Makrokosmos beschreibende Relativitätstheorie ein Kontinuum voraus. Hier zeigt sich die große Schwierigkeit, beide Theorien zu einer einzigen zusammenzufassen.

dabei scheint es auch grundsätzliche Schwierigkeiten zu geben. So ist es bis heute nicht möglich, die Welt, die wir direkt erfahren, das Geschehen im Großen, wo die Gravitation wichtig ist, aus dem Kleinen heraus – aus dem Urknall – einheitlich zu erklären.

Sieht man einmal von der Praxis ab, in der viele Einzeltheorien zur Lösung der Probleme benutzt werden, so gründet sich das heutige Weltbild der Physiker auf zwei Modellvorstellungen. Die eine ist die Relativitätstheorie, in der die Gravitation die entscheidende Rolle spielt. Die Gravitation hat einen sehr weitreichenden Einfluss und bestimmt die Abläufe im Universum im Großen. Daneben steht die Quantentheorie, die die Vorgänge im Mikrokosmos, im Allerkleinsten, beschreibt. Jede dieser Theorien hat in ihrem Geltungsbereich große Erfolge vorzuweisen. Will man sie jedoch kombinieren, so verhalten sie sich wie Feuer und Eis, sie lassen sich mathematisch nicht in den Griff bekommen, und alle Versuche dazu führen zu unsinnigen Ergebnissen, zu Unendlichkeiten zum Beispiel. Beide Bereiche lassen sich nicht zu einer einzigen Formel zusammenführen. Nun könnte man der Meinung sein, dass alles so bleiben sollte, wie es ist, denn in ihren Einzelbereichen funktionieren beide Theorien ja recht gut, aber das hieße, dass das Universum in zwei

Bereiche gespalten wäre, und es lässt zudem den Verdacht aufkommen, dass diese Theorien von der Wirklichkeit vielleicht noch weiter entfernt sind, als man es ihnen wegen ihres Modellcharakters sowieso zugestehen möchte.

Will man den Traum realisieren, eine allumfassende Theorie der Vorgänge im Universum zu finden, dann kommt man an dem Problem, die Relativitätstheorie (die Welt der Gravitation) und die Quantenphysik miteinander zu vereinen, nicht vorbei. Denn am Anfang war ja unser Universum auf einen kleinen Punkt konzentriert. Wegen dieser Kleinheit müssen hier die Regeln der Quantenphysik Anwendung finden: Unschärferelationen, Wahrscheinlichkeiten, Quantenfluktuationen spielen da eine Rolle (siehe die Ausführungen dazu in dem Buch »Geheimnisse unseres Universums«). Ein brodelndes Meer, das aus dem Nichts etwas entstehen und wieder vergehen lassen kann. Mit dem Urknall sind auch Raum und Zeit entstanden, und auch diese müssen zu dem Zeitpunkt kleinster Ausdehnung diesem Brodeln mit allen Unbestimmtheiten unterworfen sein. Die Raumzeit wird im Quantenbild diskontinuierlich, körnig. Das widerspricht jedoch den Vorstellungen der Relativitätstheorie, die von einem kontinuierlich verlaufenden Raum ausgeht, ohne abrupte Abbrüche und

● *Ein Schwarzes Loch saugt Materie von einem Stern ab. In einem Schwarzen Loch müssen – wegen der hohen Massendichte auf kleinstem Raum – die Quanten- und die Relativitätstheorie gelten. Bis jetzt ein ungelöstes Problem.*

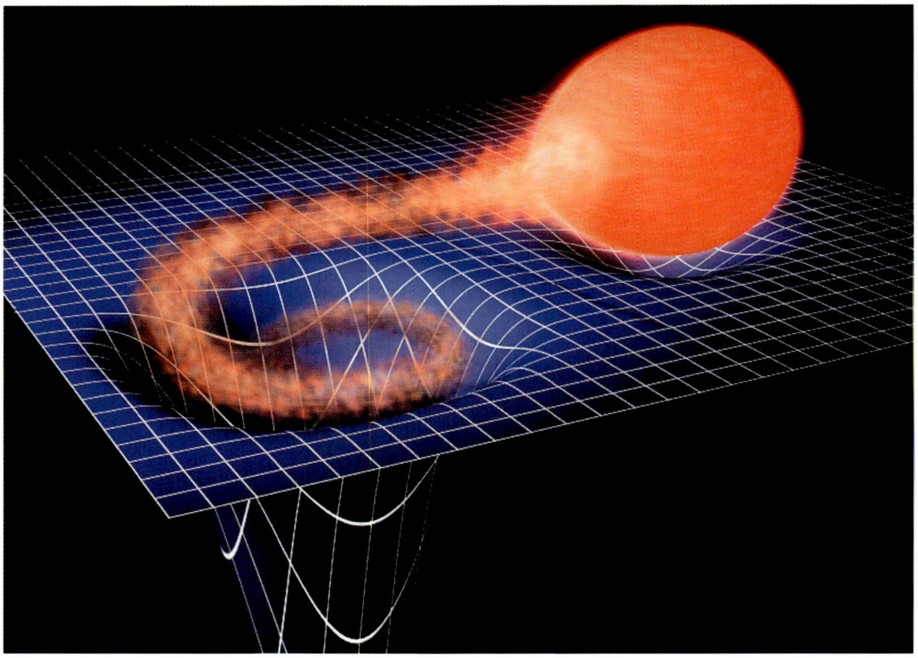

Unterbrechungen. Zudem wird in der Relativitätstheorie die Gravitation zu einer Eigenschaft der Raumzeit; Massen krümmen die Raumzeit. Die Quantenphysik jedoch handelt von Teilchen, die vor der Kulisse dieser Raumzeit agieren. An eine mathematische Verschmelzung dieser beiden Welten zu einer universellen Theorie ist vorerst nicht zu denken.

Wir müssen nicht zum Urknall zurückgehen, um zu erkennen, warum es so schwierig ist, die beiden Theorien miteinander zu vereinigen. Eine ähnliche Situation zeigt sich bei einem Schwarzen Loch. Hier ist ja auf kleinstem Raum eine ungeheure Masse konzentriert. Aufgrund der riesigen Masse kann die Gravitation nicht vernachlässigt werden, also ist die Relativitätstheorie gefragt. Die mikroskopisch kleinen Dimensionen jedoch verlangen auch nach der Anwendung der Quantenphysik. Beim Zusammenführen beider Theorien kommt es, wie schon bei der Betrachtung des Urknalls gezeigt, zu unüberbrückbaren Gegensätzen. Unendliche Größen in den Ergebnissen treten auf, Dinge, die nichts mehr mit der beobachteten Realität zu tun haben.

Bei allen Situationen im Universum, in denen die Objekte gigantische Massen besitzen und zudem sehr klein sind, müssen die Quantenphysik und die Relativitätstheorie gleichermaßen angewendet werden. In der

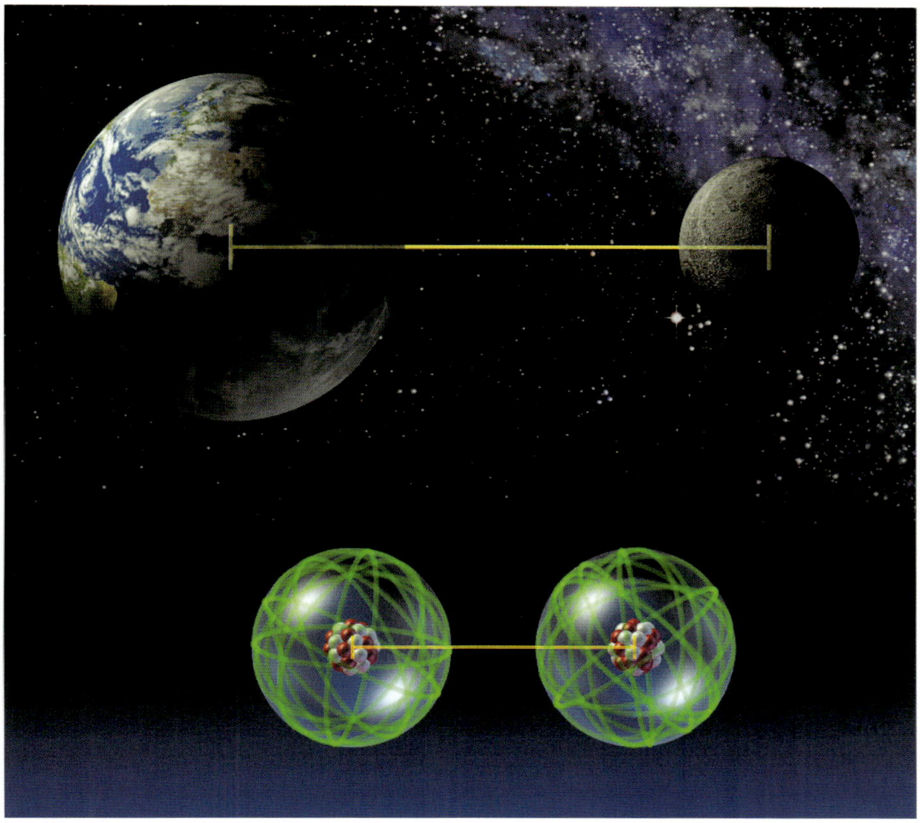

Bei atomaren Dimensionen kommt ein Konzept der Physik in Schwierigkeiten, das die Masse von Körpern in einem Punkt konzentriert. Wegen der kleinen Abstände führt das zu unendlich großen Ergebnissen.

alltäglichen Erfahrung kann man die Konfrontation dieser beiden Theorien weitgehend vermeiden. Berechnet man Vorgänge im atomaren Bereich, kann man den Gravitationseffekt der Erde oder der Laborwände getrost vernachlässigen. Er ist äußerst klein im Vergleich zur Wirkung der Kernkräfte. Aber in Extremsituationen – mit einer hohen Massenkonzentration auf winzigem Raum wie bei einem Schwarzen Loch oder auch zu Beginn unseres Universums – geht das, ist man konsequent, nicht. Das Bemühen, die Weltformel zu finden, scheint deshalb vor einem unüberwindlichen Hindernis zu stehen.

Warum es bei den Versuchen, beide Theorien zu vereinigen, zu »unendlichen« Lösungen kommt, kann man sich auch so plausibel machen: In der Physik rechnet man mit idealisierten Teilchen. Beim Aufstellen der mathematischen Formeln nimmt man an, dass zum Beispiel die Masse der Sonne in einem Punkt konzentriert ist, ebenso die der Erde. Die Wirkung dieser beiden Himmelskörper aufeinander wird dann in dieser Modellvorstellung berechnet, und das funktioniert auch hervorragend. Bei sehr kleinen Abständen und hohen Massenkonzentrationen auf kleinstem Raum ändert sich die Situation: Hier können sich die Objekte anders als im Fall von Sonne und Erde sehr nahe kommen. Weil jedoch der Abstand zweier Objekte die Größe der Gravitationskraft entscheidend bestimmt – er steht im Nenner der Formel –, droht als Ergebnis ein unendlicher Wert. Konzentrieren sich also zu Beginn des Urknalls Punkte auf kleinstem Raum, muss die Vorstellung von idealisierten Punkten zwangsläufig zu unsinnigen Ergebnissen führen.

Deutlich wird hier, dass beim Entwerfen einer Modellvorstellung die Schwierigkeiten schon in der mathematischen Konzeption einer Theorie liegen können. Bei der Suche nach der Weltformel proklamieren deshalb seit geraumer Zeit einige Wissenschaftler ein etwas anderes physikalisches Bild. Nicht als punktförmig sollen die Teilchen angenommen werden, sondern sie sollen aus Fäden bestehen. Der Vorteil scheint offensichtlich: Werden Fäden auf kleinstem Raum konzentriert, so halten sie, selbst wenn sie sehr dicht gepackt sind, immer einen Mindestabstand ein. Mit dieser Vorstellung will man die Unendlichkeiten in den Ergebnissen der neuen Theorie vermeiden, denn das mathematische Drama – eine Null im Nenner, die ja zu der Unendlichkeit führt – ist damit ausgeschlossen. Aus diesen Fäden, die Strings genannt werden, sollen sich dann je nach Schwingungs- oder Energiezustand die uns bekannten physikalischen Teilchen realisieren. Zudem wird in dieser Vorstellung festgelegt, dass ab einer bestimmten Grenze die Körnung der Raumzeit, wie sie ja die Quantenphysik verlangt, für uns prinzipiell nicht zu erkennen und nicht erfahrbar ist. Kein noch so feines Messgerät soll in dieser Welt unterhalb einer bestimmten Dimension vordringen können. Wir haben es also immer mit einer glatten Raumzeit zu tun, wie es die Relativitätstheorie verlangt. Mit diesem etwas willkürlichen Bild von der Welt könnte man versuchen, die Quantenphysik und die Relativitätstheorie in Einklang zu bringen und miteinander zu vereinigen. Aber bis jetzt hat man nicht einmal eine mathematische Beschreibung für dieses Weltbild gefunden. Zudem muss man aus Symmetrieüberlegungen bei der String-Theorie voraussetzen, dass wir in einer Welt von neun oder sechsundzwanzig Raumdimensionen leben. Alle außer den drei uns bekannten sollen im Mikrokosmos verschwinden und für uns grundsätzlich nicht messbar sein.

Dennoch sind sie latent vorhanden. Es sieht so aus, als ob hier das Hauptproblem für die Aufstellung einer vereinheitlichten Theorie lediglich in nicht nachprüfbare Regionen verschoben wird.
Die String-Theorie ist ein gutes Beispiel dafür, wie man mit mathematischen Kunststücken versucht, aus den Schwierigkeiten herauszufinden, die uns die Modelle vom Universum bereiten. Solche Arbeiten dienen dem Ziel, eine befriedigende einheitliche Beschreibung des Universums mit einer allumfassenden Theorie zu erhalten. Praktische Bedeutung haben sie nicht. Im täglichen Leben wendet man jeweils die physikalischen Teiltheorien an, die ja auch erstaunlich gute Ergebnisse liefern.

● *Weil wir prinzipiell nur drei Raumdimensionen erkennen können, ist es uns unmöglich, zu erkennen, welche Form das Universum besitzt. Vergleichbar ist die Situation mit einem zweidimensionalen Wesen, das die dritte Dimension nicht wahrnehmen kann und deshalb nicht weiß, dass es zum Beispiel auf einer Kugel lebt.*

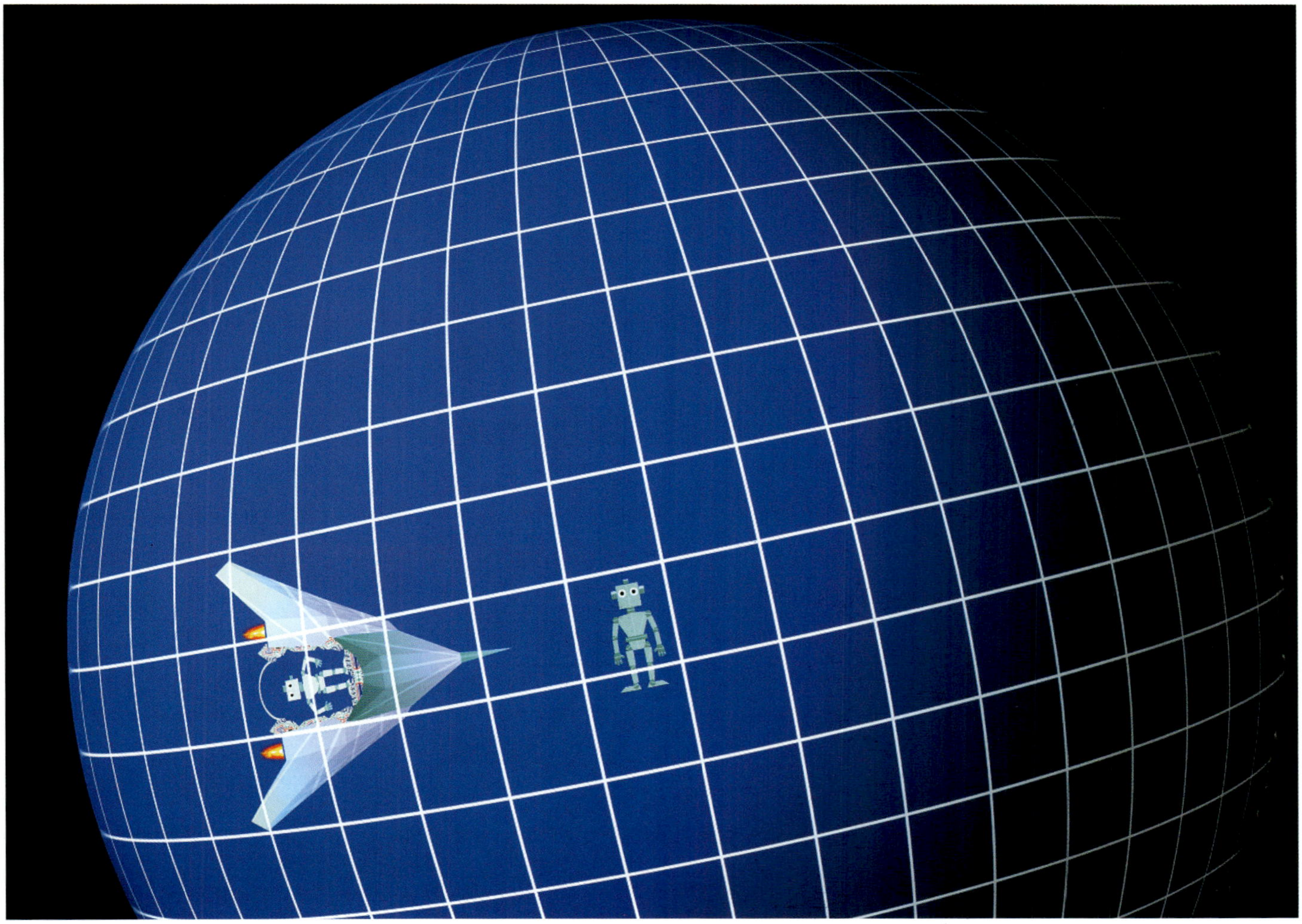

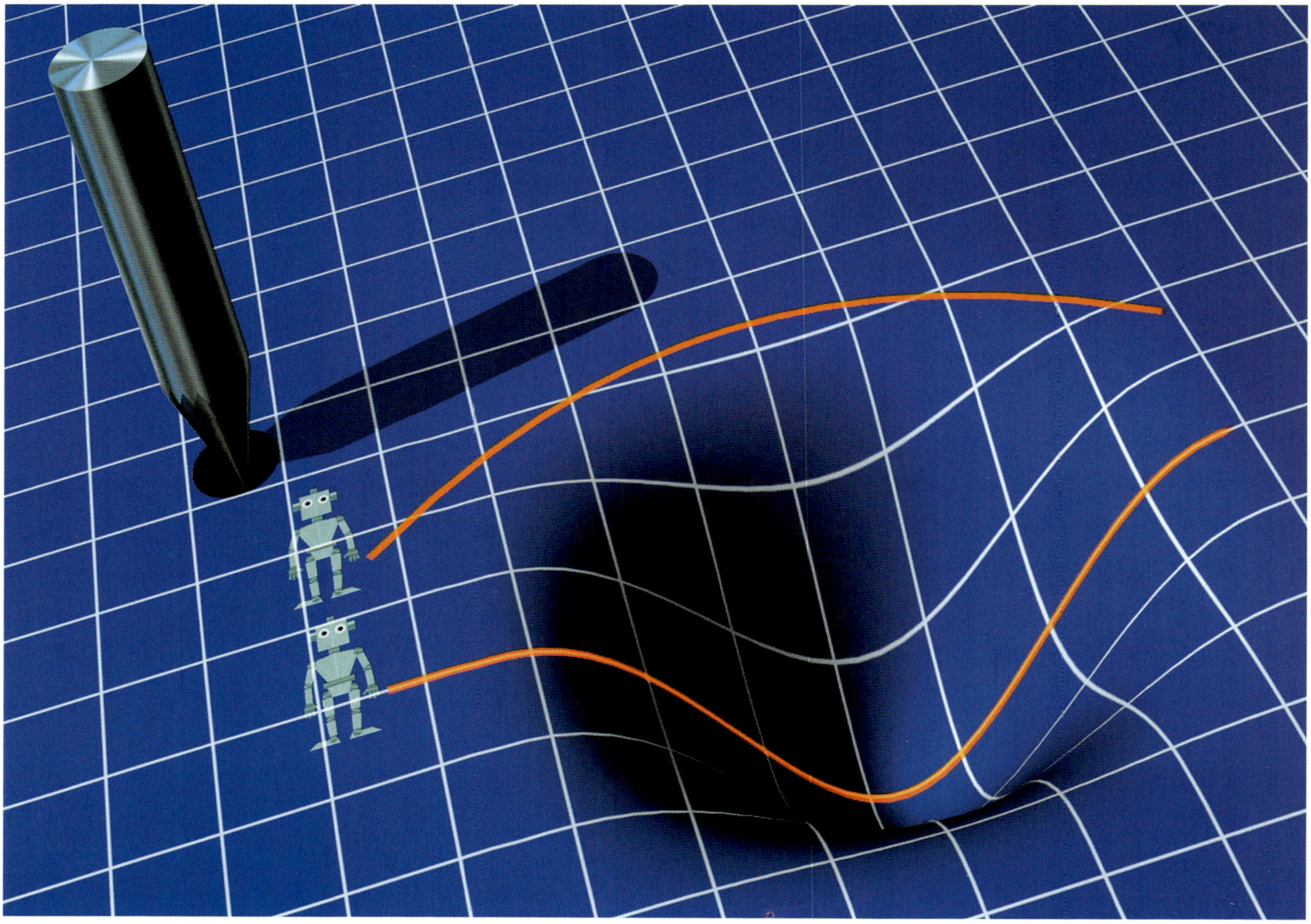

● *Für zweidimensionale Wesen bleiben in ihrem Universum viele Vorgänge unverständlich. So können sie sich nicht vorstellen, wie dieses Loch in ihrer Welt entsteht. Oder warum der Weg um die Delle herum sich als kürzer erweist als der direkte durch die Delle. So ähnlich erginge es uns, wenn wir von vierdimensionalen Wesen beobachtet würden.*

Bei der Beschäftigung mit solch exotischen Theorien wie der String-Theorie gelangen wir an die Grenze unserer Vorstellungskraft. Wir haben uns unter den Bedingungen entwickelt, die auf der Erde herrschen. Unser Gehirn hat die Fähigkeit, sich drei Dimensionen – Höhe, Länge, Breite – vorzustellen. Soweit wir erkennen können, leben wir in einem solchen Raum. Eine vierte Dimension können wir uns nicht vorstellen, und so ist es uns nicht möglich zu begreifen, worin wiederum unser dreidimensionaler Raum eingebettet ist.

Um diese Begrenzung unseres Verständnisses des Universums deutlich zu machen, kann man sich Wesen vorstellen, die nur zwei Dimensionen erkennen und in einer zweidimensionalen Welt leben – auf einer Fläche also. Eine Gummihaut ist ein gutes Modell für ein solches zweidimensionales Universum. Wir mit unserer Fähigkeit, drei Dimensionen zu überschauen, sind mit einer besseren Übersicht als die flachen Wesen ausgestattet und können diese Welt besser verstehen. Bohren wir ein Loch in die Gummihaut, so bleibt es den zweidimensionalen Wesen völlig schleierhaft, wie das passieren kann – die Löcher erscheinen für sie plötzlich aus dem Nichts. Aus der dritten Dimension – von oben – können wir Ringe auf der flachen Welt ablegen – sie würden die zweidimensionalen Wesen umzingeln, ohne dass sie sich erklären könnten, wie das passiert. Ist ihr Raum gekrümmt, so könnten sie das ohne die dritte Dimension nicht erkennen. Lebten sie auf einem Luftballon, so würden sie durch ständiges Geradeauskriechen plötzlich wieder an ihrem Ausgangspunkt ankommen. Wäre der Raum eingedellt, so wäre die kürzeste Verbindung zwischen zwei Punkten auf dem Rand nicht etwa der direkte Weg durch die Delle, sondern der Weg um die Delle herum. Die Flachwesen können diese Krümmung nicht erkennen – sie könnten höchstens durch Experimentieren und Überlegungen ahnen, dass Krümmungen in ihrem zweidimensionalen Universum vorhanden sind.

Bezogen auf unsere Situation im dreidimensionalen Raum befinden sich Wesen, die vier Raumdimensionen erkennen können, in einer vergleichbaren Lage. Nur dieses Mal sind wir die »Flachwesen«, und die anderen können uns beobachten. Sie würden eine Krümmung unseres Raumes und die damit verbundenen Eigenarten sofort erkennen, allein uns – mit unseren beschränkten Fähigkeiten – bliebe das verwehrt. Es wäre äußerst spannend, solche Wesen zu treffen und mit ihnen zu kommunizieren. Diese Wesen würden in einem anderen Universum leben, in dem die vierte Raumdimension eine wichtige Rolle spielt. Denn erst durch diese Herausforderung ihrer Umwelt hätte sich, nach unserem Evolutionsverständnis, diese Fähigkeit bei ihnen überhaupt entwickeln können.

Helfen könnten uns dabei Spekulationen darüber, dass unser Universum vielleicht nur ein kleiner Teil eines Mega-Universums ist oder dass sogar neben unserem Universum noch andere Welten, Paralleluniversen, bestehen. Diese Vorstellungen versuchen, sich auf quantenmechanische Überlegungen zu beziehen (siehe das Buch »Geheimnisse unseres Universums«), sind aber vielleicht nur unzulässige Folgerungen aus einer

Theorie, die für den Mikrokosmos entwickelt wurde – wären also dann nicht mehr als eine interessante Träumerei.

Wenn wir allerdings diese anderen Welten erforschen würden und dorthin vordringen könnten, dann wäre es durchaus möglich, dass in diesen Universen eine ganz andere Vorstellung über die physikalischen Abläufe gelten müßte. Wir benutzen in unseren komplexen physikalischen Theorien überraschenderweise auch typisch menschliche Begriffe wie Schönheit, Eleganz oder Einfachheit, um einen Formalismus daraufhin abzuschätzen, ob er »richtig« sein könnte oder nicht. Das wird vor allem bei Theorien gemacht, die sich mit Experimenten hier auf der Erde nicht bestätigen lassen – bei der Suche nach der Weltformel zum Beispiel. Aber dieses ästhetische Empfinden ist wiederum nur das Ergebnis unserer Entwicklung hier auf der Erde – und diese irdische Sicht muss nicht überall im Universum allein gültig sein, ja, sie kann sogar ein völlig falsches Bild vom Universum liefern. Das Spiel mit neun Raumdimensionen in der String-Theorie zum Beispiel ist zunächst aus mathematischen Gründen notwendig. In unserer physikalischen Realität können wir nur drei Dimensionen erleben, aber vielleicht existieren ja auch die anderen sechs – das ist die Vision, die aus der String-Theorie folgt. Sicher kann man sich viele Universen in einem Meta-Universum vorstellen, und es könnte auch sein, dass dort andere physikalische Gesetzmäßigkeiten herrschen. Auch die Naturkonstanten (zum Beispiel die Massen der Teilchen, die die Atomkerne bilden) könnten andere Werte besitzen, aber – und hier zeigt sich die Grenze dieser Spekulation – in solchen Universen würden wir nicht existieren. Denn mit anderen Naturkonstanten hätten sich auch andere Elemente gebildet. Der Kohlenstoff, auf dem unser irdisches Leben basiert, wäre nicht vorhanden, eine komplett andere Welt würde sich auftun. So halten viele die Frage für müßig, warum das Universum so ist, wie es sich uns präsentiert – denn wäre es anders, so würden wir nicht existieren und könnten diese Frage überhaupt nicht stellen.

Einige Wissenschaftler nehmen die Suche nach den von der String-Theorie vorgeschlagenen weiteren Raumdimensionen offenbar ernst. Gelingt die Vereinigung von Quantenphysik und Gravitation zu einer einheitlichen Theorie nur, wenn mehr Raumdimensionen als die uns bekannten drei angenommen werden, dann muss man diese auch experimentell bestätigen können. Eine Vorstellung dabei ist, dass die Gravitationskraft deshalb so schwach ist, weil sie nur teilweise in die von uns erfahrbaren drei Dimensionen hineinwirkt. Ihren Ausgangspunkt soll sie in den anderen höheren Dimensionen haben. Durch Abweichungen der Gravitationskraft in unserer Welt will man Hinweise auf diese anderen Dimensionen finden, in denen sie angeblich ihre volle Wirkung entfaltet. Aber bis jetzt gibt es keine experimentellen Anhaltspunkte für diese Spekulation.

Unsere Modellvorstellungen über das Universum sind nicht unverrückbar und gelten nicht für ewig; das zeigt allein schon die Entwicklung der Einzeltheorien: Die Newtonsche Vorstellung wurde von der Einsteinschen Relativitätstheorie abgelöst. Der Mikrokosmos entpuppte sich als Welt, in der völlig andere Verhältnisse herrschen, die wiederum nicht auf den Makrokosmos, auf die für uns direkt erfahrbare Welt, übertragbar sind. Wir setzen einfach voraus, dass die auf der Erde gefundenen physikalischen Gesetze überall im Universum gelten, obwohl wir den Nachweis dafür nicht erbringen können. Wir glauben, dass die physikalischen Gesetze unveränderlich sind und sich nicht über die Jahre oder Jahrmillionen verändern, aber vielleicht gibt es in unserem Universum Regionen, in denen diese Vorstellung nicht mehr gilt und damit unsere Modelle hinfällig werden. Vielleicht existieren ja Welten, in denen unsere Modellvorstellungen, die von uns herausgeschälten physikalischen Gesetzmäßigkeiten, nicht mehr die dortigen Abläufe beschreiben. Das nächste Kapitel beschäftigt sich mit den Chancen für die Existenz dieser Welten und damit, ob wir je die Möglichkeit haben werden, Informationen über sie zu erhalten.

Die Insel des Lebens – allein im Universum?

16

Bevor wir nach anderen physikalischen Gesetzmäßigkeiten als den uns vertrauten suchen, drängt sich die Frage auf, ob überhaupt noch Wesen im Universum existieren, die genauso wie wir versuchen, die Welt zu erkennen und nach ihrem Vorstellungsvermögen zu strukturieren. Sie könnten wir dann nach ihrem Weltbild befragen. Viele Spekulationen werden darüber angestellt, ob es diese anderen intelligenten Wesen im Universum gibt. Wir befinden uns mit unserer Erde im äußeren Viertel unserer Spiralgalaxie. Die Erde ist nicht mehr als ein Sandkorn in dieser Ansammlung von Sternen, Staub und anderen Himmelskörpern. Noch unbedeutender wird sie, wenn wir das Universum betrachten, in dem zahllose dieser Galaxien vorhanden sind. Allein schon unsere Galaxie, die Milchstraße, besteht schätzungsweise aus 4 Milliarden Sternen, und jeder davon funktioniert prinzipiell so wie unsere Sonne, die ja auch nichts anderes als ein Stern ist, und nicht einmal ein besonders bedeutender. Wenn es also allein um die Suche nach solchen sonnenähnlichen Energiequellen ginge, würden sich viele Kandidaten für außerirdisches Leben finden lassen, denn warum sollte es nur in der Umgebung unserer Sonne entstanden sein? Planeten müssten diesen Stern umkreisen, und der Raum zwischen den Planeten dürfte kaum Gesteinsbrocken oder dichte Staubwolken enthalten, denn durch sie wäre das entstehende Leben immer wieder gefährdet. Der Einschlag eines mächtigen Brockens würde alles zerstören, und durch dichte Staubwolken könnte nicht genügend Sonnenlicht auf die Oberfläche gelangen.
Wichtig ist zudem, dass dieser Planet, auf dem das Leben entstehen soll, den richtigen Abstand zu seinem Energiespender, seiner Sonne, besitzt. Ist

- *Einige glauben an außerirdische intelligente Wesen. Alle Versuche jedoch, sie aufzuspüren, blieben bis jetzt erfolglos.*

● *Würde die Erde von der Bahn, die sie um die Sonne zieht, nur um 5 Prozent abweichen, hätte das Leben, wie wir es kennen, keine Chance zu existieren.*

er dem Stern zu nah, so verdampft das Wasser, das eine weitere entscheidende Voraussetzung für das Leben, wie wir es kennen, ist. Ist er zu weit entfernt, dann gefriert das Wasser zu ewigem Eis. Unsere Erde hat gerade den richtigen Abstand für gemäßigte Temperaturen, sodass der größte Teil des Wassers flüssig ist und die Entwicklung des Lebens vorangehen konnte. Der Mars zum Beispiel ist dafür zu weit von der Sonne entfernt, sodass sein Restwasser zu ewigem Eis gefroren ist. Würde die Erde nur 5 Prozent von ihrer Bahn um die Sonne abweichen, so käme sie in die eine oder andere Extremsituation. Der »Lebensgürtel« um die Sonne ist also relativ schmal.

Eine andere wichtige Rolle für das Leben spielt die Größe des Planeten. Ist der Planet zu klein, so reicht seine Massenanziehungskraft, die Gravitation, nicht aus, um eine Atmosphäre festzuhalten. Die freigesetzten Moleküle driften mit der Zeit in das Weltall hinaus. Das ist offenbar beim Mars geschehen, denn er besitzt heute nur einen Hauch von Atmosphäre. Der Phantasie für die Entwicklung anderer Lebensformen sind kaum Grenzen gesetzt. Das irdische Leben entstand zwar im Wasser, aber prinzipiell sind für diese Rolle auch andere flüssige Substanzen denkbar. Eine Flüssigkeit ist für das Leben offenbar wichtig, weil über sie der Austausch von Nähr- und Abfallstoffen im Organismus möglich wird. Zudem können in einer Flüssigkeit alle biochemischen Reaktionen, die zum Leben nötig sind, intensiv ablaufen. Ein Gas zum Beispiel könnte diese Rolle nicht übernehmen, es würde keine gute Basis für diese lebensnotwendigen Vorgänge liefern.

Anstelle von Wasser könnte auf einem fremden Planeten das Leben auch in einem Ozean aus anderen Flüssigkeiten, in Schwefelsäure zum Beispiel oder in einer Lauge entstanden sein. Mit ihnen wären auch andere Formen des Lebens denkbar. Aber Wasser zeigt im Vergleich zu ihnen bestimmte physikalische und chemische Eigenschaften, die für die Entwicklung des Lebens Vorteile versprechen.

Unser irdisches Leben basiert zudem auf Kohlenstoff. Über ihn wird die Energie der Sonne gespeichert, weitertransportiert und an der richtigen Stelle abgegeben. Dabei bilden sich Verbindungen des Kohlenstoffs sowie Sauerstoff und Wasserstoff. Warum besitzt hier der Kohlenstoff eine solch bevorzugte Stellung? Warum hat das Leben nicht zum Beispiel Silizium als Basisträger irdischen Lebens gewählt? Silizium ist reichhaltig auf der Erde vertreten, das zeigt jeder Sandstrand. Aber Silizium als Basisstoff für das Leben offenbart einige Schwächen: So ist die Atombindung zwischen Siliziumatomen und dem Sauerstoff oder Wasserstoff schwächer als die der Siliziumatome untereinander. Kohlenstoffatome hingegen binden sich untereinander stärker als die Siliziumatome. Und das ist wichtig für den Zusammenhalt. Silizium kann nicht so lange, stabile Molekülketten bilden wie der Kohlenstoff, und diese langen Ketten sind eine weitere wichtige Voraussetzung für die Entstehung des Lebens. Außerdem hatte ja das Leben auf der Erde die Wahl zwischen Kohlenstoff und Silizium. Obwohl Silizium auf der Erde so häufig vorkommt, hat das Leben den

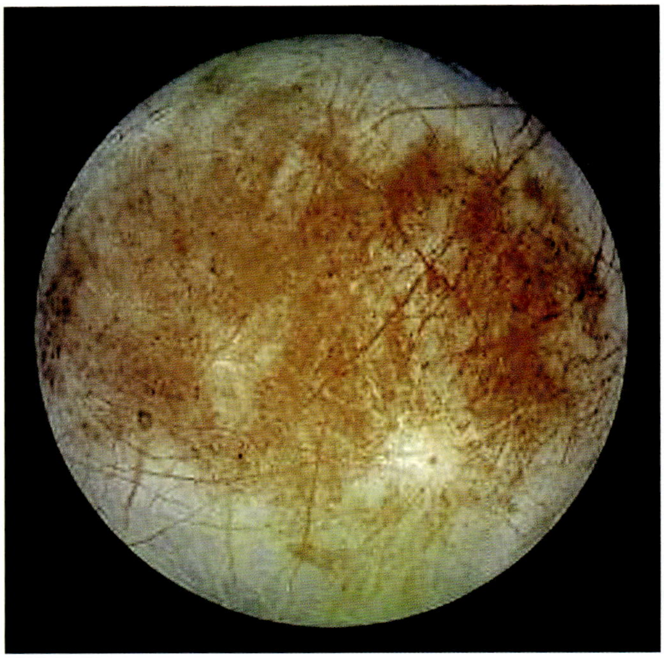

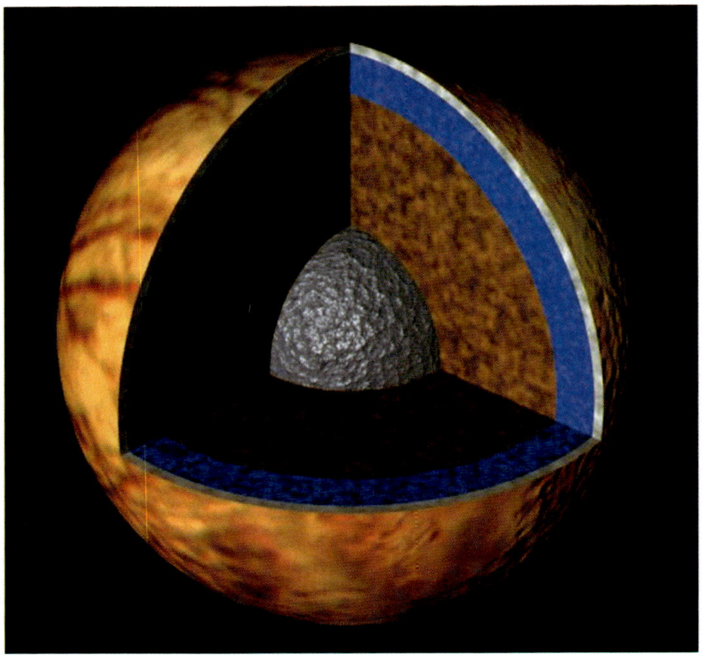

- *Der Mond Europa des Planeten Jupiter lässt einige Wissenschaftler auf außerirdisches Leben hoffen. Unter dem gefrorenen Äußeren soll sich in 50 km Tiefe eine 5 km dicke Wasserschicht befinden. Ein ungewöhnlicher Ozean für das Leben.*

Kohlenstoff für seine Entwicklung gewählt. Aber selbst nach diesen Argumenten sind durchaus einige Lebensformen denkbar, die anders aussehen als unser irdisches Leben. Der Energiezyklus kann zum Beispiel auch über Schwefel ablaufen. Während der Evolution des Lebens auf der Erde lassen sich immer wieder recht ungewöhnliche Versuche der Natur registrieren, Leben auf anderer Basis als dem Kohlenstoff zu etablieren. Aber offenbar waren Kohlenstoff und Wasser unter den irdischen Bedingungen die erfolgreichsten Kandidaten. Leben muss auch nicht unbedingt auf der Oberfläche eines Planeten existieren. So ist die Oberfläche des Mondes Europa von einer Eisschicht bedeckt; diese Eiskruste besitzt Bruchkanten und Gräben, und unter ihnen könnte Wasser liegen, ein Ozean, in dem reges Leben herrscht. Unterwasservulkane könnten Energiequellen in der Tiefe dieses Ozeans sein. Bakterien könnten diesen Lebensraum erobert und Röhren gebaut haben, in denen heißes, nährstoffreiches Wasser nach oben steigt. Und von diesen Bakterien wiederum könnten riesige fischartige Wesen leben.

Wie aber kamen überhaupt die schwereren Atomkerne wie der Kohlenstoff, die für die Entwicklung des Lebens so wichtig sind, ins Universum? Ursprünglich fanden sich im Universum ja nur Wasserstoff und Helium, und auch die Sterne bestehen aus diesen Elementen. Die Voraussetzung für die Bildung von schweren Atomkernen ist eine Supernova-Explosion – die Explosion eines Sterns. Wenn die älteren Sterne ihren Wasserstoffvorrat durch Verschmelzen zu Heliumkernen aufgebraucht haben, dann kollabieren und explodieren sie. Erst dann entstehen durch Verschmelzen die schweren Kerne vom Kohlenstoff bis hin zum Uran. Auch unser Planetensystem hat sich aus der Asche einer solchen Supernova-Explosion aufgebaut. Das Angebot an solch schweren Atomkernen ist relativ großzügig, denn heute gibt es kaum noch alte Sterne im Universum – sie alle haben Supernova-Explosionen durchlaufen.

Auf ebendiese Überlegungen gründen sich die Spekulationen über andere intelligente Lebensformen, die irgendwo im Universum existieren sollen. Wie sie aussehen, darüber gibt es zahllose Vorstellungen: Müssen sich die Wesen, die unter völlig anderen Bedingungen entstanden sein könnten, anderen Naturgesetzen unterwerfen als wir? Das fängt schon mit den Bedingungen an, unter denen diese Lebewesen existieren. In einer

- *Durch eine Supernova-Explosion entstehen die schweren Atomkerne, die für das Leben wichtig sind. Auch unser Planetensystem hat sich aus Überresten einer Supernova-Explosion gebildet.*

Je nach den Bedingungen auf einem Planeten würde sich das Leben entwickeln. Auf einem Riesenplaneten müßten die Lebewesen sehr kompakt gebaut sein.

Abschätzung hat man versucht, die Größe eines Planeten zu bestimmen, auf dem Leben möglich sein könnte. Ein Ergebnis dabei ist, dass die obere Grenze drei Erdgrößen betragen kann, während die untere bei zwei Dritteln des Erddurchmessers liegen soll. Wäre der fremde Planet noch kleiner, so würde er, wie der Mars, wegen der zu geringen Gravitationskraft fast seine ganze Atmosphäre verlieren.

Interessant ist, welche Formen des Lebens auf einem Planeten vorstellbar sind, der kleiner als die Erde ist. Entscheidend dabei ist die damit verbundene geringere Schwerkraft. Pflanzen und Tiere können dadurch höher und schlanker wachsen. Auf der Erde erhalten wir einen Eindruck von diesen Lebensformen in den oberen Schichten unserer Ozeane. Der Auftrieb des Wassers mindert hier die Auswirkungen der Schwerkraft: Lange, schlanke Unterwasserpflanzen wie der Kelp vor den Küsten Chiles und Kaliforniens entwickeln sich. In der neuen Welt auf einem anderen, kleineren Planeten wären ebenso ungewöhnlich hohe und dennoch zierliche Pflanzen denkbar. Denn sie müssten für ihre Stabilität weniger auf die

alles nach unten ziehende Schwerkraft achten. Und auch die Gestalt der Tiere könnte sich deshalb mehr nach oben orientieren, mit langen Hälsen und zierlichen Beinen.

Anders auf einem größeren Planeten als der Erde. Die Schwerkraft wäre entsprechend seiner Masse stärker, die Atmosphäre deshalb dichter. Dadurch verändern sich die Bedingungen für das Fliegen, man schwebt schon mit relativ kleinen Flügeln. Die Lebewesen werden nicht nur vier, sondern mehrere Beine direkt unter dem Körper besitzen. Sie gleichen kompakten Säulen, um das enorme Gewicht bewältigen zu können. Das Blut muss mit weitaus stärkeren Herzmuskeln gegen die Schwerkraft hochgepumpt werden, allgemein wären die Lebewesen kleiner und kompakter gebaut. Um zu wachsen, würden einige dieser Fabelwesen einen besonderen Trick anwenden: Sie gehen unter Wasser. Durch den hier herrschenden Auftrieb hebt sich die Wirkung der Schwerkraft teilweise auf. Hier häutet sich unser Fabelwesen und wartet einige Zeit ab, in der es unter diesen erleichterten Bedingungen wächst. Ein neuer stützender

● *Auf einem kleinen Planeten mit geringer Schwerkraft könnten die Lebenwesen mit einer zierlichen Bauweise auskommen. Sie könnten sich nach oben orientieren, ohne den ständigen Kampf gegen eine übermächtige Schwerkraft.*

Panzer entwickelt sich, er härtet aus, und danach kann das jetzt größere Tier wieder unter den harten Schwerkraftbedingungen an Land leben. Es verlässt den Ozean.

Die Spekulationen über solche unbekannte Welten lassen sich immer weiter treiben. In diesem Umfeld ist interessant, wie sich für diese Lebewesen, sollten sie wirklich irgendwo existieren und zudem intelligent sein, das Universum darstellt. Stillschweigend setzen wir ja voraus, dass die auf der Erde gefundenen Theorien und physikalischen Gesetzmäßigkeiten überall im Universum gelten. Dabei haben wir eine direkte Erfahrung mit den Abläufen in der Natur nur auf der Erde und durch unsere, verglichen mit den gewaltigen Dimensionen des Universums, sehr zaghaften Weltraumreisen zum Mond oder durch unbemannte Sonden in unserem Planetensystem. Was wir aus diesen Stichproben kennen, scheint unsere Annahme zu bestätigen. Eigentlich ist das schon erstaunlich, denn aus den entfernteren Regionen erfahren wir nur etwas über die Licht- und Teilchenstrahlung, die aus der Tiefe des Universums zu uns gelangt. Durch Beobachtung des optischen Bereichs des Lichtes oder durch Radio-, Infrarot- und Röntgenstrahlung versuchen wir zu überprüfen, ob unsere Modelle über die Welt dort draußen wirklich so gelten, wie wir es uns vorstellen. Bis jetzt scheint diese Ausweitung unserer irdischen Erfahrung auf die Weite des Universums durchaus richtig zu sein.

Selbstverständlich ahnen wir, dass in den ungeheuren Dichten der Neutronensterne oder in der Anfangsphase unseres Universums mit ihrer gigantischen Energiekonzentration und in anderen Extremsituationen eine andere als die uns bekannte Physik notwendig sein könnte. Aber der Großteil des Geschehens im Universum lässt sich mit unseren physikalischen Theorien ganz gut beschreiben. Dass uns dies gelungen ist, grenzt an ein Wunder. Schon die Entwicklung der Mathematik kann durchaus nur eine irdische Spezialität sein. Eigentlich ist es nicht erklärbar, dass sich die beobachteten physikalischen Zusammenhänge überhaupt in mathematische Formeln fassen lassen. Erst dadurch sind ja Berechnungen möglich, und man kann durch Umstellen dieser Formeln nach den Regeln der Mathematik auch etwas Neues vorhersagen und entdecken. Teilchen wurden durch solche theoretischen Arbeiten vorausgesagt und auch gefunden, wie zum Beispiel die Antimaterie oder das Neutrino. Zudem konnte

Ein außerirdisches Wesen, wie es in der Phantasie der Filmemacher existiert.

man mit den Hinweisen aus dem mathematischen Formelwerk mehr über den Zustand der Welt und ihre Zukunft erfahren.

Das Universum scheint, hat man einmal den richtigen Formalismus gefunden, aus einem unerklärlichen Grund mathematischen Regeln zu folgen. Viele glauben, dass die Mathematik mit ihren Zahlen etwas »Gottgegebenes« sei, ein natürlicher Bestandteil unseres Universums. Bei solchen Sichtweisen sind Naturwissenschaftler allerdings misstrauisch. Ihre Einstellung ist, prinzipiell alles anzuzweifeln. Tabus oder Unantastbares darf es nicht geben, und gerade mit dieser Einstellung gelang es, die Einsichten in das Universum zu vertiefen. Dafür lassen sich viele Beispiele finden: So wurden Raum und Zeit als naturgegeben angesehen. Sie galten als unerschütterliche Säulen des Universums. Aber durch Einsteins Relativitätstheorie wurde diese Vorstellung gestürzt. Die Folgen der Relativitätstheorie erscheinen uns unfassbar – eine völlig neue Sicht des Universums eröffnete sich.

Angespornt von solchen Erfahrungen, auch das scheinbar Unverrückbare zu hinterfragen, denken heute Mathematiker darüber nach, ob zum Beispiel die Zahlenwelt nicht nur eine Erfindung des menschlichen Geistes und – von unserem Denken abhängig – an unsere biologische Entwicklung auf der Erde gekoppelt ist. Vielleicht – so eine Vorstellung – brauchten wir Zahlen als Überlebensvorteil, um zum Beispiel beim Aufspüren von Beute entscheiden zu können, ob sich die Jagd lohnt. Wir begannen zu zählen. Wir waren gezwungen, unser Handeln immer wieder mit der Zahl unterscheidbarer Objekte abzustimmen, wenn wir zum Beispiel auf Feinde trafen und abwägen mussten, ob sich Flucht oder Angriff lohnten. Durch diese Situationen in unserem Leben könnte die Fähigkeit, mit ganzen Zahlen umzugehen, ein Teil der Evolution sein und sich deshalb als Überlebensvorteil in der Konzeption unseres Nervensystems verankert wiederfinden.

Versuche mit Babys scheinen tatsächlich darauf hinzudeuten, dass eine bestimmte Rechenfähigkeit genetisch mitgegeben ist. Damit wären Zahlen Produkte eines neurologischen Arrangements – auf unser irdisches Leben zugeschnitten. Deshalb spekuliert man auch darüber, dass irgendwo im Universum andere intelligente Wesen eine ganz andere Beschreibung der Natur mit einer ganz anderen Mathematik entwickelt haben könnten, wenn sich diese Lebewesen unter anderen Bedingungen entwickeln mussten. Was für die natürlichen Zahlen noch als interessante Idee gelten mag, ist bei der Entwicklung der höheren Mathematik allerdings zweifelhaft. Ob die Kenntnis der Bewegungsgleichung, der Differentialrechnung usw. einen unmittelbaren Überlebensvorteil bietet, ist sehr umstritten. Gerade hier zeigt sich die Mathematik vornehmlich als abstrakte Leistung des Menschen, der diese ja erfunden hat. Weil jedoch die Formelwerke immer mit der experimentellen Realität abgeglichen werden, ist auch hier der Weg zu einer Spekulation offen: Könnte es nicht sein, dass auch die Entwicklung dieser Abstraktion von den speziellen irdischen Verhältnissen bestimmt wurde und durchaus Welten denkbar sind, in denen alles ganz anders als bei uns funktioniert?

Unser mathematisches Wissen liefert uns recht ungewöhnliche Folgerungen. Eine oft diskutierte Frage ist, ob das Universum endlich ist oder nicht. Wäre es unendlich durch eine seit dem Urknall stetig weiterlaufende Ausdehnung, so gäbe es in diesem Universum keine Grenzen. Mit der Wahrscheinlichkeitsrechnung kommt man dann zu verblüffenden Ergebnissen. Alles, was irgendwo existiert, wäre dann nicht nur einmal, sondern unendlich oft vorhanden. Unsere Lebensform würde sich – rein rechnerisch – in einem solchen Universum unendlich oft wiederholen. Nur hätte das für uns keine praktische Bedeutung. Wir wüssten nicht, wo wir unendlich oft dupliziert zu finden wären. Aus diesem Schluss, aus einem mathematischen Formalismus, ergäbe sich keinerlei Veränderung für unser Leben, nur das spielerische Wissen um diese Möglichkeit intelligenten Lebens.

Wenn wir zu verstehen scheinen, welche Bedingungen zur Entwicklung des Lebens notwendig sind, und wenn wir uns durch den Kontakt zu anderen intelligenten Wesen so viel erhoffen, warum suchen wir dann nicht nach diesen Zivilisationen und mustern das Universum nach diesen Kriterien durch? Gesucht wird ein Stern, eine Sonne, um die Planeten im richtigen Abstand und in der richtigen Größe möglichst im gesteins- und staubfreien Raum kontinuierlich kreisen.

Schön wäre es ja, könnte man mit den entsprechenden Teleskopen solche Systeme direkt entdecken, aber dabei treten fast unlösbare Schwierigkeiten auf. Planeten sind recht dunkle Gesellen. Sie reflektieren nur das Licht ihrer Sonne, und diese Beleuchtung ist eindeutig zu schwach im Vergleich zu der des zentralen Sterns. Die Sonne des fremden Planetensystems überstrahlt ihre schwach leuchtenden Begleiter.

Indirekte Methoden sind gefragt: Es wäre möglich, den Lichtwechsel, der auftritt, wenn der Planet am Stern vorbeidriftet, zu registrieren. Das setzt jedoch voraus, dass von der Erde aus gesehen die Umlaufbahn des Planeten unseren Blickwinkel schneidet. Erfolg hatte man mit dieser Methode bisher noch nicht.

Aber es gibt noch andere Möglichkeiten: So »zerren« ja die Planeten über die Gravitationskraft an dem Stern, den sie umkreisen. Der Stern torkelt deshalb hin und her, und das versucht man mit Teleskopen zu registrieren. Berechnungen könnten dann Informationen über die Masse des Planeten und seine Umlaufzeiten liefern. Je nachdem, wie der Stern oszilliert, ist es

Wenn ein Planet einen Stern umkreist, so übt er auch auf diesen Anziehungskräfte aus. Das zeigt sich dann für die Beobachter als »Torkeln« dieses Sterns. Verständlich wird das, wenn man auf der gedachten Verbindungslinie den Schwerpunkt des Sterns markiert, um den die beiden Massen der Himmelskörper rotieren. Dieses »Wobbeln« des Sterns lässt Rückschlüsse auf die Masse des begleitenden Planeten zu.

ein kleiner oder großer Planet, der ihn aus der Ruhe bringt. Mit dieser Methode erlag man jedoch immer wieder Trugschlüssen, die auf Mess- oder Systemfehler zurückzuführen waren.

Heute glaubt man jedoch, über diese indirekte Methode schon mehrere Planetensysteme nachgewiesen zu haben. Den Anfang machten 1995 Schweizer Astronomen. Sie konnten Schwankungen bei dem sonnenähnlichen Stern 51 Pegasi messen, die auf Planetenbegleiter schließen ließen. So soll dieser Planet um seine Sonne regelrecht herumrasen. In nur vier Tagen schafft er sein Jahr, und das, weil er auf einer äußerst nahen Bahn seine Sonne umkreist. Dadurch besitzt er vermutlich eine Temperatur von 1500 Grad Celsius. Nicht unbedingt eine Oase des Lebens. Zudem weist dieser Planet die doppelte Jupitermasse auf, eine ungeheure Gravitationswirkung ist die Folge. Keine Bedingungen, von denen man glaubt, dass hier Leben existieren könnte. Aber nach dieser Methode wurden mehr und mehr solch ungewöhnlicher Planetensysteme entdeckt. Wenn wir erfahren wollen, ob die physikalischen Gesetzmäßigkeiten in diesen Welten genauso gelten wie bei uns auf der Erde, dann müsste irgendwie ein Kontakt hergestellt werden. Raumreisen könnten dorthin führen oder Funksignale diese weit entfernten Planetensysteme erreichen. Dabei treten jedoch grundsätzliche Schwierigkeiten auf, wie das folgende Kapitel zeigt.

17 Der Kontakt mit fremden Welten

Ein Wissenschaftler würde die Behauptung, dass es irgendwo im Universum weiteres intelligentes Leben geben könnte, nicht sofort ablehnen. Die andere Seite der Medaille ist allerdings, dass jeder weiß, wie weit diese möglichen Inseln des Lebens von uns entfernt sind: unvorstellbar weit. Unser nächster Sternnachbar ist das Alpha-Centauri-System. Es ist 4,3 Lichtjahre von uns entfernt, das heißt, das Licht benötigt 4,3 Jahre, um dorthin zu kommen. Leider ist Alpha-Centauri – wie fast alle der »näheren« Sterne – kein guter Kandidat für außerirdisches Leben. Eher liegen die möglichen außerirdischen intelligenten Gesellschaften Tausende von Lichtjahren von uns entfernt. So würden Radiowellen, die sich ja mit Lichtgeschwindigkeit durch das Universum bewegen, tausende von Jahren brauchen, um überhaupt auf diese andere Zivilisation zu treffen.

Unsere hochtechnisierte Gesellschaft ist etwa 100 Jahre alt. Seit dieser Zeit werden überhaupt erst Radiowellen ausgesandt. Wenn wir jetzt gezielt Radiosignale zu einem 1000 Lichtjahre entfernten Stern auf den Weg bringen, so ist nicht unbedingt zu erwarten, dass irgendjemand auf dem fremden Planeten unsere Signale empfangen und uns dann wiederum eine Antwort schicken würde. Die Antwort benötigt ja wiederum 1000 Jahre, und vielleicht existieren wir dann überhaupt nicht mehr auf der Erde, oder nach 2000 Jahren erinnert sich keiner mehr an das einmal ausgesandte Signal, sodass auch niemand eine Antwort erwartet. Die Entwicklung der fremden und unserer Zivilisation müsste äußerst synchron verlaufen. Schon Abweichungen von einigen hundert

Das Ende einer interstellaren Reise. Bis jetzt nur eine Vision, die wahrscheinlich nie Realität wird.

Jahren können dazu führen, dass die fremde Gesellschaft überhaupt noch nicht die Technik der Radiokommunikation entwickelt hat oder ihren Informationsaustausch schon mit einer neuen, anderen Technik erledigt. Hinzu kommen Probleme mit der Aufweitung des Radiosignals über solche Entfernungen oder der Auswahl der richtigen Frequenz, denn die Sonne oder andere Radiowellen abstrahlende Objekte können das Signal stören. Welche Wellenlänge die Trägerwelle mit der Botschaft überhaupt haben soll, ist ein weiteres Problem. Viele halten deshalb nichts von dem Unternehmen, mit Radiowellen Informationen zu anderen Bereichen unseres Universums zu schicken, um so eventuell vorhandene Zivilisationen aufzuspüren. Vergleichbare Nachteile hat die Suche nach Radiobotschaften von diesen anderen Zivilisationen.
Warum jedoch fahren wir nicht selbst mit Raumschiffen hin? Die stärkste Rakete, die die Amerikaner jemals gebaut haben, die Saturn 5, ist zwar imposante 110 Meter hoch, der Feuerstrahl wird mit einer Geschwindigkeit von 2,5 km/sec ausgestoßen, und schon nach zweieinhalb Minuten erreicht sie eine Höhe von 67 Kilometern, aber diese imposanten Daten überdecken nicht die Unzulänglichkeit selbst dieser gigantischen Rakete für unsere Zwecke. Die Amerikaner brachten mit dieser Rakete Astronauten auf den Mond, der immerhin rund 400 000 Kilometer von der Erde entfernt ist, aber diese Raumfahrtmission war nur ein kleiner Nadelstich für das Universum verglichen mit seinen riesigen Dimensionen. Die Reise zum Mond dauert über 48 Stunden. Weitaus länger ist die Reise zum Mars. Etwa ein Jahr wird vergehen, ehe man mit den uns heute zur Verfügung stehenden Raketen diesen Planeten erreicht. Sogar das Lichtsignal mit der Extremgeschwindigkeit von 300 000 km/sec benötigt – je nach Position des Planeten – zehn Minuten, um von dort auf die Erde zurückzukehren. Das bereitet der Bodenstation immer wieder Probleme bei der Fernsteuerung von Robotern auf dem Mars. Durch diese Verzögerung kann auf die reale Situation nur verspätet reagiert werden.
Unsere heutigen Raumschiffe sind sehr langsam, sie erreichen eine Geschwindigkeit von etwa 10 Kilometern pro Sekunde. Für die Entfernung von einem Lichtjahr würden sie 30 000 Jahre brauchen, zu unserem nächsten Stern, Alpha-Centauri, wären es schon 130 000 Jahre. Auch im Orion-Nebel hat man Sterne mit planetenartigen Konstellationen entdeckt. Aber sie sind bereits 1600 Lichtjahre entfernt. Wäre die nächste

Zivilisation wirklich in 1000 Lichtjahren Entfernung anzutreffen, so bräuchte man mit einem Raumschiff heutiger Technik 30 Millionen Jahre, um dort hinzugelangen – eine Ewigkeit. Selbst wenn wir unsere Phantasie spielen lassen und uns ein Raumschiff vorstellen, das fast Lichtgeschwindigkeit erreichte, gäbe es rein logistische Probleme. Wie wir aus Einsteins Relativitätstheorie wissen, vergeht für einen äußeren Beobachter die Zeit in schnell bewegten Objekten langsamer (siehe das Buch »Ge-

● *Selbst Raumschiffe der nächsten Generation werden die gewaltigen Dimensionen des Universums kaum überwinden können.*

heimnisse unseres Universums«). Diese Unterschiede werden umso größer, je näher die Objekte an die Lichtgeschwindigkeit herankommen. Das bekannte Zwillingsparadoxon zeigt die grundsätzliche Schwierigkeit. Selbst wenn der Raumfahrer mit seinem superschnellen Raumschiff die Reise stark verkürzen kann – wenn er zur Erde zurückkommt, sind dort tausende von Jahren vergangen. Keiner wird sich mehr an die glorreich verabschiedete Mission erinnern, oder vielleicht existiert die Menschheit auch gar nicht mehr. Falls die Lichtgeschwindigkeit zu 99,99 Prozent zu erreichen wäre und wir damit 10 000 Lichtjahre weit durch unsere Galaxie flögen, dann würden für die Beobachter auf der Erde 10 000 Jahre vergangen sein, während für die Besatzung im Raumschiff die Reise bei ihrer Rückkehr nur ein Jahr gedauert hätte. Schon von daher mache es keinen Sinn – so meinen viele –, eine solche Mission überhaupt zu beginnen.

Aber zurück zur Realität. Das heutige physikalische Weltbild setzt voraus, dass kein Signal schneller als das Licht sein kann. Dafür gibt es experimentelle Bestätigungen, und bis jetzt wurde noch nichts Gegenteiliges gefunden, selbst wenn immer wieder einmal solche Sensationen publiziert werden. Zudem zeigt sich, dass, je näher man an die Lichtgeschwindigkeit herankommen will, umso mehr an Energie zum Beschleunigen nötig ist. Aus der Relativitätstheorie folgt, dass die Objekte immer mehr Masse erhalten, je näher sie an die Lichtgeschwindigkeit herankommen, und das heißt wiederum, dass sehr viel mehr Energie erforderlich ist, um das Objekt auch nur ein wenig zu beschleunigen. Wie unsere Teilchenbeschleuniger auf der Erde zeigen, sind das bereits gigantische Energien, wenn man nur winzig kleine Elektronen beschleunigt. Würde man das bei großen Objekten wie Raketen versuchen, wäre der Energieaufwand unvorstellbar groß. Zwar ruht die Hoffnung immer wieder auf neuartigen Triebwerken, in denen zum Beispiel Materie und Antimaterie zu reiner Energie zerstrahlen, aber sie erweisen sich in der Praxis als technisch nicht realisierbar. Zur Erzeugung der Antimaterie müsste man sehr viel Energie aufwenden, und würde man eine solche Rakete wirklich zustande bringen, hätte der Bau des Super-Antriebs wahrscheinlich den gesamten Energievorrat der Erde verschlungen. Es macht also keinen Sinn, mit Raketen überhaupt in die Nähe der Lichtgeschwindigkeit kommen zu wollen.

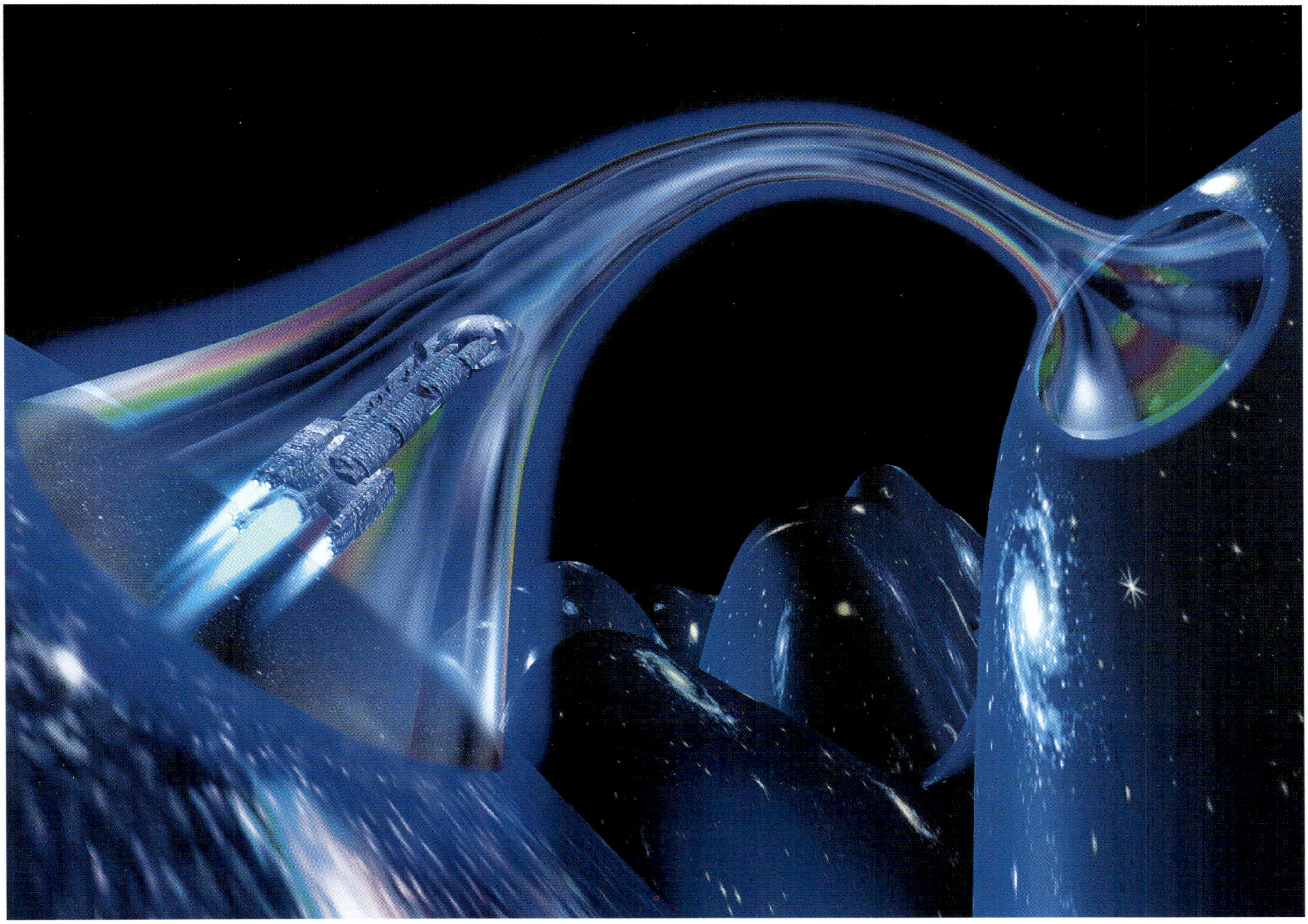

Für die Träume über ferne Welten ist vielleicht eine Hilfe, dass Einsteins Relativitätstheorie noch mehr Kuriositäten bereithält. Nach seiner Vorstellung krümmen Massen den Raum. Wie eine gespannte Gummihaut durch eine schwere Stahlkugel eingedellt wird, so verändern Massen im Universum den Raum und die Zeit. In diesem Bild umkreist ein Planet deshalb die Sonne, weil diese den Raum eindellt und der Planet in dieser Delle entlang läuft. Allein seine Fliehkraft hindert ihn daran, in die Delle und somit auf die Sonne zu stürzen. Es gibt phantasiereiche Leute, die diese Eigenschaft des Universums für die Überwindung großer Strecken im Universum nutzen wollen. Sie setzen voraus, dass es in unserer Welt nur so von Schwarzen Löchern wimmelt. Schwarze Löcher sind so inten-

● *Eine Zeitreise durch ein Wurmloch. Diese Möglichkeit, der Gegenwart zu entfliehen, ist nur in Sciencefiction-Filmen möglich.*

● *Mit dem WARP-Raumschiff sollen sich ferne Galaxien regelrecht »heranziehen« lassen. Die Vorstellung einer Zeitreise aus der Phantasiewelt.*

siv in sich zusammengestürzte Massen, dass sie eine gigantische Gravitationskraft besitzen. Selbst die Lichtteilchen können ihren Einflussbereich nicht verlassen, deshalb sind die Löcher ja auch schwarz. Wenn Sterne mit dem Vielfachen der Sonnenmasse kollabieren, können solche Schwarzen Löcher entstehen. Diese Objekte dellen die Raumzeit selbstverständlich stark ein, sie bilden regelrechte Trichter.

Und nun das herbeigesehnte Wunder: Wenn zwei dieser Trichter sich zu einem einzigen Tunnel, zu einem Wurmloch, verbinden, dann gäbe es plötzlich eine Abkürzung im Universum. Ein Raumschiff könnte durch dieses Wurmloch gleiten und in einer anderen Region unseres Universums wieder auftauchen. Aber Berechnungen zeigen, dass diese Wurmlöcher äußerst klein und zudem kurzlebig sind. Also ist es nichts mit dieser eleganten Methode, die Weiten des Universums zu durchqueren.
Es existieren noch andere Ideen, die gigantischen Entfernungen des Weltalls zu überwinden. Man will sich die Sterngebilde, die es zu erkunden gilt, einfach näher heranholen. Das Zauberwort dazu heißt WARP (engl.: verzerren). Mit der Übersetzung wird klar, was dabei das Ziel ist. Es soll nicht mehr in Raketen mit schnellen Antrieben investiert werden, sondern man will die Raumzeit so verkrümmen, dass die Sternwelten näher zu uns herangezogen werden. Die Raumzeit wird zum Beispiel mit einem beweglichen Schwarzen Loch so verzerrt, dass sie sich vor diesem exotischen Raumschiff zusammenzieht und sich dahinter dehnt. Das Raumschiff gleitet so mit dem Raum nach vorne und ist plötzlich Lichtjahre von seinem Ausgangspunkt entfernt. Durch das Zusammendrücken des Raums rücken die fernen Sternwelten näher. Im Umkreis des Raumschiffes bleibt seine Geschwindigkeit weitaus kleiner als die Lichtgeschwindigkeit, deshalb kommt es zu keiner relativistischen Zeitverschiebung zwischen den Erdbewohnern und der Raumschiffbesatzung. Die oben geschilderten Probleme treten also nicht auf, jeder erinnert sich bei seiner Rückkehr noch an den Start dieses Superraumschiffs. Das Konzept heißt, die Raumzeit aktiv so umzugestalten, dass die Vorteile für eine Raumreise wahrgenommen werden können. Zwar lassen Einsteins Gleichungen dieses Szenario zu, niemand jedoch weiß, wie diese gezielte Verzerrung der Raumzeit in der Praxis erreicht werden soll.
Offenbar existieren viele phantasievolle Ansätze, um in andere Bereiche unseres Universums vorzudringen, vielleicht könnte man dort auch auf andere Zivilisationen treffen. Die Realisierung solcher Reisen ist jedoch äußerst unwahrscheinlich. Und so müssen wir einfach weiterhin glauben, dass die von uns gefundenen physikalischen Gesetze auch in diesen von uns weit entfernten Regionen des Universums gleichermaßen gelten, ohne die Bestätigung vor Ort vornehmen zu können. Wir setzen es schlicht und ergreifend voraus.

Offenbar bleibt es uns verwehrt, mit anderen intelligenten Wesen außerhalb unseres Planetensystems unsere physikalischen Theorien über das Universum zu diskutieren. Wir wissen nicht, ob sie existieren, und es scheint keine Möglichkeit zu geben, mit diesen außerirdischen Zivilisationen überhaupt in Kontakt zu kommen und so Informationen über deren Erfahrungen in einem anderen Teil des Universums auszutauschen. So beschreiben wir weiterhin aus unserer irdischen Situation heraus die Weite des Universums.

Die Theorien, die wir dabei entwickeln, geben uns häufig einen Ausblick auf sehr ungewöhnliche Möglichkeiten in unserem Universum. Dabei fällt es uns schwer zu entscheiden, ob es sich dabei nur um exotische Lösungen eines mathematischen Formalismus handelt oder ob das wirklich die physikalische Realität in unserem Universum ist. So kann man aus der String-Theorie ableiten, dass neben unserer Welt auch Parallelwelten existieren sollen. Die Quantenphysik ermöglicht die Vorstellung, dass unser Universum eines von vielen ist und durch Quantenfluktuationen noch andere entstanden sein könnten. In der Relativitätstheorie zeigen sich Lösungen des Gleichungssystems, die Zeitreisen in die Vergangenheit möglich machen sollen, allerdings nur durch Überschreitung der Lichtgeschwindigkeit. Damit wäre unsere Erfahrung der Folge von Ursache und Wirkung vertauscht, das hieße zum Beispiel, dass man einen schon tödlichen Schuss im Nachhinein noch stoppen könnte usw. Weil sich in diesen Bereichen der Theorie kaum etwas experimentell nachprüfen lässt, was daran liegt, dass in diesen Situationen extrem hohe Energien vorherrschen oder sich alles in der Nähe der Lichtgeschwindigkeit abspielt, bleibt viel Raum für Spekulationen.

Deshalb versucht man, einiges von diesen phantasieanregenden Folgerungen nach unseren bisherigen physikalischen Erfahrungen auszuschließen. So macht die Umkehr von Ursache und Wirkung in unserer Welt keinen Sinn; es kann ein Stein nicht etwas zerschmettern, bevor er geworfen wurde. Also erklärt man dieses Szenario als eine unzulässige Folgerung aus der Theorie.

Die Ergebnisse der Quantenphysik lassen sich nicht auf den Makrokosmos übertragen. Also ist die Vorstellung, dass zum Beispiel die Verschränkung der Wellenfunktion auch unser alltägliches Leben beeinflussen könnte, nicht akzeptabel. Im Makrokosmos kann demnach nicht ein

● *Die Schönheit des Universums wird sich für die Menschen wohl für immer nur aus der Distanz beobachten lassen. Mit Raumreisen kann man nur relativ kleine Entfernungen überbrücken.*

Ereignis an einem Ort instantan eine Veränderung an einem anderen Ort bewirken. Telepathie zum Beispiel kann auf diesem Weg nicht begründet werden.

Wir müssen offenbar einsehen, dass unsere Theorien und der Umgang mit ihnen einige Abläufe im Universum gut beschreiben und wir aus ihnen auch Vorhersagen ableiten können, dass jedoch die Gültigkeit dieser Theorien auf bestimmte Bereiche beschränkt ist. Die Suche nach einer alles übergreifenden Theorie, der Weltformel, ist eine interessante Aktivität, die aber vielleicht niemals zum Erfolg führen wird. Außerdem würde sie wohl kaum Bedeutung haben, weil die Mathematik für praktische Probleme einfach zu kompliziert wäre.

Heute glaubt man, mit der so genannten Standardtheorie einen großen Schritt in Richtung der Weltformel getan zu haben. Aus ihr kann man drei Kräfte und die uns bekannten 19 Teilchen herleiten. Sie schließt jedoch nicht die vierte Kraft ein, die Gravitation. In diese Theorie setzt man zudem die experimentell gefundenen Werte für die Massen ein; diese lassen sich also nicht aus der Theorie ableiten. Und: Wer sagt uns denn, ob unsere Suche nach den Teilchen im Universum vollständig war und ob wir alle Kräfte, die im Universum wirksam sind, auch wirklich gefunden haben? Berechtigte Zweifel daran gibt es schon heute.

Wir wissen, dass sich viele Vorgänge im Universum mit unserer Theorie nur durch die Annahme erklären lassen, dass sich im Universum 90 Prozent dunkle, uns unbekannte Materie befindet. Die Spiralbewegung der Galaxien lässt sich so besser verstehen oder die weiträumige Strukturbildung im Universum, das heißt, der Wechsel zwischen riesigen Leerräumen und Materieanhäufungen, die für uns sichtbar sind. Die dunkle Materie bestimmt auch, ob unser Universum sich ständig ausdehnen wird oder sich durch die große in ihm enthaltene Masse irgendwann wieder zusammenzieht.

Keiner weiß, wie diese dunkle Materie aussieht, und sie hat demnach auch keinen Eingang in das Standardmodell gefunden. Außerdem wird neuerdings die »dunkle Energie« diskutiert, die unser Universum beschleunigt expandieren lassen soll. Doch keiner weiß, welcher Natur diese »dunkle Energie« ist.

Einige Wissenschaftler sind deshalb bei ihrem Bild von der Welt bescheidener. Sie halten die Suche nach der Weltformel – weil sowieso nur akademisch – für unnötig und sind mit der gegenwärtigen Situation, in der Teiltheorien einzelne Bereiche beschreiben, zufrieden. Sie können damit wichtige Abläufe im Universum vorhersagen, bis hin zum Ende unseres Sonnensystems, das in 4 Milliarden Jahren durch das Ausbrennen unseres Sterns, der Sonne, eingeleitet wird.

18 In Zukunft ohne Naturwissenschaften?

In den Naturwissenschaften wird versucht, ein Bild von der Welt, in der wir leben, zu zeichnen. Mit den damit verbundenen Theorien und mathematischen Beschreibungen will man möglichst genaue Vorhersagen über die vielfältigen Abläufe im Universum machen, in welche Zukunft zum Beispiel unser Sonnensystem treibt und wie sich ein Elektron in einem Halbleiter verhält. Dieser Aspekt der Naturwissenschaften erlaubt es, Techniken zu entwickeln und Apparaturen zu konstruieren, um dadurch praktische Vorteile zu gewinnen. Das Bild, das die Naturwissenschaftler von der Welt weitergeben, ist jedoch nicht vollständig. Es beschränkt sich auf den für uns erkennbaren Teil des Universums und lässt die Möglichkeit auch für andere Betrachtungsweisen der Welt offen. Keiner weiß zudem, ob im Universum nur die von uns bis jetzt nachgewiesenen Teilchen existieren, die von den vier uns bekannten Kräften beherrscht werden. Weitaus mehr Varianten sind durchaus denkbar. Diese Beschränkung nutzen übrigens die unterschiedlichen Mystizismen aus, in denen versucht wird, auch die dingliche Welt mit außersinnlichen und nicht überprüfbaren Wahrnehmungen zu erklären.

Die Naturwissenschaften machen keine Aussagen über die vielfältige Erlebnis- und Gefühlswelt, die unser Leben so reichhaltig sein lässt. Sie sind vielmehr der Versuch, einige ausgewählte Abläufe im Universum zu beschreiben und auf diese Weise zu umfassenderen Erkenntnissen zu gelangen. Die Grenzen liegen bei dieser Betrachtungsweise schon in unserer eingeschränkten menschlichen Vorstellungskraft: In den Theorien werden Begriffe wie Kräfte, Felder oder Teilchen benutzt, die jedoch nicht

● *Der Mensch als Beherrscher der Natur? Die Voraussetzungen dafür sind nicht allzu gut.*

den Anspruch erheben, dass sie so in der Welt existieren, wie sie in diesen Modellvorstellungen beschrieben werden. Viele der daraus entstehenden Vorstellungen können wir mit unserem Menschenverstand nicht fassen – zum Beispiel, dass Licht einmal als Welle und dann wieder als Teilchen zu verstehen ist oder dass der Ablauf der Zeit davon abhängig sein soll, wo und wie schnell man sich bewegt.

Die Theorien über die Vorgänge in der Natur zeigen uns zudem, dass nicht alles so einfach ist, wie wir es gern hätten. Naheliegend ist uns Newtons Bild von der Welt. Hier legen zum Beispiel Kugeln stetig ihren Weg zurück, alles ist vorausberechenbar und dadurch kontrollierbar. Durch die Chaostheorie allerdings haben wir erfahren, dass wir nur auf kleinen Inseln der Ordnung – der Vorhersagbarkeit – leben. Durch für uns ungewöhnliche Theorien über quantenhafte, abrupt ablaufende Vorgänge in der Natur oder das Durchdringen von Energiebarrieren durch »tunnelnde« Teilchen wird deutlich, dass sich die Natur anders zeigt, als wir es im Rahmen unserer Vorstellungskraft bewältigen können. Der Anspruch, Vorgänge in der Natur vorherzusagen, ist in diesen komplexen Theorien nur noch innerhalb mathematischer Formalismen möglich, die jedoch unsere bildliche Vorstellung übersteigen. Räume von vier und noch mehr Dimensionen spielen in der modernen theoretischen Physik eine Rolle. Tröstlich allein ist, dass im Normalfall – im konkret erlebbaren Makrokosmos – diese Theorien wieder in die Anschaulichkeit münden. Der Umgang mit den naturwissenschaftlichen Bildern von der Welt erlaubt uns nur eine bestimmte Sichtweise des Geschehens, auch mit dem Ziel, mit Hilfe von Techniken praktischen Nutzen daraus zu ziehen. Die Modelle von der Natur sind eher ein Hilfsmittel, um zumindest einen kleinen Bereich in der komplexen Umwelt überschaubar zu machen.

Die naturwissenschaftliche Sicht der dinglichen Welt bietet gegenüber anderen Versuchen, die Vorgänge im Universum begreifbar zu machen, einige Vorteile. Immer wieder gibt es Gruppen in der Gesellschaft, die in Mystizismen die Erklärung für den Lauf der Welt suchen. »New Age« und Esoterik sind nur zwei Möglichkeiten; aber egal, in welcher Form sich die damit verbundenen Weltbilder präsentieren, sie besitzen entscheidende Nachteile.

Sehr schnell entziehen sich diese Spekulationen über geheimnisvolle Kräfte, Erdstrahlen, Geistheilungen usw. ihre Grundlage, wenn sie zur

Stütze ihrer Behauptungen Begriffe der naturwissenschaftlichen Theorien wie magnetische oder elektrische Felder, Gravitationskräfte und anderes mehr bemühen. Die damit verbundenen physikalischen Größen gehören dem naturwissenschaftlichen Weltbild an, und deshalb kann man sie auch messen und nachweisen. Immer dann, wenn man sich die Mühe machte, eines der geschilderten übernatürlichen »Phänomene« naturwissenschaftlich zu untersuchen, zerplatzten die Behauptungen wie eine Seifenblase. Auch komplexe Bestandteile der modernen theoretischen Physik werden für skurrile Visionen von der Welt benutzt. So sollen die Experimente, die die Nichtseparierbarkeit der Wellenfunktion im Quantenuniversum (siehe das Buch »Geheimnisse unseres Universums«) aufzeigen, als Stütze für die »Telepathie« dienen, der »Schmetterlingseffekt« in der Chaosforschung wird als Beweis alter indischer Mythologien angesehen usw. Diese Beispiele zeigen, wie naturwissenschaftliche Begriffe und Fakten unzulässig benutzt und interpretiert werden. Wie schon gesagt, erheben die Naturwissenschaften nicht den Anspruch, die Vielfalt des Universums vollständig zu beschreiben. Sie lassen Raum für neue Bilder von der Welt. Ein Mystizismus dagegen verkündet seine Sicht von der Welt als unverrückbares Dogma. Die geschilderten übernatürlichen Phänomene zum Beispiel sind immer nur Erlebnisse einer einzelnen Person. Überdies sind die Ereignisse – will man sie überprüfen – nicht reproduzierbar.

Die Naturwissenschaften dagegen sind anders aufgebaut. Generationen von Menschen haben nach derselben Methodik über mehrere Jahrhunderte dieses Weltbild zusammengefügt. Danach muss sich jede neue Theorie im Experiment bestätigen. Diese Experimente unterliegen einer weltweiten Kontrolle. Nicht alle experimentellen Befunde werden sofort akzeptiert. Als vor einigen Jahren eine Gruppe mit dem sensationellen Ergebnis an die Öffentlichkeit trat, dass die Verschmelzung von Atomkernen unter bestimmten Bedingungen bei Zimmertemperatur möglich sei – die kalte Kernfusion also –, begannen verschiedene Wissenschaftler das Experiment zu wiederholen. Keiner konnte jedoch das veröffentlichte Ergebnis reproduzieren. Die kalte Kernfusion – das stellte sich heraus – war nicht möglich. Bei einer mystizistischen Betrachtungsweise der Welt wird diese Kontrolle nicht verlangt, und sie ist zudem kaum möglich. Denn wenn man sich die vielen geheimnisvollen Kräfte und deren Wirkungen, die von Einzelpersonen zitiert werden, anschaut, so müsste man ein Heer von Wissenschaftlern abstellen, um die Behauptungen zu überprüfen. Vieles erledigt sich von selbst, weil es doch zu skurril erscheint. Aber für alle diese mysteriösen Vorgänge gilt, dass sie nicht reproduzierbar – nicht wiederholbar – sind und damit für andere nicht nachprüfbar. Außerdem steht ein pragmatisches Argument gegen die Flucht ins Irreale: In der Wissenschaft arbeiten Millionen von Menschen nach denselben Regeln und Kriterien und liefern für die Forschung nachprüfbare Ergebnisse. Wer sonst kann auf einen solch riesigen »Mitarbeiterstab« zurückgreifen, wenn es darum geht, ein Bild von der Welt zu entwerfen? Zudem besitzt die naturwissenschaftliche Sicht der Welt eine unschätzbare Sicherung gegen den Missbrauch: Allein schon *ein* wiederholbares Experiment, das gegen eine Theorie spricht, stürzt diese Theorie. Den funktionellen Teil der Welt vom Standpunkt der Naturwissenschaften zu betrachten, ist schlichtweg praktisch und hat erstaunliche Fortschritte gebracht.

Der naturwissenschaftliche Aspekt des Universums bildet auch die Basis für die Organisation unserer komplexen Gesellschaft. Wendet man die entdeckten Gesetzmäßigkeiten an, so ist es möglich, Maschinen zu bauen, Techniken zu entwickeln. Das naturwissenschaftliche Weltbild bleibt dadurch nicht nur eine intellektuelle Spielerei, sondern prägt direkt unsere Lebensabläufe.

Dieser Einschnitt in unsere Gesellschaft hat Folgen; die Technik zeigt für uns Vor- und Nachteile. Vorteile stecken in der Arbeitserleichterung und in der Eröffnung neuer Möglichkeiten. So ist es die Technik, die den Traum vom Fliegen wahrgemacht hat. Für die Nachteile stehen als Folge technischer Anwendung vor allem die Umweltschäden. Unser hochorganisiertes Leben auf unserem übervölkerten Planeten hängt von der Qualität der technischen Entwicklung ab. Deshalb lässt sich auch nicht auf Technik verzichten. Wichtig ist vielmehr die Frage, wie ein günstiges Gleichgewicht zwischen Vor- und Nachteilen von technischen Entwicklungen erreicht werden kann. Und: Welche Strategien gibt es, die Ergebnisse aus den Naturwissenschaften und der Technik besser mit den Abläufen in der Natur in Einklang zu bringen?

- *Hochorganisierte Gesellschaften sind von den Erfolgen der Naturwissenschaften und der Technik abhängig.*

In der Entwicklung der Technik und der Naturwissenschaften ist es immer vorwärts gegangen, einmal begonnene Entwicklungen wurden verbessert, wissenschaftliche Theorien weiter verfeinert. Der Antrieb dazu ist

sicher zum einen der Wunsch, mehr über die Abläufe in der Welt, in der wir leben, zu erfahren, zum anderen aber auch das Bedürfnis, dieses Wissen zu nutzen, um unser Leben bequemer zu gestalten, die physikalischen Bedingungen auf unserer Erde zu überlisten. Je ausgeklügelter die Technik jedoch wurde, umso stärker mussten die Folgen dieser Entwicklung beachtet werden. Schon fast klassische Beispiele gibt es dafür: Noch vor 60 Jahren brauchten bei der Urbarmachung von Land fünf bis sechs Männer etwa eine Woche, um einen 50 Meter hohen Urwaldriesen, dem auch nicht mit Feuer beizukommen war, mit der Axt zu fällen. Heute gibt es die Motorsäge, und die ganze Arbeit ist in einer halben Stunde erledigt. Durch den Fortschritt der technischen Entwicklung von der Axt zur mobilen Motorsäge ist der Mensch nicht mehr der Kämpfer gegen eine übermächtige Natur, sondern eher der Beherrscher dessen, was er nach Jahrmillionen der Entwicklung vorgefunden hat. Die Position des Menschen gegenüber dem Biotop auf der Erde hat sich entscheidend verändert. So konnten frühere Generationen die immense Fläche des tropischen Regenwaldes nur »ankratzen«, wir aber sind heute mit Hilfe des technischen Fortschritts in der Lage, innerhalb von nur einer Generation die tropischen Regenwälder vollständig abzuholzen. Jedes Jahr, hier schwanken die

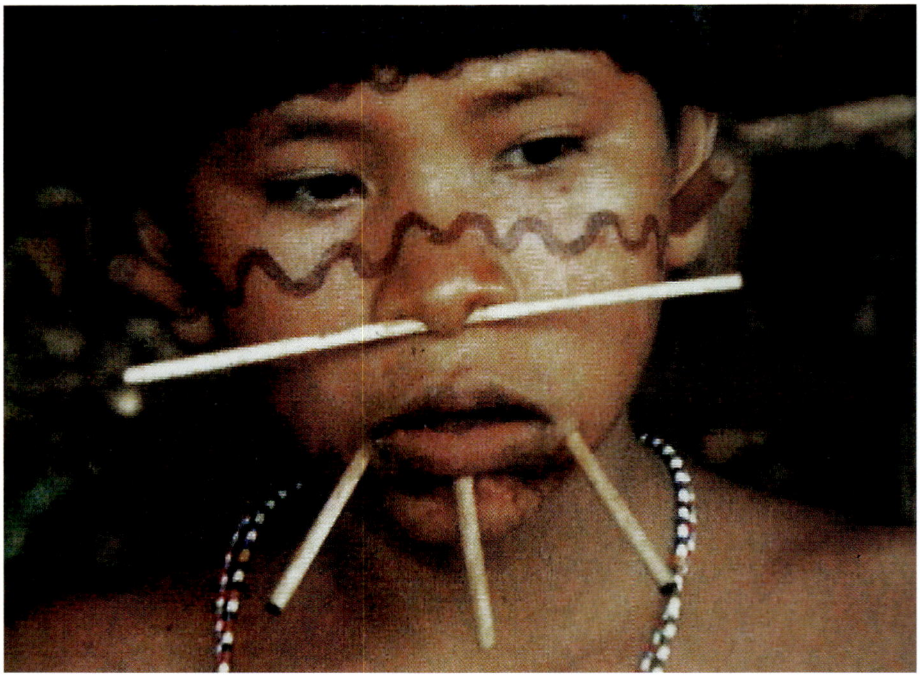

Zurück zur Natur ist kein Ausweg für die Probleme unserer Zivilisation. Bei der Überbevölkerung unseres Planeten wäre er auch gar nicht machbar.

Schätzungen, gehen auf der Welt tropische Regenwälder etwa von der Fläche der Bundesrepublik Deutschland verloren.
Und die Menschen im Urwaldgebiet sind von den Folgen der Technik auf noch ganz andere Weise betroffen: Im Orinoko-Gebiet lebte bis vor wenigen Jahren noch relativ unberührt ein Indianerstamm, die Yanomami, ein von alters her recht aggressives Volk. Traditionell kommt es immer wieder zu Kämpfen zwischen unterschiedlichen Gruppen, und auch das Kräftemessen untereinander trägt zu höherem sozialem Ansehen bei. Diese Kämpfe wurden zunächst nur mit Keulen ausgetragen. Es gab eine rituelle Hierarchie, welche Waffen in welcher Situation benutzt werden durften. Später dann wurden die Kämpfe mit Äxten ausgeführt, und als sie Gewehre bekamen, eben mit diesen hochmodernen Waffen. Die Zahl der Opfer stieg mit dem Fortschritt der Waffentechnik, und auch die soziale Struktur des ganzen Gebietes wurde durch die Einführung des Gewehrs auf den Kopf gestellt – Gruppen mit vielen Gewehren waren plötzlich stark. In diesen für uns überschaubaren Zusammenhängen zeigt sich die Veränderung der Lebensbedingungen, die Technik verursachen kann, besonders deutlich.
In komplexeren Gesellschaften ist das schwieriger. Auch bei uns kommt es durch die Einführung neuer Techniken zu dramatischen Verschiebungen. Ein Beispiel dafür sind die sozialen Umwälzungen durch den Siegeszug des Computers. Sicher verspricht eine technische Weiterentwicklung zunächst Vorteile, unser Leben wird damit komfortabler und auch interessanter.
Dennoch sind die Gefahren, die der technische Fortschritt in sich birgt, nicht zu übersehen. So ist die Motorsäge zwar äußerst hilfreich beim Bearbeiten von Holz, trägt aber in sich die Möglichkeit, wie das Abholzen der Urwälder zeigt, zum Zerstörungsinstrument unserer Lebensbedingungen zu werden. Es ist wenig sinnvoll, diese technische Entwicklung »ungeschehen« machen zu wollen, ihre Nützlichkeit hat sich ja bei vielen Anwendungen bewiesen.
Wir müssen zur Kenntnis nehmen, dass wir durch die technische Entwicklung Möglichkeiten in die Hand bekommen, unsere Welt so entscheidend zu verändern, dass wir den Ast, auf dem wir sitzen, absägen. Die David-Goliath-Konstellation gegenüber den Widrigkeiten der Natur hat sich umgekehrt.

Offensichtlich müssen wir etwas lernen, was wir bis jetzt vernachlässigt haben: Wir müssen über die Folgen von technischen Entwicklungen nachdenken und entscheiden, ob wir eine Technik anwenden wollen oder nicht. Dabei stellt sich die Frage, ob uns die Naturwissenschaften überhaupt die Möglichkeit geben, die Folgen einer Technologie abzuschätzen, »technical assessment« zu betreiben. Und besitzen wir, sollte sich herausstellen, dass eine Technik zu unerwünschten Folgen führt, überhaupt die Disziplin, in der Konsequenz auf ihre Anwendung zu verzichten? Existieren gesellschaftliche Mechanismen, diese Selbstbeschränkung durchzusetzen? Das sind offensichtlich einige der Kernfragen, die zu lösen sind, wenn ein vernünftiges Gleichgewicht zwischen den Vor- und Nachteilen von Technologien gefunden werden soll.

Eine Voraussetzung bei der Abschätzung der Folgen von technischen Entwicklungen ist die Qualität des naturwissenschaftlichen Weltbildes. Wie gut beschreiben Naturwissenschaften die Vorgänge und Abläufe in unserer Umwelt, und wie tauglich sind sie überhaupt dafür, technische Folgen abschätzen zu können?

Wir machen uns mit den naturwissenschaftlichen Modellvorstellungen von der Welt ja nur ein recht grobes Bild von unserer Umwelt. Zwar gelingt es uns in der klassischen Physik, zum Beispiel einfache Bewegungsabläufe unter Laborbedingungen zu berechnen, aber wir stehen offenbar einer so komplexen Umwelt gegenüber, dass wir in den Modellbetrachtungen die Wirklichkeit vereinfachen müssen, um zu einer Aussage zu kommen und einen Bewegungsablauf in der Natur mathematisch beschreiben zu können. In der Physik hat man Näherungsverfahren entwickelt, in denen das scheinbar Unwichtige in einer Situation weggelassen wird. Wo die Grenzen dieser Vereinfachung des naturwissenschaftlichen Bildes von der Welt liegen, zeigen die vorausgegangenen Kapitel. So hat man durch die Chaosforschung in den letzten Jahren gelernt, dass mit der modellhaften Vereinfachung der komplexen Natur offenbar auch Effekte vernachlässigt werden, die eine große Auswirkung auf die Vorhersage – auf die Berechnungen in diesem Modell – haben.

Damit ist auch die Vorhersagbarkeit und Abschätzung der Folgen von Technik eingeschränkt. Denn wie soll es unter diesen, den Naturwissenschaften immanenten Bedingungen möglich sein, verlässlich vorherzusagen, wie sich zum Beispiel der Ausstoß von Kohlendioxid auf unser Klima

auswirken wird? Die Klimamodelle zeichnen nur ein reduziertes Bild von der Wirklichkeit. Nach den Ergebnissen der Chaosforschung ist es möglich, dass das reale, komplexe Geschehen in der Atmosphäre urplötzlich in die eine oder andere Richtung umkippt, ohne dass eine Modellrechnung darauf einen Hinweis gibt. Ähnlich schwierig ist die Aufgabe, den Einfluss der tropischen Regenwälder auf das Weltklima richtig abzuschätzen. Wenn die tropischen Regenwälder einmal abgeholzt sein werden – ist das nur ein technischer Fortschritt, oder wird es sich als immenser Nachteil erweisen? In diesem Fall allerdings lassen sich die Mosaiksteinchen, die die Wissenschaftler zusammentragen, so deuten, dass es kein Vorteil zu werden verspricht.

Die Erkenntnis ist, dass die Theorien der Naturwissenschaften nur bis zu einer bestimmten Grenze erlauben, Abschätzungen über die Folgen von Technik vorzunehmen. Die Forderung, Auswirkungen von Technik vor ihrer Anwendung zu erkennen, stellt eine neue Aufgabe dar, die noch nie

● *Die Flucht zu anderen Planeten ist eine bunte Zukunftsvision. Sie wird sich wohl kaum in größerem Maßstab und in übersehbaren Zeitabständen realisieren lassen.*

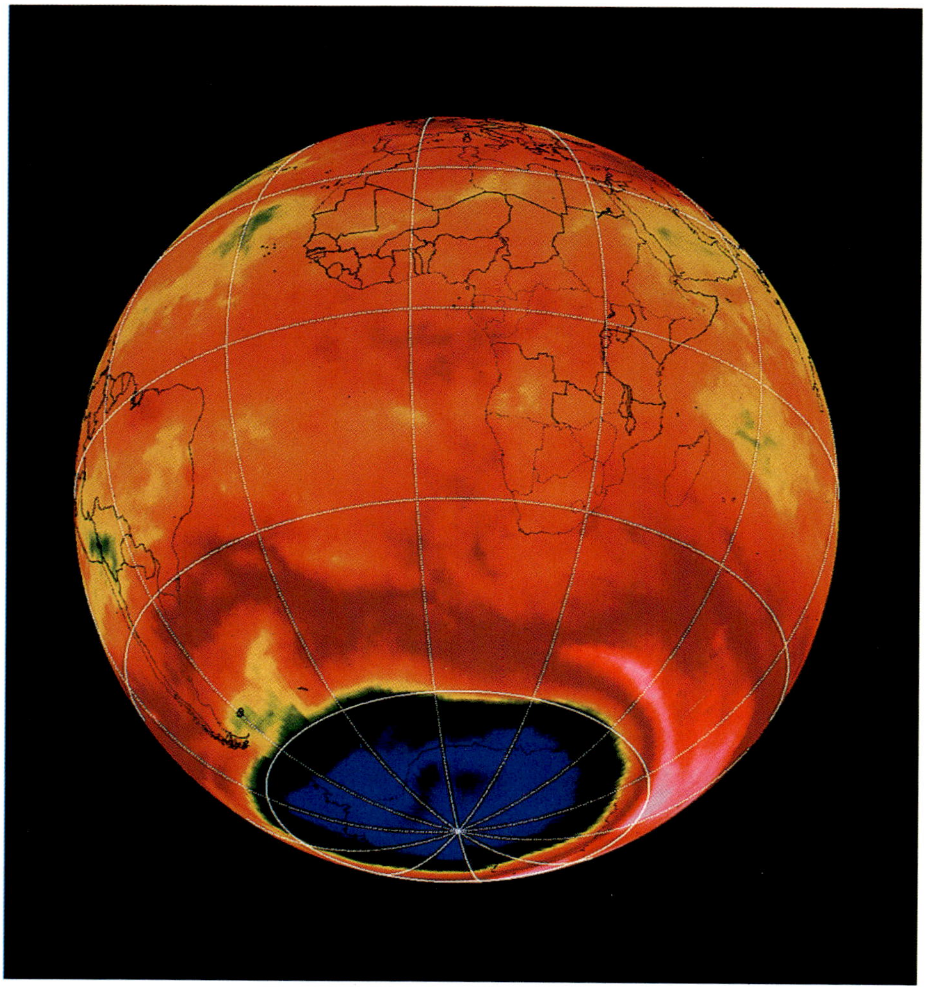

Unsere Erde ist ein fragiles System, mit dem wir intelligenter umgehen müssen.

in der Geschichte der Menschheit erfüllt wurde. In Europa wurden die Wälder vor etwa 200 Jahren abgeholzt, die Produktion von Glas war ein wichtiger Wirtschaftsfaktor, das Holz wurde schlicht verbrannt. Damals hat sich kein Mensch um die Folgen gekümmert, sie waren auch nicht bekannt. Was wir heute an Wäldern sehen, sind Forste, künstlich gepflanzte Wälder. Wir haben Glück gehabt, dass sich in unseren Breiten ein neues, für den Menschen annehmbares Gleichgewicht eingestellt hat. In den Tropen gelingt das wegen der heftigen Regenfälle und der dünnen Humusschicht, die von ihnen weggeschwemmt wird, kaum. Im Amazonasgebiet kommt in kürzester Zeit der darunter liegende Sandboden zum Vorschein – eine tropische Wüste.

Der Umgang mit einer neuen Technik lief immer nach dem gleichen Muster ab: Die neue Technologie wurde bewundert, die Folgen lagen im Dunklen. Als das Auto erfunden wurde, war man zunächst stolz, dass dieses Unglaubliche überhaupt funktionierte. Es wurden immer bessere, billigere Autos und immer mehr davon produziert. Heute sind wir in ein Autozeitalter hineingeraten, das für unseren Lebensraum Probleme mit sich bringt.

Millionen von Tonnen Stickoxide und Schwefeldioxid werden jährlich von unserer Industriegesellschaft in die Atmosphäre geblasen. Diese Abgase werden auch für das Waldsterben verantwortlich gemacht. Will man das naturwissenschaftlich beweisen, so zeigt sich eine weitere Schwierigkeit bei der Abschätzung von Technikfolgen: Nach der klassischen Methode müsste experimentell herausgefunden werden, bei welcher Dosis und unter welchen Bedingungen eine Schädigung für Laub- oder Nadelbäume stattfindet. Dabei spielt eine Rolle, ob das Schwefeldioxid mit oder ohne Stickoxid wirkt oder mit welcher Intensität das ultraviolette Licht dieses Gemisch bestrahlt. Man ahnt, welche gewaltige Aufgabe sich dahinter verbirgt. Es gibt auch Versuche, nach dieser Methode vorzugehen. In diesen Experimenten werden Bäume in Vitrinen mit einer bestimmten Menge Schwefeldioxid begast. Nach zehn Jahren kommt man dann eventuell bei dieser speziellen Gaskonzentration zu einem Ergebnis. In der Natur sind aber noch viele andere Kombinationen möglich, so dass die untersuchte Schwefeldioxid-Konzentration bei einem zusätzlichen Anteil von Stickoxiden zu einem ganz anderen Ergebnis führen kann. Um all diese Möglichkeiten zu testen, würde man Heerscharen von Wissenschaftlern, viel Geld und viel Zeit benötigen – diese traditionelle Beweisführung ist also nicht durchführbar.

Das ist nur ein Beispiel dafür, dass es bei der Abschätzung der Technikfolgen in vielen Fällen einfach nicht genügt, Wissenschaft im althergebrachten Sinn als Entscheidungshilfe zu strapazieren. Heute werden weltweit über 100 000 chemische Substanzen eingesetzt und tonnenweise verteilt, über deren Verbleib, Abbauwege und Anreicherungen wir kaum etwas wissen. Da reichen die Wissenschaftler der ganzen Welt nicht aus, diese Aufgabe mit schrittweisen wissenschaftlichen Laborexperimenten innerhalb einer vernünftigen Zeit zu lösen.

Wenn es um eine Vorschau in die Zukunft geht, muss man hier andere Strategien einsetzen. Im Fall der chemischen Substanzen etwa wird diskutiert, anstelle der traditionellen wissenschaftlichen Untersuchung der Kausalkette für jede einzelne Substanz die Bildung von Stoffklassen zu setzen, deren pauschale Beurteilung eine praktikable Lösung des Problems verspricht. Die Interpretation dieser naturwissenschaftlichen Ergebnisse verlangt aber wiederum neue Qualitäten. Damit verbunden ist ein flexibler und verständiger Umgang mit Grenzwerten, Risikoabschätzungen usw. – eine Herausforderung für jeden, der die Auswirkungen dieser Substanzen auf die Umwelt bewerten will.

Die Grenzen der Vorhersagbarkeit innerhalb des naturwissenschaftlichen Modells und der Aufwand, den traditionelle Strategien bei der experimentellen Bestätigung der Unverträglichkeit eines Stoffes in der Umwelt

erfordern, zeigen die Beschränkung, der man bei der Abschätzung der Technikfolgen unterliegt.

Und noch etwas kommt hinzu: Ist der Nachweis der Schädlichkeit eines Stoffes gelungen, so muss man dies auch in der Bevölkerung durchsetzen können. Selbst wenn allgemein die Einsicht vorhanden ist, dass zum Beispiel Abgase die Umwelt schädigen, sind Gegenmaßnahmen in der breiten Öffentlichkeit nur schwer durchzusetzen. Erst steuerliche Anreize und gesetzliche Maßnahmen verhalfen zum Beispiel dem Katalysator beim Auto zum Durchbruch. Auf Einsicht in der Bevölkerung konnte nicht gebaut werden. Selbst wenn es möglich ist, mit einem technischen Fortschritt, in diesem Fall dem Katalysator, die Schädigung der Umwelt zu mindern, muss dieses Konzept in unserer Gesellschaft auf oft sehr ungewöhnliche Weise durchgesetzt werden.

Gesetzliche Regelungen sind aber nicht alles. Selbst wenn man sie für viele Bereiche erstellen kann, hinken Gesetze stets hinter der tatsächlichen Entwicklung her. Zudem muss ihre Einhaltung überwacht werden – das erfordert ein nicht praktikables Kontrollsystem. Überdies sind Gesetze starre Systeme: So ist es erlaubt, in einer geschlossenen Ortschaft 50 km/h zu fahren, aber es gibt auch Situationen, wo diese 50 km/h schon weitaus zu hoch sind. Der Fahrer muss das selbst erkennen und sich in seiner Fahrweise selbst beschränken. Um das in vernünftiger Weise tun zu können, um eine echte Risikoabschätzung vornehmen zu können, muss er einsichtig sein und die Folgen abschätzen können.

Das erreicht man beim Autofahren relativ einfach, im Bereich der Wissenschaft ist das jedoch äußerst schwer. Denn in dieser Analogie wird nicht weniger verlangt, als dass jedem Bürger die möglichen Konsequenzen von Naturwissenschaften und Technik bewusst werden, er danach handelt und sich dabei auch Selbstbeschränkungen auferlegt. Die entscheidende Voraussetzung dafür wäre eine breit angelegte naturwissenschaftliche Ausbildung, und an dieser fehlt es heute immer mehr.

Die Lösung unserer Probleme wird immer dringlicher, und eine weitere Komponente verschärft die Situation auf unserer Erde: das Bevölkerungswachstum. Vor 100 Jahren gab es nur einige Experimentiermodelle eines Autos, heute sind es Millionen weltweit, die Abgassituation hat sich dadurch potenziert. Stellt man ein Produkt her, zum Beispiel Schädlingsbekämpfungsmittel, so war das vor einigen Jahrzehnten kein großes Prob-

● *Die Erde zeigt sich als empfindliches Gebilde, in dem sich die Bedingungen für das Leben sehr schnell verändern können. Vor allem der zunehmende Bevölkerungsdruck führt uns an die Grenzen der Stabilität in diesem Ökosystem.*

lem, weil es lokal angewendet wurde. Heute streuen wir riesige Mengen an Pflanzenschutzmitteln aus – mit den entsprechenden Folgen. Die neue Qualität, die im Umgang mit der Technik verlangt wird, ist eigentlich die Entwicklung einer neuen Lebensstrategie in dieser technisierten Welt, und diese Lebensstrategie baut auf die naturwissenschaftliche Ausbildung und das Verständnis aller.

Dieses Ziel wird unumgänglich, wenn Techniken benutzt werden, die eine sehr langfristige Vorausschau fordern, wie zum Beispiel die Kernenergie. Die radioaktiven Substanzen, mit denen man es hier zu tun hat, besitzen äußerst lange Halbwertzeiten. Man muss Endlager einrichten, sie ständig technisch überprüfen und sichern. Das Wissen darüber muss von Generation zu Generation weitergegeben werden. Will man eine solche Technik in eine Gesellschaft einbetten, so muss dafür ein Konsens vorhanden sein. Ein dauerhafter Konsens kann nur über Informationen erreicht werden. Ausbildung oder zumindest ein allgemeines Wissen über die Möglichkeiten der Naturwissenschaften ist in dieser Situation äußerst wichtig.

Die Spezialistenausbildung muss gefördert werden, damit möglichst viele kompetente Fachleute an der Lösung der anstehenden Probleme beteiligt werden. Auch wenn man auf alternative Lösungen setzt, ist es notwendig, die Ausbildung in den Naturwissenschaften zu intensivieren – denn zur Optimierung dieser Techniken braucht man wiederum Spezialisten.

Die Informationen über Naturwissenschaften und die Verbesserung der naturwissenschaftlichen Ausbildung breiter Bevölkerungskreise könnten – so die Hoffnung – einen weitaus bewussteren Umgang mit der Technik zur Folge haben. Vielleicht benutzt dadurch der einzelne Bürger zum Beispiel bestimmte Chemikalien oder technische Möglichkeiten zurückhaltender. Und: Information über Technik beinhaltet auch, dass neue technische Entwicklungen und die damit verbundenen gesellschaftlichen Veränderungen – Wandlungen von Berufsprofilen durch Anwendung der Mikroelektronik zum Beispiel – früher erkannt werden und der Einzelne deshalb schneller darauf reagieren kann. So wäre es für uns nur von Vorteil, mehr über naturwissenschaftliche Ergebnisse zu erfahren und sie besser einschätzen zu können. Vielleicht hat ja dieses Buch etwas dazu beigetragen.

Register

Alpha-Centauri 203f.
Antimaterie 206
Applaus 137f., 161
Asteroid 13–21, 25, 115
– Bahn 115
Asteroidengürtel 12f., 16, 21, 115
Astronomische Einheit (AE) 24
Atmosphärenmodelle 75ff., 93ff., 104f.
Außerirdische 189–201, 203ff.
Auto 84f., 153, 224, 227

Ballexperiment 91ff.
Bevölkerungskurve 132f., 166
Bewegungsgleichung 29, 32, 34, 39, 42, 67, 71, 123, 173
– Lösung 68ff., 174f.
Blutgefäßsystem 169f.
Börse 144f.
Bratpfannenexperiment 155

Chaos
– Beherrschung 148ff.
– deterministisches 64, 68, 89–94, 98, 106, 108, 116f., 123, 125, 144
– Grenzen zum 135–145, 149f.
– Maß für 143
– Ordnung im 153–163
Computer 75–79, 93ff., 98, 119

Dendriten 156, 163
Determinismus 117
Differentialgleichung 68ff.
– analytische Lösung 68f., 71
– nicht-lineare 69, 71, 98f., 161
– numerische Lösung 74f., 77ff., 93, 95f.
Dimensionen 37, 182–187, 216
Dinosaurier 18
DNS 150

Einstein, Albert 37ff., 42, 175f., 187, 198, 205, 209
Eiszeit 103, 107
El Niño 101, 108–112
Energie, dunkle 212
Erdachse 11, 101f., 106, 115
Erdumlaufbahn 102, 106, 116, 119ff., 190
– bei zwei Sonnen 120

Federwaagenexperiment 34f., 69, 73, 173
Fraktal 165ff., 169f.

Gehirn 123f.
Geometrie, sphärische 38f.
Gesetze 227
Gleichung, logistische 127–133, 139f.
Gravitation 11f., 30f., 67, 176–182, 186f.
Gravitationswellen 40f., 175

Halbleiter 156ff.
Herz 141ff.
Hitzeverträglichkeit 167ff.
Hyperion 121ff.

Jumbo-Jet 83
Jupiter 12
– Fleck 159ff.
– Kometeneinschlag 20ff.
– Mond Europa 192

Kepler, Johannes 116
Kernfusion, kalte 217
Klima 101–113, 115, 120f.
– Modelle 106f., 223
– Schwankung 11, 18, 102ff., 120
– Verschiebung 101
Kochsche Kurve 166, 168
Kohlendioxid 104, 106f.
Kohlenstoff 11, 191ff.
Komet 21–25, 115
– Bahn 21–25, 32, 115
– Ursprung 24, 32
Konvektionszellen 155
Körperwärme 167ff.
Kräfte, vier 176f.
Krater 10
Kuiper-Ring 24, 32, 115
Küstenlinie 165f.

Lagrange, Joseph de 119
Laplace, Pierre Simon 34, 40, 54, 117
Laskar, Jacques 119, 121

Leben
– außerirdisches 189–201, 203ff., 209, 211
– Entstehung 11f., 115, 189–194, 199
Lichtgeschwindigkeit 36f., 204ff., 211
Lorenz, Edward 93f.

Makrokosmos 39f., 176, 178, 180f., 187
Mandelbrot-Menge 165
Mars 11f., 115, 167
– Leben auf 190f.
– Reise zum 204
Materie, dunkle 212
Materiebrocken, herabstürzende 9–13, 16–25
– Abwehr 16ff.
– Bahn 21–25, 32
Mathematik 29, 31, 70f., 196ff.
Merkur 38f., 115
Messung 89
Metallstreifenversuch 86f., 135ff.
Meta-Universum 186
Meteorit 13, 18f., 21, 25
– Bahn 21ff.
Mikrokosmos 38ff., 176, 178, 180f., 187
Misosuppe 155f.
Modellvorstellung 29–42, 222f.
Mond 9ff., 115
– Reise zum 204
Mystizismus 216f.

Nachrichtentechnik 170
Naturwissenschaft 27ff., 215ff., 222f., 227f.
Neptun 32
Newton, Isaac 34, 37ff., 42, 70, 116f., 173, 175f., 187, 216

Oort, Jan Hendrik 24
Oortsche Wolke 24, 32, 115
Ordnung 147–151
Orion-Nebel 204

Papierspiel 170f.
Paralleluniversum 185, 211
Passatwind 107–112
Pendelversuche
– Doppelpendel 81f.
– drei Magnete 152f.
– zwei Magnete 57–61, 64, 89ff., 93
Planeten 67, 115–119, 199–201
– Bahn 67f., 73f., 116, 122
– Entdeckung 199, 200
– Entstehung 11f., 158f., 193
– Lebensvoraussetzungen 189ff., 192ff., 199
– Rotationsachse 11, 115
– Wechselwirkungen 116–123, 174f.
Pluto 32, 122
Poincaré, Henri 116f.

Quantenphysik/-theorie 39f., 42, 54f., 90, 175f., 178ff., 182, 186, 211
Quantenpunkt 158

Radiowellen 203f.
Raum 28f., 37, 179, 197
– Krümmung 36ff., 180, 184f., 207
Raumdimensionen 182–187, 216
Raumschiff 204ff.
– Meteoritenabwehr 16f.
Raumzeit 179f., 182, 207ff.
– Verzerrung 208f.
Regenwald 220f., 223
Relativitätstheorie 37, 40, 42, 175f., 178ff., 182, 187, 198, 205ff., 211
Rossby, C. G. 74f.
Rubidium-Molekül 174

Sandexperiment 93f.
Saturnmond Hyperion 121ff.
Schmetterlingseffekt 51, 54, 60, 64, 79, 133, 217
Schwarzes Loch 40f., 175, 180f., 207ff.
Schwerkraft 194ff.
Schwingung 86f.
– Metallstreifen 135ff.
– Pazifisches Becken 109f., 112
– Periodenverdoppelung 136–141, 143
Selbstähnlichkeit 161, 163, 165, 167, 169f.
Selbstorganisation 155–161
Silizium 191
Sonnenoberfläche 162f.
Stahlkugelexperiment 161, 163
Standardtheorie 212
Stern, torkelnder 199, 200
Sternschnuppe 22f.
String-Theorie 182ff., 186, 211
Strömung 81–86
– Linien 85f., 153
Supernova-Explosion 10f., 193

Technik 218–225, 227f.
Telepathie 211, 217
Tierpopulation 127, 129–133
Treibhauseffekt 104
Turbulenz 82–86

Unendlichkeit 199
Unschärfe 89f.
Uranus 32
Urknall 159, 177ff., 182, 199

Venus 115
Vereinfachungsmethoden 73ff., 174f., 222

Videokameraexperiment 153ff.
Vorhersagbarkeit 31f., 34f., 40, 70f., 90ff., 112f., 135

Waldsterben 224f.
WARP 208f.
Wasserhahn, tropfender 138f., 147ff.
Wasserwirbel 84
Weltbild, mechanistisches 116f.
Weltformel 173, 176–183, 212
Wetterkarte 48ff.
Wettervorhersage 45, 47–51, 54f., 75–79, 93–98
– Anfangsdaten 50f., 60, 94ff.
– Atmosphärenmodelle 75ff., 93ff., 104f.
– Wellenmodell 74f.
Windkanal 84f., 153f.
Wisdom, Jack 123
Wurmloch 207, 209

Yanomami 221

Zeit 28f., 37, 179, 197, 207
Zeitreise 208, 211
Zwillingsparadoxon 206, 209

Bildnachweis

S. 8 John R. Foster, Photo Researchers/Focus; S. 10 Astrofoto; S. 14 NASA/JPL/RPIF/DLR; S. 15 NASA/JHUAPL/RPIF/DLR; S. 17 Astrofoto; S. 20 Julian Baum/Focus; S. 26 Carl-W. Röhrig, Hamburg; S. 30 Worldsat International und J. Knighton/Focus; S. 31 ZDF; S. 33 Ron Russell/Michael Agliolo, Photo Researchers/Focus; S. 40 IBM; S. 41 Scientific Simulation and Visualization (Miguel Alcubierre, Gabrielle Allen, Werner Benger, Bernd Bruegmann, Gerd Lanfermann, Ed Seidel, Lars Nerger), Max-Planck-Institut für Gravitationsphysik (Albert-Einstein-Institut)/Konrad-Zuse-Zentrum für Informationstechnik Berlin (ZIB); S. 44 Prof. Dr. Rudolf B. Husar, Washington University, St. Louis, USA; S. 46 Dale O'Dell Photography, Prescott/Arizona; S. 52/53 Carl-W. Röhrig, Hamburg; S. 62/63 Carl-W. Röhrig, Hamburg; S. 66 Carl-W. Röhrig, Hamburg; S. 72 Ron Russell/Mike Agliolo, Photo Researchers/Focus; S. 73 Dale O'Dell Photography, Prescott/Arizona; S. 80 ONERA; S. 82 unten Bildagentur Mauritius; S. 83 unten NASA; S. 85 Volkswagen AG, Wolfsburg; S. 88 Dale O'Dell Photography, Prescott/Arizona; S. 94 Institut de Cinématographie Scientifique, Paris; S. 97 DLR – DFD, Oberpfaffenhofen; S. 100 Tom van Sant, Geosphere Project/Focus; S. 108 Joachim Bublath; S. 111 NOAA; S. 114 Sally Bensusen/Focus; S. 124 Mehau Kulyk/Focus; S. 126 X. Desmier, Rapho/Focus; S. 130 N. und C. Denis-Huot, Icone/Focus; S. 134 Carl-W. Röhrig, Hamburg; S. 137 oben Bildagentur Mauritius; S. 142 A. Pasieka/Focus; S. 146 Prof. Dr. Heinz-Otto Peitgen; S. 148 rechts ZDF; S. 150 Weizmann Institute of Science, Rehovot, Israel; S. 152 Peitgen/Jürgens/Saupe, Chaos and Fractals, Springer Verlag, New York 1992; S. 154 oben ZDF; S. 154 Mitte W. Welebil; S. 154 unten Heinz-Otto Peitgen u. a., Bausteine des Chaos – Fraktale, zuletzt Reinbek 1998; S. 155 ZDF; S. 156 ZDF; S. 160 Astrofoto; S. 163 ZDF; S. 164 Heinz-Otto Peitgen, Chaos – Bausteine der Ordnung, Stuttgart 1994; S. 166 Prof. Dr. Manfred Sernetz; S. 167 DLR; S. 169 unten Prof. Dr. Manfred Sernetz; S. 172 Laguna Design/Focus; S. 174 CERN, Genf; S. 188 David Nunuk/Focus; S. 192 links Planetscapes.com; S. 197 Victor Habbick Visions/Focus; S. 202 David Ducros/Focus; S. 205 Astrofoto; S. 210 Frank Zullo/Focus; S. 214 Cyberstock Concepts/FontShop, Berlin; S. 219 Astrofoto; S. 220 Joachim Bublath; S. 223 NASA; S. 224 DLR – DFD, Oberpfaffenhofen; S. 226 DLR – DFD, Oberpfaffenhofen.

Die Grafiken auf den im folgenden genannten Seiten wurden von Albrecht-Matthias Wendlandt angefertigt: S. 13, 16, 19, 22, 23, 28, 35, 36, 38, 48, 49, 56, 59, 61, 70, 76, 82 oben, 83 oben, 84, 86, 87, 90, 91, 92, 102, 105, 107, 110, 118, 120, 121, 129, 132, 136, 137 unten, 139, 140, 143, 148 links, 149, 156, 157, 159, 162, 163, 168, 169 oben, 171, 174, 175, 177, 178/179, 180, 181, 183, 184, 190, 192 rechts, 193, 194, 195, 200, 207, 208.

Trotz intensiver Recherche war es nicht immer möglich, einzelne Rechteinhaber zu ermitteln. Wir bitten diese, sich zur Begleichung eventueller finanzieller Ansprüche mit dem Verlag in Verbindung zu setzen.